Jacob Grimm

von

Wilhelm Scherer.

Zwei Artikel

der

Preußischen Jahrbücher

aus deren vierzehnten, funfzehnten und sechzehnten Bande

besonders abgedruckt.

Berlin.

Druck und Verlag von Georg Reimer.

1865.

Erster Artikel.

Jacob Grimm's Tod rief eine Anzahl von Schriften hervor, welche sein Leben und seine Werke zum Gegenstande haben. Aber diese Schriften waren nicht auf eine dauernde Wirkung berechnet. Sie gaben meist nur, was ihren Verfassern der tägliche Verkehr mit Jacob Grimm eingetragen hatte, in welchem sich jeder bewegt, der die gleichen Felder der Forschung bebaut. Und doch konnte dies keineswegs genug sein, um die Grundlage für eine erschöpfende Charakteristik abzugeben.

Jacob Grimm war ein langes Leben beschert. Der historische Verlauf, in welchem sich die altdeutsche Philologie aus unsicherem Tappen und zerstreuter Gelehrsamkeit zu dem Range einer einheitlichen Wissenschaft erhob, ist der Verlauf seiner eigenen Entwickelung. Was er auf dem Höhepunkte dieser Entwickelung geleistet, steht zu uns in einem ganz anderen Verhältnisse als die Arbeiten seiner früheren Jahre. Jacob Grimm ist nicht wie etwa Savigny mit einem bahnbrechenden Werke in die deutsche Gelehrtenwelt hineingetreten. Durch Irrthümer, durch mancherlei Dunkel und Verworrenheit haben ihn Ernst und Selbstkritik endlich den Weg der Wahrheit geführt. Wir entdecken die Keime nachheriger Größe auch in jenen ersten Arbeiten, aber durch seine eigenen späteren Leistungen sind sie veraltet. Wir finden nur selten Veranlassung uns eingehender mit ihnen zu beschäftigen oder mit ihnen über die Probleme auseinanderzusetzen, die sie behandeln. Gerade aus ihnen aber muß natürlich der älteste Aufschluß über Jacob Grimm's Wesen geschöpft werden. In den erwähnten Gelegenheitsschriften haben wir daraus höchstens verlorene Notizen getroffen.

Wir würden es für ungerecht halten noch weiter hervorzuheben, was uns sonst in denselben verfehlt und mangelhaft scheint. Der Augenblick, in welchem ein großer Mann aus unserer Mitte genommen wird, an dem wir mit Verehrung und Liebe gehangen, ist nicht geeignet uns die Ruhe und Sammlung des Geistes zu gewähren, woraus allein eine gerechte und allseitige Würdigung fließen kann. Das Auge, aus welchem Thränen dringen, wird nicht scharf gezeichnete Züge, keine bestimmt umrissene Gestalt sehen.

Jetzt ist ein Jahr vergangen seit Jacob Grimm's Tod. Das unmittelbar beklemmende Gefühl der Lücke, die er gerissen, ist mehr und mehr gewichen. Ein anderes ist an die Stelle getreten und wir wollen uns genaue Rechenschaft geben über die Größe des Verlustes, den wir erlitten. Immer wird es schon die Zeitgenossen drängen zu versuchen, was nur dem späteren Geschichtschreiber vollständig gelingen kann: die Erscheinungen großer Männer zu begreifen und zu beurtheilen. Wir sind längst zurückgekommen von der Auffassung, die noch Wilhelm von Humboldt theilte, als sei die Genialität etwas schlechthin Unbegreifliches, das den Zusammenhang von Ursache und Wirkung unterbreche. Wir glauben, daß die Heroen der Geschichte sich von ihren Gleichstrebenden nicht unterscheiden durch geheimnißvolle Kräfte von einer anderen Art, sondern durch die reichere Ausstattung mit leiblichen und geistigen Kräften von einem höheren Grad. Und aus dem Besitze dieser Kraft entspringt ein Gefühl derselben, und daraus das verborgene Bewußtsein der Weihe, daraus der ahnende Glaube an ein günstiges Glück, daraus jene heilige und edle Begeisterung, welcher Alles entströmte was jemals den Menschen Schönes und Großes gelang. Daraus entspringt endlich die rastlose Energie, der unbeugsame Muth, die gestählte Beharrlichkeit, welche dort den Heros zu seinem Werke am muntersten hält, wo die kleineren Geister zu ermatten beginnen. So rüstet die Natur ihren bevorzugten Liebling aus: das Weitere giebt ihm die Vergangenheit und seine Gegenwart. Dieses Verhältniß werden wir bei Jacob Grimm vorzugsweise in's Auge fassen. Wir werden den Bestrebungen seiner Mitlebenden und seiner Vorgänger eine eingehende Darstellung widmen. Wir geben insofern mehr ein historisches Fragment als eine Biographie. Wir wollen dadurch eine anerkannte Wahrheit bekräftigen, die wir mit Achim von Arnim's Worten so ausdrücken können: Im thätigen Leben der Geschichte ist es offenbar, daß nie etwas Großes durch einen einzelnen Menschen geschah, sondern immer durch die Entwickelung vieler, an deren Spitze freilich immer der Thätigste stand, zuweilen auch der Göttlichste.

Dies ist der eine Punkt auf welchen es anzukommen scheint. Das zweite ist das Verhältniß Jacob Grimm's zu der Zukunft. Jede Generation ist an sich eine Kritik der ihr vorausgehenden. Nicht so sehr durch ihre Leistungen als durch ihre Tendenzen. Die Ziele, welche Jacob Grimm verfolgte, als er seine grundlegenden Werke schrieb, sind nicht mehr die nämlichen, welche wir bei Werken über dieselben Gegenstände verfolgen würden. Auch seine Methode ist nicht überall mehr die unsrige. Diese Unterschiede festzustellen oder anzudeuten wollen wir versuchen. Und wir dürfen hoffen auf diese Weise am besten auch darüber zu orientiren, was aus der Wissenschaft, welche in so vielen Theilen Jacob Grimm begründet hat, in den Händen Anderer geworden ist und nach unserer Meinung zunächst werden soll.

Jacob Grimm und Wilhelm Grimm haben ihr Leben selbst beschrieben bis zum Jahr 1830. Und auch in ihren anderen Werken findet sich Einiges darüber zerstreut. Es versteht sich von selbst, daß unsere Darstellung auf dieser Grundlage vorzugsweise ruht, und wir haben uns wo es anging ungescheut ihrer eigenen Worte bedient. Auch daß uns vergönnt war den langjährigen Briefwechsel der Brüder mit Lachmann durchzusehen, ist unserem Versuche an einigen Punkten zu Gute gekommen. Dagegen hat er — wir dürfen es nicht verhehlen — unter der Entbehrung mancher gedruckter Hülfsmittel nicht unwesentlich gelitten.

Jacob Grimm war ein Hesse. Seine Geburtsstadt ist Hanau. Er kam in demselben Jahre zur Welt wie Bettina, Böckh, Dahlmann, Varnhagen. Er ist den 4. Januar 1785 geboren. Seine Vorfahren können wir mit Sicherheit bis in die Mitte des siebzehnten Jahrhunderts zurückverfolgen. Da war ein Johannes Grimm Bürger und Gasthalter in Hanau. Seit dem Ende des siebzehnten Jahrhunderts scheinen alle Glieder der Familie dem geistlichen oder dem Beamtenstande angehört zu haben, jenen Berufsklassen, auf welchen vorzugsweise Deutschlands geistige Cultur im achtzehnten Jahrhundert beruhte. Der Vater Jacob Grimm's war erst Advocat, dann hochfürstlich hessen-hanauischer Stadt- und Landschreiber in Hanau. Unter fünf lebenden Brüdern schlossen sich von frühester Kindheit an Jacob und der um ein Jahr jüngere Wilhelm näher zusammen. Sie gingen gleich gekleidet, sie bewohnten Ein Stübchen, sie schliefen in Einem Bette, sie erhielten den ersten Unterricht gemeinsam. Jacob lernte außerordentlich früh und außerordentlich schnell lesen, und zeigte die ungeduldigste und beharrlichste Lernbegierde. Ueber die ersten Gegenstände seiner Lectüre sind wir nicht unterrichtet. Auch von seinen Eltern können wir uns ein individuelles Bild nicht machen. Und die Persönlichkeiten, welche sonst auf ihn zuerst wirkten, sind uns nicht näher bekannt. Nur den allgemeinen Eindruck eines äußerst festen und glücklichen Familienlebens empfangen wir. Der Vater ein höchst arbeitsamer, ordentlicher, liebevoller Mann; die Mutter von mildem, heiterem, stillwaltendem Wesen; eine Schwester des Vaters ernst und streng, von großer Willensstärke, welche sich des Unterrichts der Brüder annahm; die mütterlichen Großeltern, die wöchentlich einigemal an bestimmten Tagen besucht wurden: das waren die Menschen, unter denen die Brüder aufwuchsen. Ein Geist der Liebe und des Friedens wehte um sie her.

In großen Städten unter mannichfaltigen Gegenständen, unter vielen verschiedengearteten Menschen, oder im Anblick großer glänzender Ereignisse wird die Seele aus sich selbst hinausgezwungen zur Beobachtung und

Theilnahme an der Fülle der Erscheinungen, zu deutender Auffassung der Physiognomien und Charaktere. Beobachten ist unterscheiden. Die Contraste erst heben das Einzelne als solches in's Bewußtsein. Sezet ein ruhiges Kind allabendlich in einen Salon, in welchem Staatsmänner, Gelehrte, Künstler sich drängen: und diese bunte Welt wird in dem Kopfe des kleinen Beschauers eine zweite Existenz erhalten. Sein Verstand und sein Urtheil werden sich frühzeitig schärfen. Aber sein Geist wird einen kalten Hauch bekommen und auf das Aeußere, Glänzende, Weltliche gerichtet sein. Nichts Aehnliches hier bei den Grimm. Nirgends ein Ausblick auf große Verhältnisse. Beschränktheit der Familie, Beschränktheit der Religion, Beschränktheit des Vaterlandes. Die Kinder wurden streng reformirt erzogen. Ohne viel ausdrückliche Worte freilich, nur durch That und Beispiel. Gleichwohl drang in Jacob diese Gesinnung so tief ein, daß es ihm noch in späteren Jahren war, als könne er nur in den leeren, schmucklosen Räumen reformirter Kirchen recht von Grund aus andächtig sein. Die Lutheraner erschienen dem Knaben wie fremde Menschen, mit denen er nicht völlig vertraut umgehen dürfe. Von den Katholiken vollends machte er sich seltsame scheue Begriffe. Ebenso fest hingen die Kinder an ihrem Geburtslande. Sie wußten es nicht anders, als daß ihr Fürst der beste, das Land das gesegnetste sei das es geben könne. Auf die Darmstädter zum Beispiel sahen sie mit einer gewissen Geringschätzung herab. In einer kleinen Stadt, in einer bestimmten Sphäre der Gesellschaft, wo sich dann noch immer die gleichen Berufsklassen vorzugsweise zusammenfinden, haftet die kindliche Beobachtung am Kleinen, Gewöhnlichen, Unbedeutenden. Und das Ahnungsvolle im Gemüth hat Gelegenheit sich auszubilden. Die ersten Blüthen und Kränze welche die Poesie auf seine Wiege streut werden andächtig bewahrt. Gewiß sind die Grimm stille und bildsame Kinder gewesen, ohne starken Trieb zur Action. Heißblütige Jungen mit kraftstrotzenden Gliedern, nach Unruhe und Bewegung lechzend, wären keine Gelehrten geworden. Wilhelm erinnerte sich, wie Jacob und er Hand in Hand über den Markt der Neustadt zu einem französischen Sprachlehrer gingen, der neben der Kirche wohnte, und wie sie in kindischer Freude stehen blieben, um dem goldenen Hahn auf der Spitze des Thurmes zuzusehen, der sich im Winde hin und her drehte. Solche Züge und daß gerade sie unvergessen blieben, bezeichnen ihre Sinnesart schärfer als alle psychologischen Analysen können.

Jacob Grimm war sechs, Wilhelm fünf Jahre alt, als die Umgebung, in welcher sie aufwuchsen, sich noch mehr in's Enge zog. Sie wurden von Hanau nach Steinau versetzt, in fast ländliche Abgeschiedenheit. Steinau ist ein altes Städtchen, mit Mauern und Thürmen umgeben, mitten unter Wiesen und Obstgärten im Kinzigthale, wo die Vorberge des Vogelsbergs, des Spessarts und der Rhön sich treffen. Ein Schloß mit Wall und Graben auf der nächsten Höhe, die Ruinen des Brandensteins und des Steckelbergs zeigen sich in der Ferne. In Steinau war Jacob's Großvater siebenundvierzig Jahre lang Pfarrer gewesen. Hier war sein Vater geboren und wurde er jetzt Justizamtmann.

Jacob und Wilhelm durchstreiften in gemeinsamen Spaziergängen fleißig die ganze Gegend. Ein gewisser Sammelgeist zeigte sich in den Brüdern. Insecten, Schmetterlinge und dergleichen brachten sie heim und zeichneten sie ab. Jacob insbesondere faßte eine große Neigung zum Botanisiren, und wollte Botaniker werden. In das Pflanzenleben spielen mehr als in anderes die Bilder seiner Phantasie. Eine unendliche Freude an der Natur war in beiden Brüdern. Es mag sein daß die angenehme Steinauer Gegend beitrug sie auszubilden und zu verstärken. Aber in Niemandem kann durch die herrlichste Gegend der Natursinn erst geweckt werden. Wer ihn hat dagegen, dem ist der unbedeutendste Fleck mit Hütten und einigen Büschen dafür Nahrung genug. Aber es sind so viele Elemente der Sehnsucht im modernen Leben. Und in eine lautlose Existenz rauscht das Laub der Bäume so überirdisch hinein. Das Herz öffnet wie eine Blume seinen Kelch der Sonne, und die Seele, welcher nicht frühe die Fühlhörner, die sie nach außen streckte, rauhe Berührung zurückgeschreckt hat, will gerne ein Spiegel dieser schönen Welt werden.

Im Jahre 1791 kamen Grimm's nach Steinau. An einem Januartage des Jahres 1796 stand der elfjährige Jacob am Fenster des alten Amtshauses und weinte Man begrub seinen Vater. Er war nicht älter als fünfundvierzig geworden.

Die Mutter mit den sechs Kindern blieb in Steinau wohnen. Aber für Jacob und Wilhelm reichte der Unterricht, den sie dort bekommen konnten, nicht lange mehr aus. Sie gingen 1798 zu einer Tante nach Kassel und besuchten da das Lyceum. Sie waren mit Schulstunden allzusehr überladen und erhielten von keinem ihrer Lehrer tiefgehende Anregung. Jacob zeichnete sich in allen Klassen aus, und seine Lernbegierde schien mit den Jahren zu wachsen. Aber außer Schulbüchern und des Vaters Hinterlassenschaft kannten die Brüder wenig Bücher. In ihren Mußestunden beschäftigten sie sich mit Zeichnen und lasen unsere großen Dichter. Jacob fühlte sich zuerst durch Schiller mehr angezogen, während Wilhelm sogleich mit Entschiedenheit Goethe zugewandt war. Mit feinem und sicherem Gefühl erfaßte Wilhelm stets was ihm gemäß war. Jacob giebt sich ersten bestechenden Eindrücken hin und muß sie dann überwinden.

Im Frühjahr 1802 bezog Jacob die Universität Marburg, Wilhelm ein Jahr später. Der Vater war Jurist gewesen, die beiden ältesten Söhne sollten es auch werden. Der Vater hatte es nicht anders vorausgesetzt, und frühzeitig prägte er Jacob allerhand Definitionen und Regeln aus dem Corpus Juris ein; die Mutter wünschte es; die Aussicht auf baldige Anstellung schien hierbei gegeben und damit die Hoffnung der zahlreichen und nicht begüterten Familie eine Stütze zu werden: Jacob's Neigung zur Botanik war nicht mächtig genug sich dem Allen zu widersetzen. So hörte er juristische Vorlesungen. Ein Semester lang ohne sonderliche Anregung als höchstens durch Weiß, der auch Savigny's Lehrer und auf Savigny einflußreich gewesen war. Keine Ahnung, so scheint es, einer künftigen gelehrten Laufbahn. Kein Gedanke an den großen Lebensberuf, den Deutschen ihr Alterthum emporzuheben. Jacob's Seele lag wie ein leerer Kahn am Ufer und wartete auf den, der sie den Wellen übergeben würde.

Seit 1801 lehrte Savigny in Marburg. Wenn Jacob Grimm, unerfahren wie er die Universität betrat, anfangs glaubte, alle Lehrer wären gleich gut und den noch Namenlosen — erst 1803 erschien Savigny's „Recht des Besitzes" — nicht sofort herausfand unter den Vielen: so konnte es doch nicht fehlen, daß die große Macht, welche Savigny auf die jungen Gemüther auszuüben verstand, nicht auch ihn endlich ergriff und heranzog. Er war im Wintersemester 1802—1803 zum ersten mal sein Zuhörer, und blieb es bis Savigny im Sommer 1804 nach Paris abreiste. Savigny's Vorlesungen wurden ihm unvermerkt die liebsten. Er hörte nicht blos bei ihm, er prägte sich seine Mienen und Gebärden ein. Noch in den spätesten Jahren deutlich und bis in alle Kleinigkeiten war ihm der Marburger Savigny gegenwärtig, groß und schlank in grauem Oberrock, das dunkle Haar schlicht herabhängend.

Savigny pflegte in seinen Collegien den Zuhörern einzelne schwierige Gesetzesstellen zu schriftlicher Interpretation vorzuschlagen. Dies war der Anlaß zu persönlicher Bekanntschaft, das Ueberbringen der Arbeiten gab Gelegenheit zu Besuchen und vertrauterem Umgang. Savigny's Wohnung, das kleine unscheinbare Haus, die hellen und sonnigen Zimmer, die duftige Aussicht auf das Gießener Thal, auf Wiesen, Lahn und Gebirge, die Kupferstiche, welche in den Fensterecken hingen, und vor Allem die hohen Schränke mit der reichen Bibliothek: das Alles stand unaustilgbar in Jacob Grimm's Erinnerung fest. Er hatte bis dahin an Büchern empfindlichen Mangel gelitten, hier durfte er sich daran nach Belieben ersättigen.

Unnahbares Wesen und falsche Behandlung der Lehrer, auch kleine

Zurücksetzungen der Schule, welche einem zarten Gemüth so empfindlich sein mußten, hatten ihn in sich selbst zurückgetrieben, hatten ihn schüchtern und befangen gemacht. Seine Dürftigkeit und natürlicher Hang zur Einsamkeit mochten ihn auch in Marburg von dem Umgange der Altersgenossen ferner halten. Savigny in seiner gütigen Art und ruhigen sicheren Heiterkeit hob ihn durch seine bloße Existenz aus den Schranken der träumerischen Dumpfheit, belebte durch ermunternde, theilnehmende Worte das Selbstgefühl des Jünglings, und wurde bald dem nur sechs Jahre später gebornen ein wohlwollender Freund und für alle Zeit treugesinnter Helfer. Bei Savigny war es dem jungen Studenten als ob er in reinerer Luft aufathmete, und wenn er von ihm kam schritt er freudig erregt über Stock und Stein springend nach Hause in sein kleines Stübchen. „Damals lag meine Seele offen vor Ihnen und ich hätte Ihnen Alles vertrauen können“ schrieb Jacob Grimm nach beinahe funfzig Jahren an Savigny. Sein Herz war ergriffen und der Geist folgte wohin das Herz zog. Das Wehen von Savigny's milder Lehre weckte in ihm die wissenschaftliche Stimmung. Savigny und sein Wirken wurde des Schülers leuchtendes Vorbild. Der gelehrte Betrieb des römischen Rechtes begann ihn zu reizen. Das äußerst günstige Urtheil welches Savigny gleich über seine erste Arbeit fällte ließ ihn auf Erfolg hoffen, und konnte die Lust zum Vorsatz verstärken. Er hielt einige Zeit daran fest.

Es kam schließlich anders. Aber je weniger allgemeine Gedanken bis dahin in seinem Geiste Platz gegriffen, je weniger sich eine bestimmte Betrachtungsweise der Dinge bis dahin in ihm herausgebildet hatte: desto tiefer mußte Savigny's Lehre und Beispiel bei ihm eindringen, desto gewaltiger ihre Bedeutung für seine ganze künftige Richtung sich erweisen. Er schreibt später von Savigny: diesem Manne verdanke ich alle wissenschaftliche Anregung für mein Leben. Bei ihm lernte er, was damals so Vielen unbekannt schien, daß in keiner Wissenschaft dauernde Erfolge zu erringen sind als nur durch eine Fülle der Gelehrsamkeit. Bei ihm lernte er die Forderungen kennen, welche man an jede Wissenschaft, die den Namen verdienen soll, zu stellen berechtigt ist. Und als er später auf ein anderes Gebiet menschlichen Wissens seine Kräfte wandte, mußte das Bewußtsein dieser Forderungen so lange ein Gefühl der Unbefriedigung und ein Bedürfniß des rastlosen Weiterstrebens in ihm erzeugen, bis er dieselben erfüllen konnte. Wenn eine solche Wirkung vielleicht jeder seines Gegenstandes volle und seines Gegenstandes mächtige Lehrer geübt haben würde, so war doch Anderes Keinem wie Savigny eigen. Durch den Wust und Dunst der Doctrin hindurch zu den reinen und echten Quellen emporzusteigen; die behandelten Dinge weniger mit begrifflicher Schärfe, als aus klarer und allseitiger Anschauung ordnen und gliedern; die einzelne Erscheinung durch alle ihre Gestalten geschichtlich verfolgen: das ist Savigny's Weise schon damals. Die Achtung vor dem historisch Gewordenen, die Unempfindlichkeit gegen Philosophie, die allzugroße Neigung, jede Person und Thatsache gleichsam auf ein besonderes Postament zu stellen und von ihren Bedingungen und Wirkungen abgelöst zu betrachten: das ist zwar später erst in Savigny deutlich zu Tage gekommen, aber liegt zu tief in seiner Natur, als daß man es nicht schon damals bei ihm voraussetzen dürfte. Alle diese Züge finden wir in Jacob Grimm wieder. Er besaß bereits, was ihm Niemand hätte geben können und was die Voraussetzung und Grundlage der aufgeführten Eigenschaften ist: einen Kopf welcher frei von aller Willkür, unverbildet durch frühe einseitige Neigungen, ausgerüstet mit einer natürlichen Beobachtungsgabe, und diese schon etwas geübt durch Botanisiren und Zeichnen, im Stande war, die Welt rein in sich zu ziehen und die Sachen zu sehen, als ob er sich keiner der tausend Brillen bediente, welche dem gewöhnlichen Menschengeiste die Geschichte aufgesetzt hat. Auf einen so beschaffenen wirkte jetzt Savigny ein, verwandt im innersten Wesen und dennoch ihm weit voraus. Wer möchte behaupten daß trotz der Berührung die spätere Aehnlichkeit zwischen beiden nur eine zufällige wäre? Aber freilich auch: wer möchte behaupten, daß Savigny dem Schüler Alles gegeben habe? Dies ist vielmehr das Eigenthümliche jeder Wirkung eines Menschen auf einen anderen, jeder Nation auf eine andere, daß nur Vorhandenes entwickelt, eine bereits begonnene Bewegung gelenkt werden kann. Die deutschen Schöffen in Magdeburg und Lübeck waren auf dem Wege das römische Recht oder ein sehr ähnliches selbständig zu entdecken, als es ihnen mit Einem Male und als ein Ganzes importirt wurde, und nun allerdings die Bewegung von der schon eingeschlagenen Bahn etwas abseits lenkte.

Die Bekanntschaft mit Savigny war die erste große Wendung in Jacob Grimm's Leben. Die zweite beginnt sich fast um dieselbe Zeit vorzubereiten. Im Jahre 1803 erschienen die „Minnelieder aus dem schwäbischen Zeitalter, neu bearbeitet und herausgegeben von Ludewig Tieck." Der Bearbeitung selbst können wir keinen Geschmack abgewinnen. Aber die Vorrede ist schön und fortreißend. Die deutschen Lyriker des dreizehnten Jahrhunderts erfreuten sich einer poetischen Technik wie kein anderes deutsches Dichtergeschlecht. Eine Menge der reinsten Reime strömte ihnen zu. Sie waren unerschöpflich in den verschiedenartigsten und kunstvollsten Reimbindungen und Reimverschlingungen. Eine Unzahl der mannichfaltigsten Melodien und entsprechender Strophenformen ihrer stets gesungenen Gedichte tauchten auf, wurden eine Zeit lang gebraucht, mußten neuen Melodien, neuen Formen weichen. Diesen Glanz und diese Pracht der Form wofür Tieck sehr empfänglich war, suchte er zu charakterisiren mit einem Enthusiasmus, über welchen Kältere lächeln konnten, der sich Gleichgestimmten mittheilen mußte. Er legt viel zu viel hinein und nimmt einen Zusammenhang der Form mit dem Inhalte an, der nur in den seltensten Fällen wirklich vorhanden ist. Tieck sucht außerdem eine vollständige Uebersicht der altdeutschen Poesie zu geben und knüpft daran Ausblicke auf italienische Poesie, auf Cervantes, auf Shakspeare. Uns ziemt es, schrieb einer der edelsten und unglücklichsten Deutschen schon 1791, — uns ziemt es, da wir mit unserer Thätigkeit und unserem Ideenreichthum die Erde gleichsam umfassen, jede Spur des Wirkenden in und außer uns aufzusuchen und in dieser Absicht alle jene Blumen sorgfältig zusammen zu lesen, die der Genius der Dichtkunst über die ganze bewohnbare Kugel ausgestreut hat. Die Romantiker, die Schlegel, Tieck hielten diesen Gedanken fest. Die Erforschung und Wiederbelebung aller jemals gewesenen Poesie blieb ihr stetes Augenmerk. Davon waren Tieck's Minnelieder eine einzelne Anwendung. Jacob Grimm las das Buch und fühlte sich mächtig bewegt.

Er stand in dem Alter von achtzehn Jahren, wo die wechselnden Tagesströmungen noch mit unserem Herzen spielen wie die Winde mit unserem Haar; wo das Licht das die Welt in unser Gemüth wirft noch ganz aufgesogen wird; wo wir dennoch dicht vor dem Augenblicke stehen in welchem dies ungebrochene Dasein sein unvermeidliches Ende finden, die Seele ihre eigenthümliche Farbe annehmen muß. Noch reichen in ihr sich alle Erden- und Himmelsgeister friedlich die Hände und haben als Gleiche unter Gleichen ihr Wesen. Da plötzlich ein unerwarteter Druck, eine Hülfe von außen, ein kurzer Kampf: und Einer gebietet unumschränkt über alle. Eben waren die altdeutschen Studien im Begriffe aus dem Schooße des geistigen Gesammtlebens der Nation sich loszuringen. Sie leuchteten noch nicht in der schlichten Anmuth ihrer natürlichen Schönheit. Dafür strahlten sie in dem überirdischen Glanze, welchen menschliche Thorheit und menschliche Einbildung um das Neue, erst Werdende zu spreiten pflegt. Sie waren wie ein Prätendent der sich ein Heer sammelt um eine Krone zu erringen. Wie Viele ließen ihr bisheriges Heimwesen im Stich um ihrem Dienste zuzuströmen. Aber entfernt nicht alle Erwartungen vermochten sie zu befriedigen. Gar Manche wurden daher lässig im Dienst, gar Manche kehrten auf halbem Wege um und eilten zu ihren alten Beschäftigungen zurück, oder suchten bei neuen Unternehmungen besseres Glück. War es ein Wunder daß auch eine junge Kraft, noch unberührt und ungebraucht, sich gewinnen ließ, dann so viel treuer ausharrte, als die anderen und so viel höheren Lohn empfing? Zu den juristischen Studien als solchen hatte Jacob Grimm kein inneres Verhältniß, sie waren ihm nur durch Savigny's Persönlichkeit werth geworden. In seinem Innersten lag ein Schatz von Poesie und Heimathsgefühl den die Natur und gute Menschen in ihm aufgehäuft hatten. Daran mußte er gefaßt werden. Hätten seine Lehrer in Kassel ihm von dieser Seite her das Antike nahe zu bringen verstanden, so würde das römische Recht ganz anderen und günstigeren Boden in ihm angetroffen haben. Savigny hatte das Schiffchen seiner Seele flott gemacht, aber der Platz am Steuer war noch frei. Jetzt wurde er besetzt. Die veränderte Richtung wurde nicht sogleich mit Entschiedenheit eingeschlagen, aber ihr langsam zugestrebt ohne eine einzige Bewegung zurück. Die deutliche Vorstellung von dem Ganzen einer Wissenschaft hatte Jacob Grimm bereits und liebte sie als ein Feld künftiger Thätigkeit. Jetzt gaben ihm die „Minnelieder" Einblick in eine Wissenschaft welche zu allem Reiz des Poetischen und des Heimischen auch den Reiz leichter Zugänglichkeit und leichter Erfolge schmückte. Wenige Vorgänger und keine namhaften Leistungen. Alles schien der lebenden Generation aufbehalten. Mußte ihn diese Aussicht nicht locken?

Es war kein bedeutungsloser Moment als er einst in Savigny's Bibliothek Bodmer's Sammlung der Minnesänger erblickte und, durch Tieck darauf gespannt, sie ergriff und aufschlug. Er wagte noch nicht das Buch zu entleihen, aber der Eindruck haftete fest. Die Lust blieb wach, in dies seltsame halb unverständliche Deutsch einzudringen und die alten Dichter näher kennen zu lernen. Sein Leben von da an hat keine weitere Bedeutung mehr, als inwiefern es diese Neigungen förderte oder sie hemmte.

Im Januar 1805 — er studirte noch in Marburg — ließ ihn Savigny auffordern nach Paris zu kommen und ihm bei den Vorarbeiten zu seiner Geschichte des römischen Rechts im Mittelalter zu helfen. Jacob Grimm beeilte sich diesem Rufe zu folgen, und traf anfangs Februar in Paris ein. Wie förderlich ihm der dauernde Umgang mit Savigny gewesen sein muß, läßt sich denken. Dabei hatte er Gelegenheit die Bibliotheken auch auf eigene Rechnung zu benutzen und manches seltene Buch zu erwerben. Natürlich ließ er sich auch die große Handschrift der Minnesänger zeigen deren Bodmer'schen Abdruck er kannte, um ihre interessanten Bilder zu bewundern und schon um Einiges auszuschreiben.

Im October 1805 war er wieder in Kassel, wohin seine Mutter sich unterdessen gezogen hatte, wohin jetzt auch Wilhelm von der Universität zurückkehrte. Etwa im Januar 1806 wurde er als Secretariats-Accessist kurfürstlichen Kriegscollegiums angestellt mit Hundert Thalern Gehalt, Uniform, Degen, Puder und Zopf. Je weniger ihm die viele und geistlose Arbeit behagte welche ihm hier auferlegt war, desto sicherer konnten seine anderweitigen Neigungen um sich greifen. Den Gedanken sich dem wissenschaftlichen Betriebe des römischen Rechtes zu widmen hatte er fallen lassen müssen und wohl auch gerne fallen lassen. Aber jetzt wandte er alle seine Muße dem Studium der deutschen Poesie des Mittelalters zu. Und als unter der französischen Occupation die Plackerei des Dienstes zu arg wurde, nahm er seine Entlassung und suchte bei der öffentlichen Bibliothek anzukommen. Das schlug fehl. So blieb er ungefähr ein Jahr lang ohne Amt. Es war eine traurige Zeit. Um ihn her das vaterländische Elend, keine Stellung, keine tägliche Arbeit, in deren Aufreibung er es hätte vergessen können. Und zu alledem im Mai 1808 der Tod seiner Mutter. Hätte sie nur wenige Monate noch erlebt, so wäre ihr die Befriedigung geworden ihren ältesten Sohn versorgt und in einer Lage zu wissen in welcher er auch für seine jüngeren Geschwister sorgen konnte. Er wurde durch Johannes von Müller's Vermittelung Privatbibliothekar des Königs Jerome, bald auch Beisitzer im Staatsrath, mit einem ansehnlichen Gehalt. Seine Amtsgeschäfte waren äußerst geringfügig. Von Gesellschaften hielt er sich wie Zeitlebens fern. So weilte er mit kleinen Unterbrechungen über seinen Büchern, bei unseren alten Dichtern. Diese für seine ganze Entwickelung und für die Ausbreitung seiner Kenntnisse so glückliche Zeit dauerte bis gegen Ende 1813. Wilhelm durchlebte sie neben ihm, mit ihm, in gemeinsamen Arbeiten. Auch seine Richtung auf altdeutsche Literatur und Sprache hatte sich unterdessen entschieden, die juristischen Studien waren spurlos an ihm abgeglitten. Die Jahre der Freiheitskriege rissen die beiden auf eine kurze Zeit auseinander.

Ende 1813 kehrte der Kurfürst zurück. Es war derselbe über dessen Vertreibung, nach Schlosser's Ausdruck, sich alle Menschen und wahrscheinlich auch die Engel im Himmel gefreut hatten. Dennoch bewährte sich selbst an ihm die Langmuth der Völker. Die Anhänglichkeit welche sein Geiz, seine Habsucht nicht hatte ersticken können, war auch unter der Fremdherrschaft wach geblieben. Als er zurückkehrte, spannte das Volk die Pferde aus und zog seinen Wagen der mit Blumengewinden behangen war „nicht mit einem tobenden, für den Augenblick erregten Eifer," sagt Wilhelm Grimm, „sondern wie Jemand der ein langentbehrtes, von Gott wieder gewährtes Gut in die Heimat zurückführt." Die Brüder theilten diesen Enthusiasmus. Sie liefen an dem offenen Wagen durch die Straßen hin.

Jacob stand doch noch gut angeschrieben, seine Tante war erste Kammerfrau der Kurfürstin. Der allgemeinen Rückwandelung der Dinge auf den Stand vor sieben Jahren entging freilich auch er nicht. Das restaurirte Regime kannte keinen Bibliothekar Grimm. Aber der Kriegs=secretariats=Accessist Jacob Grimm wurde zum Legationssecretair befördert. Er war als solcher zweimal in Paris, dazwischen auf dem Congreß in Wien. Seine Geschäfte erledigte er gewissenhaft, aber ohne eigentliche Theilnahme daran. Die Hauptsache war ihm, alle freien Stunden auf die Benutzung der Bibliotheken zu verwenden, deren ihm nun auf wiederholten Reisen viele zugänglich wurden. Auch wenn ihm nicht längst andere Lebensziele vorgeschwebt hätten, würde ihn die Diplomatie nicht angezogen haben. Er meinte, auch bei einem ruhigen Ort und in Friedenszeit müsse das diplomatische Fach zu viel langweilige Bekanntschaften herbeiführen. Höchstens in einer Zeit wie die damalige glaubte er etwas leisten zu können, wenn er mit einfachen Leuten wie Stein zusammenkäme. Aber sein Entschluß stand fest, sobald es irgend möglich, wieder zu dem stilleren Leben des Gelehrten zurückzukehren. Als er daher bei dem Bundestag in Frankfurt angestellt werden sollte, bedachte er sich keinen Augenblick die Stelle abzulehnen. Er wurde den 16. Mai 1816 zweiter Bibliothekar an der Kasseler öffentlichen Bibliothek, wo seit 1815 Wilhelm Secretair war. Von da an haben sich die Brüder auf längere Zeit nicht mehr getrennt. Das Ziel ihrer Wünsche war erreicht. Bei mäßigen Bedürfnissen strebten sie trotz geringen Gehalts nicht höher und weiter. Sogar einen Ruf nach Bonn, welcher im Jahre 1816 von Eichhorn, wie es scheint durch Savigny, an sie gelangte, lehnten sie ab ohne davon viel Aufhebens zu machen, ohne im mindesten Vortheil daraus zu ziehen. Eine Professur würde sie mehr in Anspruch genommen haben als sie ihren Arbeiten zu Liebe gewünscht hätten. Und als gute Hessen wollten sie in ihrem Geburtslande leben und sterben. Diese Kasseler Jahre von 1816 bis 1829 nennt Jacob die ruhigste, arbeitsamste und vielleicht auch die fruchtbarste Zeit seines Lebens. In der That war sie die wichtigste für die Geschichte der altdeutschen Philologie. Es war die Zeit in welcher für das Studium der deutschen Sprache und des deutschen Alterthums eine neue Epoche anbrach. In das Jahr 1816 fällt eine Anzahl von Publicationen, welche nach verschiedenen Seiten hin für bahnbrechend gelten müssen, mit welchen die ersten ebenbürtigen Mitarbeiter auf dem Gebiete der altdeutschen Philologie sich mit ihren ersten bedeutenden Arbeiten neben die Brüder hinstellten. So mag dies der Punkt sein, an welchem wir zurückschauen auf die bisherigen Leistungen der Brüder, auf die Leistungen ihrer Zeitgenossen, auf die Leistungen ihrer Vorgänger.

Die Entwickelung der altdeutschen Philologie läßt sich mit der Geschichte der Landschaftsmalerei vergleichen. Wie diese zuerst im Gefolge der historischen austritt nebensächlich und beiläufig, dann allmählich die Figuren zur Staffage herabdrückend oder ganz verbannend, mit noch mangelhaftem Auge für die wahre Gestalt der Dinge, anfangs nur das Schroffe und Steile, das Weite und Fernsichtbare darstellt, hierauf erst der realistischen Landschaft sich nähert und sie endlich erfaßt: so wurde die altdeutsche Philologie durch verschiedene Hinterthüren — der Geschichte, der Theologie, der Jurisprudenz, der Aesthetik, der allgemeinen Literaturwissenschaft — nebenher in die deutsche Wissenschaft eingeführt; wagte sich dann als sie ihrer selbst sich bewußt zu werden anfing gleich an ihre höchsten Probleme, und suchte die tiefsten und weitverzweigtesten Ursprünge zu enthüllen; mußte aber schließlich in bescheidener Arbeit, vom Kleinsten langsam aufsteigend, sich die Kräfte sammeln zum Größten, dem sie nun erst energisch zustreben konnte.

Das Fortleben der Literatur der großen Staufer Zeit war bis in's sechzehnte Jahrhundert niemals ganz unterbrochen gewesen. Noch Kaiser Max ließ eine Anzahl der vorzüglichsten Gedichte des dreizehnten Jahrhunderts neu abschreiben. Am Vorabende der Reformation begannen die Deutschen sich auf sich selbst zu besinnen. Hier liegen die Anfänge unserer Geschichtswissenschaft. Auch hier Kaiser Max voran, dieser Wunderliche, Liebenswürdige, Vielseitige, Unermüdliche. Er regt die Arbeiten der Celtes, Peutinger, Stabius an, wie der Freiherr von Stein die Monumenta Germaniae. Der von ihm gegebene Anstoß zur Veröffentlichung unserer alten Historiker wirkte ununterbrochen fort. Nicht ebenso seine Liebe zu den alten Gedichten. Jener kündigt eine neue Zeit an: diese ist der letzte Nachklang der hingeschwundenen. Die edelsten Erzeugnisse unserer mittelalterlichen Poesie blieben vergessen bis tief in's vorige Jahrhundert. Das einzige Nibelungenlied taucht zuweilen bei Historikern auf, weil es wegen seiner geschichtlichen und geschichtlich geglaubten Namen Attila, Dietrich, Rüdiger u. s. w. für eine historische Quelle angesehen wurde. Manche andere altdeutsche Dichtungen welche noch lange in modernisirten Texten gedruckt und wiederholt aufgelegt wurden, kümmerten die vornehmen Gelehrten nicht.

Die gelehrten Publicationen, die um die Mitte des sechzehnten Jahrhunderts beginnen, trafen lauter Denkmäler von einem gewissen Werth durch ihre Sprache, ziemlich werthlos nach ihrem Gehalt: wie sie den Herausgebern beim Durchstöbern lateinischer Handschriften in solche zufällig eingestreut begegnet waren. Das Motiv dieser Veröffentlichungen ist meist kein anderes als das sehr oberflächliche: den Lesern historischer und kosmographischer Werke eine Vorstellung von der ältesten deutschen Sprache zu geben, oder wohl auch um den Beweis zu führen daß die alten Franken wirklich deutsch gesprochen hätten. So war die Begierde nach möglichst altem und seltsam klingendem Deutsch geweckt und machte sich in den zunächst folgenden Zeiten fast zwei Jahrhunderte lang geltend. Hierzu trat das alles Andere überwiegende theologische Interesse welches ebenfalls nicht auf die Werke der eigentlichen Blütheperiode der alten Poesie, sondern hauptsächlich auf die Dichtungen und Prosaschriften der karolingischen bis zur fränkischen Epoche führte. Größere Werke kamen nun bald an die Reihe. 1571 wurde Otfried's Evangelienbuch zum ersten Male gedruckt, 1598 Williram's Paraphrase des hohen Liedes. Die Ausgabe des Otfried protegirte das Haupt der strengen Lutheraner, der streitfertige Gegner Melanchthon's, Mathias Flacius: er meinte in Otfried einen alten Zeugen für die lutherische Lehre zu finden, die guten Werke seien zur Seligkeit nicht nothwendig. Der eigentliche Herausgeber war ein Augsburger Arzt: wie zwei Jahre vorher ein Kölner Arzt das gothische Vaterunser edirt hatte.

Im Anfange des siebzehnten Jahrhunderts waren besonders die Historiker Melchior Goldast und Marquard Freher, beide auch schon der historisch wichtigeren alten weltlichen Poesie geneigt, und neben ihnen der Jesuit Brower, der Geschichtschreiber von Fulda und Trier, für die Publication alter Denkmäler unserer Sprache thätig. Mit dem dreißigjährigen Kriege trat eine große Unterbrechung ein. Nur der Wormser Buchhändler Bögelin hatte den Muth, aus Freher's Nachlasse Einiges zum Druck zu befördern. Und Opitz suchte durch die Ausgabe des Annoliedes, er und andere schlesische Dichter durch Modernisirungen, Citate und sonstige Hinweisungen unsere alte Poesie ihren Zeitgenossen nahe zu bringen.

Neue allgemeinere Regsamkeit zeigt sich zuerst wieder in den sechziger Jahren des siebzehnten Jahrhunderts. Mehrere höchst merkwürdige Sprachdenkmäler kamen damals an's Licht: das sächsische Taufgelöbniß, das Lied von Christus und der Samariterin, die Freisinger Exhortation. Vor Allem aber die gothische Bibelübersetzung welche Franz Junius herausgab. Junius, ein in Heidelberg 1589 geborner Franzose, hatte sich erst um die Mitte des Jahrhunderts, in weit vorgeschrittenem Alter also, diesen Studien gewidmet, und sie mit jugendlichem Feuer, mit bewunderungswürdiger Kraft gepflegt. Er lebte meist in Holland und England. Das Angelsächsische war das erste Ziel seines schönen Eifers. Daran schloß sich das Friesische und Altdeutsche, endlich das Gothische. Er sammelte einen reichen Schatz von Gelehrsamkeit und ließ 1655 der Welt die ersten Proben davon sehen. Die gothische Bibel erhielt er durch seinen Neffen Isaak Vossius. Sie erschien 1665.

In drei Jahrzehenden bis gegen Ende des Jahrhunderts war dann ein Stillstand bemerklich. Hierauf in drei weiteren Jahrzehenden wuchs allmählich die Lust an den Gegenständen, und vermehrte sich die Zahl der Theilnehmenden: bis diese fast ausschließlich der ältesten, vorstaufischen Literatur gewidmeten Bemühungen um 1730 zu einem einstweiligen Abschluß gelangten. Denn von geringfügigen Nachträgen durch Liturgiker und Theologen abgesehen, hat das Material zur Kenntniß jener Periode unserer Literaturgeschichte erst in unserem Jahrhundert wieder beträchtliche Vermehrung und Vervollständigung erhalten. Schilter, Rostgaard, Palthen, von Stade, Eckhart, Pez, Scherz sind die Namen derjenigen welche sich in den letzten Jahren des siebzehnten, und im Anfange des achtzehnten Jahrhunderts darum besonders verdient machten. Der Straßburger Jurist Schilter war durch das Studium der germanischen Volksrechte zu der alten Sprache geführt worden. Eckhart, Leibnitz' Freund, dann Convertit, erst hannöverscher, dann bischöflich würzburgischer Historiograph, durch die karolingische Geschichte. Der österreichische Benedictiner Pez durch die geistliche Literatur des Mittelalters, zu deren Wiederbelebung die französischen Benedictiner das Beispiel gegeben hatten. Die Thätigkeit aller dieser Gelehrten beschränkte sich auf meist buchstäbliche Textabdrücke, auf deren sprachliche und sachliche Commentirung, auf Anfertigung von Wörterbüchern. Nur Eckhart schritt über diesen Kreis hinaus bis zu mythologischen Erörterungen fort, denen wer sie kennt Lob nicht versagen wird. Die historische Grammatik welche gleichzeitig in England durch Hickes die erste bedeutende Pflege fand, mußte in Deutschland noch ganz zurückstehen und blieb mit wenigen Ausnahmen unangebaut auch während des achtzehnten Jahrhunderts und des beginnenden neunzehnten: bis auf Jacob Grimm's deutsche Grammatik.

Diese ganze zweite Periode der altdeutschen Philologie, die um die Mitte des vorigen Jahrhunderts ihren Anfang nimmt, trägt in Bezug auf den Umkreis und Geist der gelehrten Thätigkeit noch denselben Charakter wie die abgelaufene und eben besprochene. Aber der Inhalt derselben, die Objecte der Forschung werden wesentlich andere. Und die Kraft ihres Betriebes erreicht stufenweise eine Intensität wie niemals vorher. Die Poesie der Staufischen Zeit tritt sogleich in den Mittelpunkt. Daneben lockt das deutsche Heidenthum, die Germanen des Tacitus. Die alte isländische Dichtung in der man Ersatz suchte für den untergegangenen Reichthum einheimischer mythologischer und Heldenlieder, endlich traten auch Hans Sachs und die übrige Reformationsliteratur in den Kreis dessen was die Zeit unter Altdeutsch begriff.

Der Trieb zur Vervollständigung ihres Materials liegt in jeder Wissenschaft. Und die Wendung zu neuen Gebieten der Arbeit tritt mit dem Augenblicke ein wo eine gewisse Anzahl ursprünglich vorschwebender Aufgaben ihre Erledigung gefunden haben, oder sich ihrer Erledigung nähern. Ja schon die bloße gesteigerte Wärme des Eifers läßt mit größerer Begier alles irgend Erreichbare erfassen und in den Kreis der gelehrten Bemühungen ziehen. So waren im Anfange des siebzehnten Jahrhunderts Goldast und Freher auf die alten Lyriker geführt worden, so machten im Anfange des achtzehnten Jahrhunderts Schilter und der gleichfalls schon erwähnte Straßburger Professor Scherz den Uebergang zu der Poesie der Staufischen und späteren Zeit. Dort hemmte der dreißigjährige Krieg die weitere Entwickelung. Hier förderte sie eine Reihe von günstigen Umständen. Wie verschieden auch die Wege gewesen waren auf welchen bis dahin die Gelehrten in unsere alte Sprache und Literatur gelangten, wie sehr diese Studien bei manchen eine Nebenbeschäftigung blieben: längst war doch die selbständige Freude daran und nicht die zufällige Brauchbarkeit zu anderen Zwecken das Motiv geworden das sie dabei ausharren ließ. Man darf sagen: diese Studien hatten in dem gelehrten Gesammtbewußtsein bereits eine Stelle, wenn auch eine äußerst bescheidene noch. Wem deutsche Sprache und deutsche Literatur überhaupt am Herzen lag, der blickte auch schon auf die altdeutsche Sprache, auf die altdeutsche Literatur hinüber. Die deutschübende poetische Gesellschaft zu Leipzig zum Beispiel setzte sich unter Anderem vor auch die deutschen Dichter der alten und mittleren Zeiten zu untersuchen. Und Gottsched der ihr Senior war brachte in seinen Zeitschriften und in Programmen etwas Aehnliches theilweise zur Ausführung. Aber was er that, war herzlich wenig. Berichte über einschlägige neue Bücher und über einige altdeutsche Dichtungen und Prosadenkmäler: nichts weiter. Nur zeigt sich auch an ihm, daß die Kunstlehre, die Poetik schon in ihren ärmlichen Anfängen den historischen Zug hatte, der später so folgenreich wurde, indem seine Bestrebungen für die Hebung des Dramas ihn zu dem älteren deutschen Theater und zu wirklich bedeutender Kenntniß desselben führten. Ohne solches Interesse, aber mit gleichem Sprachpedantismus und gleicher Geschmacksbeschränktheit stand Gottsched's Geistesverwandter Adelung (geboren 1734, gestorben 1806) dem Altdeutschen noch fremder gegenüber als er, und dennoch — so einleuchtend war bereits die Wichtigkeit der Sache und so groß ihre Anziehungskraft — nicht ganz fremd.

Bei weitem anders und bei weitem entscheidender als Gottsched wirkte Bodmer und sein auch hierin ihm verbündeter Breitinger. Sie betonten das Recht der Phantasie gegenüber dem Verstande. Sie liebten und bewunderten oder genossen doch Milton, Ariost und Tasso. Sie gingen nicht auf Regeln für die poetische Production aus; ihnen schwebte kein

Ideal von tiefer Correctheit vor. Ihre Kunstanschauungen hinderten sie durch nichts, jedes Schöne sofern es in ihren Gesichtskreis trat, anzuerkennen und zu lieben. Die altdeutsche Literatur lag ihnen aber näher als vieles Andere. Bodmer war Professor der schweizerischen Geschichte in Zürich. Seine historischen Studien konnten ihn auf die alte Poesie führen. Historiker waren seine hauptsächlichsten Vorgänger gewesen. Der schweizerische Chronist Tschudi interessirte sich für das Nibelungenlied, wovon er eine Handschrift besaß; Goldast war für die Lyriker thätig. Bodmer, Aesthetiker und selbst Poet, mußte von diesen Gedichten viel tiefer ergriffen werden. Seines verehrten Opitz Vorbild und selbst seines Gegners Gottsched Anregungen konnten ihn ebendahin leiten und darin bestärken. Die vielen alterthümlichen Elemente des schweizerischen Dialekts mußten ihm den Zugang dazu erleichtern. Wenn er sich schon bewußt war, „welches Licht die Gemüthsart, die Denkart, die Sitten, die Manieren in der Historie einer Nation aufstecken, was für Einfluß diese Sachen in die öffentlichen Geschäfte, in die wichtigsten Thaten derselben haben" und wie unsere Minnesänger — so nannte er insgemein die alten Lyriker — über diese Punkte die vollkommensten Nachrichten geben: so war doch nicht dies für ihn das eigentlich Anziehende an ihnen. Er rühmt die höflichen Sitten, die zärtlichen Empfindungen, die ehrliebenden, menschenanständigen Gedanken, die naive Ausbildung, die man darin finde. Auch handelte er von der Artigkeit in den Manieren der Mädchen die von den schwäbischen Dichtern besungen werden, von der aus diesen bestätigten Wahrheit daß die Liebe, die mit Hoffnung begleitet ist, einen Gefallen am Geistreichen habe, und von Aehnlichem in besonderen Aufsätzen. Aber das Wichtigste scheint uns die wenn auch entfernte Verwandtschaft, in welcher die Poesie der Minnesänger mit der neu sich bildenden Lyrik von damals steht. Es war die Zeit zu welcher Hagedorn im Natur- und Liebeslied eine freiere Weise, unmittelbareren Ausdruck der Empfindung anstrebte. Auch war Hagedorn einer der ersten, die sich für die Minnesänger interessirten. Und Gleim, Michaelis, der Pastor Lange und seine Freunde, folgten ihm darin nach. Die Dichter des Göttinger Bundes studirten sie eifrig. Allen diesen, an Goethe gemessen, fehlt das Individuelle, Durchlebte, das eigenartig Gefühlte und doch an Ideen zur Allgemeinheit Hinaufgeläuterte: eben wie den Minnesängern. Daher die Anlehnung. Die altdeutschen Lyriker erhielten eine Stelle neben Horaz und Anakreon.

Bodmer hatte durch Scherz zuerst ausführliche Mittheilungen aus der Pariser Handschrift der Minnesänger erhalten. Derselbe Scherz machte zu Anfang des achtzehnten Jahrhunderts einen Theil der Fabeln des Bonerius bekannt. Die Vorliebe Bodmer's und Breitinger's für die aesopische Fabel ließ auch diese Anregung bei ihnen nicht verloren gehen. Dazu trat „das allervollkommenste Hauptwerk der Poesie“ wie sie es nannten, das Epos, repräsentirt durch das Nibelungenlied und den Parzival. Und Bodmer's Betriebsamkeit nahm schon andere Gedichte in Aussicht: die Aeneide Heinrich's von Veldeck, den Trojanerkrieg Conrad's von Würzburg, den welschen Gast. Von noch anderen sonst hatte er sich die Handschriften verschafft. Er setzte jeden für die altdeutsche Literatur in Bewegung, der sich dafür irgend gewinnen ließ. Seine altdeutschen Publicationen beginnen nicht lange nach seinen historischen, 1748. Die wichtigsten und größeren Ausgaben jedoch fallen erst in die Jahre 1757—59: der Bonerius, das Nibelungenlied, die Minnesänger. Wenige Jahre früher hatte Bodmer den Parzival bearbeitet, einige Jahre später erschien „die Rache der Schwester,“ eine Bearbeitung des Nibelungenliedes in Hexametern. Ihr folgte 1774 eine gleiche Bearbeitung des Wilhelm von Oranse. Und noch 1781 eine freie Uebersetzung einiger Stücke des Nibelungenliedes im Balladenton.

Unabhängig von Bodmer war der große Lobredner der guten alten Zeit, war Justus Möser auch mit der alten Poesie bekannt geworden. Es bezeichnet ebensosehr seine Begeisterung für alles Vaterländische, wie den Stand völliger Kindheit, in welchem sich das Studium der älteren vaterländischen Literatur noch befand, daß Möser gegen Ende der vierziger Jahre den Plan fassen konnte, eine allgemeine Ausgabe aller deutschen Poeten, welche bis Ende des funfzehnten Jahrhunderts geschrieben haben, zu unternehmen. Er mußte bald genug davon abstehen und hat auch beinahe nichts zur allmählichen Verwirklichung dieses Planes beigetragen. Mehr geschah dafür durch eine Reihe von Männern, die zwischen 1735 und 1743 geboren, zu Ende der fünfziger Jahre in dem Alter standen, in welchem wir ganz besonders neuen bestechenden Eindrücken zugänglich sind. Man darf sie als Bodmer's eigentliche Nachfolger betrachten. Im Uebrigen ist von den Eschenburg, Michaeler, Myller, Oberlin, Reinwald eben nichts Sonderliches zu berichten. Ihre hauptsächlichsten Arbeiten fallen erst in die letzten siebziger und ersten achtziger Jahre. Durch Myller insbesondere wurde damals eine beträchtliche Anzahl der besten Poesien des dreizehnten Jahrhunderts, freilich sehr fehlerhaft, edirt. Diesen Gelehrten reiht sich von älteren der Pfarrer Fulda an als Kenner des Gothischen, und der Hamburger Professor Gottfried Schütze, so wie der Gottschedianer und Kasseler Hofpoet Casparson als Herausgeber altdeutscher Gedichte.

Aber was sollen uns die todten Namen! Auch Lessing blieb nicht unberührt. 1758 schrieb er die Vorrede zu Gleim's preußischen Kriegsliedern, und dazu sammelte er Verschiedenes von den alten deutschen Schlachtgesängen und Soldatenliedern. Ja er las sogar das alte Heldenbuch und diese Lectüre führte ihn dann weiter auf das Nibelungenlied, das soeben erschienen war und woraus er sich verschiedene Züge anmerkte, die, wie er sich ausdrückt, von dem kriegerischen Geiste zeugen der unsere Vorfahren zu einer Nation von Helden machte. Beiläufig sah er aber auch „daß die Herren Schweizer eben nicht die Geschicktesten sind, dergleichen Monumente der alten Sprache und Denkungsart herauszugeben." Sie hätten in dem beigefügten Glossar unverantwortliche Fehler gemacht, schrieb er. Als dann seine Vorrede wirklich herauskam, machte er keinen großen Gebrauch von diesen Studien. Doch verglich er Gleim mit den Barden und Skalden. Jene galten ihm wie seiner Zeit überhaupt für die ältesten deutschen Dichter, Karl der Große habe ihre Lieder gesammelt. Die nordische Skaldenpoesie und „das jüngere Geschlecht von Barden aus dem schwäbischen Zeitalter," ihre naive Sprache, ihre ursprünglich deutsche Denkungsart müsse Derjenige kennen der über Gleim's Kriegslieder urtheilen wolle.

Wenigstens glaubte Lessing bei dieser Gelegenheit die ältere Sprache mit Geläufigkeit lesen gelernt zu haben. Und das Heldenbuch fesselte ihn noch länger. Er schrieb einen ganzen Folianten darüber zusammen um die Meinungen Goldast's und Grabener's (welcher eine Folge von Programmen darüber herausgegeben hatte) zu bestreiten. Unglücklicher Weise war ihm der größte Theil dieser Materialien verloren gegangen. Was davon erhalten ist, zeigt indeß große Fehlgriffe. Andere Veranlassungen führten ihn wiederholt auf die frühere deutsche Literatur zurück. Seine Arbeiten zur Geschichte des Epigramms auf den Logau. Seine Arbeiten zur Geschichte der aesopischen Fabel auf den Bonerius und Haug von Trimberg. Auch den Andreas Scultetus, von welchem ihm zufällig einiges Treffliche in die Hände gekommen war, zog er wieder hervor. Und daß er auf den Faust als Stoff zu einem Drama gerathen war, mag man gleichfalls hierher rechnen. Besonders in Wolfenbüttel hatte er oftmals Ursache sich mit diesen Dingen zu beschäftigen. Seine Beiträge zur Geschichte und Literatur, seine Briefe an Eschenburg, sein literarischer Nachlaß, seine Collectaneen legen davon Zeugniß ab. Gleim schreibt einmal von „vortrefflichen Resten des alten deutschen Verstandes," die ihm Lessing gezeigt habe; er bedauerte in den „Beiträgen" nicht mehr von seinen lieben alten Minnesängern zu finden; und als er 1773 seine „Gedichte nach den Minnesängern" herausgab, that er Lessing davon Meldung mit den Worten: Auch Ihnen wollt' ich's geheim halten, daß eine vaterländische Muse mich begeistert hat, Ihren Dichtern des dreizehnten Jahrhunderts einige Lieder in unserer härteren Sprache nachzusingen. Endlich sei noch erwähnt daß Lessing schon den Plan zu einem deutschen Wörterbuche gefaßt und dafür zu sammeln begonnen hatte. Wörterbücher zu allen unseren guten Schriftstellern, wie er selbst mit Ramler eines zum Logau anfertigte, schienen ihm der erste nähere Schritt dazu. Ueberschlägt man diese ganze Thätigkeit, so kann man den Mangel an Einheit und Zusammenhang nicht leugnen. Man wundert sich auch wohl daß Lessing wie es scheint ohne sonderliche Theilnahme an dem Nibelungenlied vorübergegangen ist. Aber er müßte nicht Lessing gewesen sein wenn er viel Geschmack daran hätte finden können. Drängte sich ihm der Vergleich mit der Ilias auf? Er war so weit weg noch von der heutigen Anschauung des Epos wie alle Welt damals. Und es ist ihm vielleicht nicht entfernt zu Sinne gekommen daß den Nibelungen eine ähnliche Bedeutung beiwohne in der Geschichte der deutschen Literatur wie dem Homer in der griechischen. Wenn ihm aber der Gedanke durch die Seele flog, durch diese Seele in welcher die homerischen Gedichte als episches Ideal feststanden, wie konnte eine Poesie dagegen aufkommen welcher gerade das fehlte was Lessing an der homerischen zu bewundern gewohnt war: die Ausführlichkeit der Darstellung, die sinnliche anschauliche Fülle des Details? Vollends das Nibelungenlied in der überlieferten Gestalt, mit dieser Unzahl elender und erbärmlicher Partien, mit diesem ganzen Kram den eine schnell geänderte Geschmacksrichtung durch ihre unwürdigsten Träger schon zu Anfang des dreizehnten Jahrhunderts ihm aufgehängt hat? Vor Allem aber: Lessing war eine überwiegend praktische Natur. Er sah, wo es Noth that und legte gleich Hand an. Was sollte ihm zur Polemik gegen die Franzosen, zur Polemik gegen die beschreibende Dichtung, zur Polemik gegen die Pfaffen, gegen Aftertheologie und Aftergelehrsamkeit: was sollte ihm dazu das Nibelungenlied? Der Reformator Lessing, unser Lessing, hatte nichts damit zu thun. Der Polyhistor Lessing, der Lessing des achtzehnten Jahrhunderts, widmete diesen Dingen neben anderen ein flüchtiges Interesse.

Lessing's Stellung zur altdeutschen Literatur ist vorbildlich. Vorbildlich für die zweite Hälfte des achtzehnten Jahrhunderts überhaupt. Sie hat weniger dauernde wissenschaftliche Gründungen aufzuweisen, als die nothwendigen und unmittelbaren Voraussetzungen zu solchen Gründungen. Die heutige Geschichtswissenschaft ist nicht von Möser begründet: aber wie wäre sie möglich ohne ihn? Die heutige Literaturgeschichte ist nicht von Herder begründet: aber wie wäre sie möglich ohne ihn? Die heutige Theologie ist nicht von Reimarus begründet: aber wie wäre sie möglich ohne ihn? Es ist eine zu große Anzahl von Tendenzen welche sich gegenseitig hemmen und verdunkeln, weil sie meist alle in Einem Kopfe neben und durch einander arbeiten. Doch giebt es eine Rangordnung unter diesen Tendenzen. Und sie richtet sich nach ihrer praktischen Wichtigkeit. Darum stehen die Studien des klassischen Alterthums allen übrigen voran. Darum beobachtet man in ihnen seit Winckelmann's Geschichte der Kunst und Lessing's Laokoon einen stetigen ununterbrochenen Proceß, ein vollkommenes Ineinandergreifen und Aufeinanderwirken von Wissenschaft und Poesie. Ganz anders die altdeutsche Philologie. Desgleichen die Literaturwissenschaft im Allgemeinen. Ihr Schicksal ist nahezu dasselbe. Ein helles Auftauchen, ein kräftiges Erfassen hie und da, verwandte und günstige Strebungen an verschiedenen Orten. Aber jedesmal aus besonderen Antrieben und ohne andere Verbindung unter einander als durch das einmal dafür rege Interesse.

Nehmen wir Klopstock zum Beispiel. Was hat uns seine Richtung auf das Vaterländische eingetragen? Was haben uns alle die „Hermanns"-Tragödien eingetragen welche seit der neuen Auflage (1731) von Lohenstein's "sinnreicher Staats- Liebes- und Heldengeschichte," vom „großmüthigen Feldherrn Arminius oder Herrmann nebst seiner durchlauchtigsten Thußnelda" — durch Möser, Elias Schlegel, Ayrenhoff, Klopstock in die Welt gesetzt wurden? Eine unklare, verschrobene, lügenhafte Vorstellung vom germanischen Alterthum mit Barden und Druiden und dem übrigen Apparat haben sie uns eingetragen und weiter nichts. Klopstock's Autorität war groß unter den jungen Göttingern. Auf ihre Freiheitspoesie, ihren Tyrannenhaß mag man ihm einen gewissen Einfluß zuerkennen. Aber durchaus nicht auf ihre Beschäftigung mit den Minnesängern. Diese ist vielmehr auf ihr Streben nach „Naturpoesie" und auf die Täuschung zurückzuführen, mit welcher sie in den Minnesängern Naturpoesie zu haben glaubten.

Naturpoesie — wer spräche das Wort aus ohne Herder's, ohne der letzten sechziger und ersten siebziger Jahre des vorigen Jahrhunderts zu gedenken? Es war die große Revolutionszeit der deutschen Literatur, und Herder ihr Theoretiker. Es war ein Aufschwung der Jugend, des Muthes, der strahlenden Begeisterung. Eine Gruppe genievoller Männer in dem Alter wo man das Höchste und alles Höchste erfliegen, wo man eine Welt des Ruhmes in seine Arme fassen zu können meint. Männer ohne schmerzliche Enttäuschungen, ohne lastende Vergangenheit, die ganze Zukunft vor ihnen offen. Shakspeare, Ossian, Volkslieder, Hans Sachs ihre Abgötter. Und aus dem Vulcane des eigenen innersten Empfindens und Denkens der Werther herausgeschleudert.

Treten wir näher und suchen das deutsche Element in Herder. Niemand vor ihm hat so schön von unserer Sprache geredet. Niemand vor ihm und wenige nach ihm so tiefsinnig von der Sprache überhaupt.

Unsere Sprache ist ein Geschöpf eigener Art, sagt er, das Aehnlichkeiten mit anderen, aber das Urbild in sich selbst hat. Wir wollen uns ihrer als eines Eigenthums rühmen, mit patriotischem Stolz Idioten sein, nach der griechischen Bedeutung dieses Wortes. Gegen die Griechen stehen wir zurück, aber unseren Nachbarn sind wir überlegen. Die Häufung der Consonanten giebt unserer Sprache einen abgemessenen sicheren Ton, einen vollen Klang, den vernehmlichen festen Tritt, der nie über und über stürzt, sondern mit Anstand schreitet wie ein Deutscher. Die feine Abstufung der Vocale lindert die Kraft der Consonanten. Der Reichthum an Hauchlauten giebt der Rede das Liebliche. In unseren Sprachwurzeln ist eine malende Musik, eine große innere Stärke unmittelbarer Bezeichnung. Männlich und stark ist also unsere Sprache in ihren Elementen. Sie ist reich und fest in ihren Silbenmassen, gesetzt und langsam in ihren Wortverkehrungen, nachdrücklich und ernsthaft in ihren Idiotismen. An diesen, an Anderem war unser Schatz einst reicher. Vieles ist versunken, wir müssen es wieder emporheben. Unsere Sprache ist ein erhabenes gothisches Gebäude noch zu Luther's Zeiten und noch mehr zu den Zeiten der schwäbischen Kaiser. Luther ist's der die deutsche Sprache, einen schlafenden Riesen, aufgeweckt und losgebunden. Sie hat seit dem sechzehnten Jahrhundert von ihrer Vortrefflichkeit verloren, ist ein neumodisches Gebäude geworden, mit fremden Zieraten überladen. Der natürlichste Weg um ihr wieder Charakter auf ihrem Boden zu geben ist: Nachforschen in altdeutschen Wörten, in den Zeiten ihrer nervenvollen Stärke und die Neubelebung dieses Alten. Aber hierin haben wir trotz unserer deutschen Gesellschaften wenig oder nichts gethan. Ein deutscher Johnson fehlt uns noch der das für die deutsche Sprache wage was jener für die seinige.

Ein Johnson? Nur ein Johnson? Herder selbst stellt ein Ideal des Sprachstudiums auf, ein Ideal des Sprachweisen, welches weit über Johnson hinausgeht, welches nur Einer wieder aufgenommen, nur Einer zu erfüllen getrachtet hat: Wilhelm von Humboldt.

Die Sprache ist nach Herder's Ansicht nicht blos Werkzeug, sie ist auch Behältniß und Inhalt der Literatur. Jede Sprache ist ein großer Umfang von sichtbar gewordenen Gedanken, ein unermeßliches Land von Begriffen. Jahrhunderte und Reihen von Menschen legten in dies Behältniß ihre Schätze von Ideen, so gut oder schlecht geprägt sie sein mochten. Der wahre Sprachweise würde uns eine Entzifferung der menschlichen Seele aus ihrer Sprache geben. Das müsse aber ein Mann von drei Köpfen sein, der Philosophie, Geschichte und Philologie verbände — der als Fremdling Völker und Nationen durchwandert und fremde Zungen und Sprachen gelernt hätte, um über die seinige klug zu reden — der aber zugleich als ein wahrer Idiot Alles auf seine Sprache zurückführte, um ein Mann seines Volkes zu sein. Auf dem großen Sprachfelde hat im Gebiete der Wissenschaften oder des gemeinen Lebens jeder einzelne Kreis von zusammengehörigen Personen, jede Secte, jede Zunft, ja jeder einzelne große Schriftsteller seine eigenen Ländereien, Felder und Blumenbeete. Erst wenn diese erforscht wären, könnte man einzelne Schriftsteller erschöpfend charakterisiren.

Sprache ist Form der Wissenschaften nicht blos in welcher, sondern auch nach welcher sich die Gedanken gestalten. Sie giebt der ganzen menschlichen Erkenntniß Schranke und Umriß. Jede Nation spricht je nach dem sie denkt, und denkt je nach dem sie spricht. So verschieden der Gesichtspunkt war in dem sie die Sache nahm, bezeichnete sie dieselbe. Und da dies immer ein äußerer einseitiger Gesichtspunkt war, so ward derselbe zugleich mit in die Sprache eingetragen, und jeder Einzelne an ihn gebunden, auf ihn eingeschränkt. Und so wieder: ein einzelner selbständig Denkender wird seiner Sprache eine eigene Form eindrücken in welche sich seine Ideen hineinschlugen.

Herder deutet darnach eine Reihe von Aufgaben an, stellt eine Reihe von Fragen, welche alle den Einfluß betreffen den die Sprache auf die Denkart einer Nation nimmt, und welche wir nur heute eben zu beantworten beginnen. Er entwirft einen Roman wie er es nennt, eine Lebensgeschichte der Sprache. Er nimmt eine Kindheit an, da man noch nicht sprach sondern tönete; ein Jünglingsalter wo das Sprechen ein Singen war, wo man durch Gesänge lehrte; ein Mannesalter, die Periode der schönen Prosa, wo die Poesie Kunst wird und sich immer weiter entfernt von der Natur; ein Greisenalter endlich wo Richtigkeit an die Stelle der Schönheit tritt, das Zeitalter der philosophischen Sprache.

Diese Ansichten sprach Herder aus im Jahre 1766. Das Folgenreichste ist die in jener Lebensgeschichte der Sprache mit eingeschlossene Unterscheidung zwischen Naturpoesie und Kunstpoesie. Und diese Unterscheidung findet sich schon in seinen frühesten ungedruckten Arbeiten. Seine Vorliebe ist bei dem Jünglingsalter der Sprache und Literatur. Sein großes Beispiel dafür ist Homer. Homer noch allein. Zwar hätte er gerne, wie er sagt, unsere Sprache zum Beispiel gewählt, wenn nicht alle Gesänge der Barden und Druiden aus den Zeiten der wahren poetischen Natur verloren wären. Und über die singende Natur in den Skalden- und Bardengesängen könne er nicht urtheilen, da er sie nicht in ihrer Originalsprache kenne. Er meint die altisländische Poesie und den Ossian.

Von letzterem war 1764 die erste deutsche Uebersetzung erschienen, 1768 und 1769 die von Denis. Aus der Anregung dieser Gesänge und, wie Herder sagt, aus dem Reiz welchen die Tugend der Frau Thusnelde und die Tapferkeit des Herrn Hermann auf die übergroße Moralität der Deutschen ausübte, entstand die deutsche Bardendichtung. Und als „die Bardenwindsbraut brauste," da rief man auch nach alten deutschen Bardengesängen die Karl der Große gesammelt haben sollte. Noch zu Ende des achtzehnten Jahrhunderts setzte ein deutscher Edelmann einen Preis auf deren Wiederfindung.

Von der altisländischen Poesie wußte man bisher hauptsächlich aus des Olaus Wormius Buch de litteratura Runica, seit 1765 aus der deutschen Uebersetzung von Mallet's Geschichte Dänemarks, welche durch Uebertragungen und Auszüge einen leidlich vollständigen Begriff von der älteren und jüngeren Edda gab. Sogleich 1766 machte Gerstenberg in seinem „Gedicht eines Skalden" von der nordischen Mythologie denselben Gebrauch den man bis dahin von der griechischen und römischen zu machen gewohnt war. Und ebenso schnell folgte ihm Klopstock hierin nach. Herder urtheilte bald darauf sehr richtig: Es sei ganz gleichgültig ob man statt griechischer und römischer lithauische oder skandinavische Götter verwende, nur müßten diese Namen so durchgängig bekannt, mit so hohen Begriffen gleichsam verknüpft und unserer Sprache so angemessen sein als die griechischen und römischen Namen der Götter.

Gerstenberg und Klopstock sahen die nordische Mythologie mit dem Auge des experimentirenden Poeten an, Herder sah sie mit dem sicheren Blick des Historikers. Wo er sie zum ersten Mal erwähnt macht er die Bemerkung, die Weltentstehung durch Frost, die Riesen, der große Wolf und sein Bändiger und Anderes sei mit Localfarben des Nordens gemalt, auf dem rauhen skandinavischen Grund und Boden gewachsen. Herder betrachtete jedes Literaturproduct unter dessen sämmtlichen natürlichen und geistigen Bedingungen, und eiferte gegen die Nachahmung solcher Producte zu welchen uns die Bedingungen abhanden gekommen sind oder von jeher gemangelt haben. Der Geschmack der Völker und unter Einem Volk der Geschmack der Zeiten habe sehr genau seinen Fortgang mit Denkart und Sitten. Um also dem Geschmack seines Volkes sich zu bequemen, müsse man seinen Wahn und die Sagen der Vorfahren studiren. Ein Dichter welcher sich der Vortheile zu bedienen wünsche, welche den Spaniern und Italienern des sechzehnten Jahrhunderts der halborientalische Geschmack ihrer Zeit und ihres Volkes gewährte, der müsse sich an die Mythologie der alten Skalden und Barden sowohl, als seiner eigenen Landsleute halten. Denn überall gebe es noch Spuren von diesen Fußstapfen der Vorfahren. Würde man sich nach alten Nationalliedern erkundigen, so würde man nicht blos tief in die poetische Denkart der Vorfahren dringen, sondern auch Stücke bekommen die den britischen Balladen und den Romanzen der Spanier und überhaupt allem Besten dieser Gattung sich beigesellen dürften.

Die Bemerkung über Volkslieder zu welcher die Literaturbriefe, und zwar ein Lessing'scher Brief, mit zwei lithauischen Liedchen den ersten Anstoß gaben, war in diesem Zusammenhange nur beiläufig. Sechs Jahre später (1773) sprach Herder wärmer und dringender über denselben Gegenstand. Percy's Sammlung englischer alter Volkslieder war mittlerweile in Deutschland bekannter geworden und hatte gleich bei ihrem Erscheinen (1765) den Wunsch rege gemacht daß gleicher Fleiß auf die alten deutschen Gesänge verwendet werden möchte. Und seit 1770 war man wirklich in Herder's Kreis so wie in Göttingen nach dieser Richtung hin ungemein thätig. In den schönen Briefen über Ossian und die Lieder der alten Völker redete nun Herder abermals und ausführlicher von Homer, von Ossian, von den nordischen Gedichten, von den Gesängen der nordamerikanischen Indianer, von den Liedern der verschiedensten europäischen Völker, und von dem was in ihnen singt: von dem Geist der Natur. Er gab Proben und suchte in Uebersetzung wie in ausdrücklicher Schilderung ihren Charakter zu erfassen, ihre sinnliche Kraft, ihre Lebendigkeit, ihre Kühnheit, ihr Sprunghaftes, die anscheinende Zusammenhangslosigkeit unter ihren einzelnen Theilen welche eben nicht anders sei als unter den Bäumen und Gebüschen im Walde, als unter den Felsen und Grotten in der Einöde, als unter den Scenen der Begebenheit selbst. Er wies endlich darauf hin daß wir in Deutschland keinen Mangel an solchen Poesien hätten. In mehr als Einer Provinz seien ihm Volkslieder, Provinziallieder, Bauerlieder bekannt, die an Lebhaftigkeit und Rhythmus, Naivetät und Stärke der Sprache vielen englischen, schottischen und anderen nichts nachgeben würden. Auch davon Proben und der laute Ruf nach unermüdlichem Sammeln in allen deutschen Gegenden und daß man sich dieser Poesie ja nicht schäme.

Herder's Aufsatz erschien in den Blättern für deutsche Art und Kunst. Eben darin Goethe's Aufsatz von deutscher Baukunst, wozu der Straßburger Münster ihn angeregt hatte. Ihn ergriff Alles, was ihm persönlich nahe trat. So theilte er auch damals Herder's Begeisterung für Ossian, für Volkslieder und für alles Vaterländische. Die deutsche Vergangenheit, in der Er sich bewegte, war das Reformationszeitalter. Dieses ragte durch die Volksbücher noch in die Gegenwart, mit welchen er seit seiner Kindheit vertraut war. Hans Sachs, das Fastnachtspiel, Gottfrieden's von Berlichingen Lebensgeschichte, das Volksbuch und Puppenspiel vom Dr. Faust, die Sage vom ewigen Juden — lagen in seinem damaligen Gesichtskreise. Das Volkslied übte auf seine Lyrik eine sichtbare Wirkung aus.

Die Volkslieder wurden ein sehr wesentlicher Theil der deutschen Philologie in den siebziger Jahren des vorigen Jahrhunderts bis in den Anfang der achtziger. Das Deutsche Museum, 1776 gegründet, in welchem auch kein Jahr verüberging, ohne daß auf ältere deutsche Literatur Bezug genommen worden wäre, wurde der Mittelpunkt dieser Bestrebungen. Hier erschien Bürger's „Herzensausguß über Volkspoesie" der mit dem Wunsche schloß, es möge endlich ein deutscher Percy aufstehen, die Ueberbleibsel unserer alten Volkslieder sammeln und dabei die Geheimnisse dieser magischen Kunst, mehr als bis dahin geschehen, aufdecken. Hier trugen Eschenburg, Anton, Seybold und Andere zusammen was sie von wirklichen oder angeblichen Volksliedern erreichen konnten. Hier erhob auch Herder noch einmal seine Stimme dafür: Großes Reich, Reich von zehn Völkern, Deutschland! Du hast keinen Shakspeare, hast du auch keine Gesänge deiner Vorfahren deren du dich rühmen könntest, keine Abdrücke deiner Seele die Zeiten hinunter? Kein Zweifel! Sie sind gewesen, sie sind vielleicht noch da; nur sie liegen unter Schlamm, sind verkannt und verachtet. Noch neulich ist eine Schüssel von Schlamm öffentlich aufgetragen ... Mit dieser Schüssel von Schlamm meint er Friedrich Nicolai's „kleinen feinen Almanach voll schöner echter lieblicher Volkslieder," welcher unter Lessing's wenig verhehlter Mißbilligung in der Tendenz unternommen wurde, die ganze Vorliebe für Volkslieder durch eine Auswahl der schlechtesten darunter lächerlich zu machen, dabei aber doch auch solche Volkslieder aus der Dunkelheit zu ziehen, die wahre Naivetät haben. Die Hauptabsicht mißlang vollständig. Und als bald darauf Herder's Volkslieder, die freilich nur wenig deutsche Lieder enthielten, und eine kleine Sammlung von Elwert erschienen, so wurde deren Erfolg durch Nicolai's Almanach eher gefördert als beeinträchtigt.

In der Vorrede zu den Volksliedern stellt Herder alle ihm erreichbaren Beispiele und Nachrichten von Volksliedern zusammen welche sich in älteren deutschen Chroniken vorfinden: ausdrücklich um damit einer künftigen Geschichte deutschen Gesanges und deutscher Dichtkunst zu dienen. An eine solche dachte er sogleich, wie er schon in seinen ersten Schriften an eine Geschichte der griechischen Dichtkunst und Weisheit, an einen Winckelmann in Absicht der Dichter gedacht hatte. Für eine solche war um jene Zeit reiches Material zugewachsen. In die achtziger Jahre fallen noch unter Bodmer's Betheiligung die hauptsächlichsten Publicationen der älteren Generation altdeutscher Philologen die wir bereits erwähnten. Wir können nicht alle einzelnen Vermehrungen aufzählen welche die Kenntniß unserer älteren Literatur damals erfuhr. Die bedeutendste war die Myller'sche Gedichtsammlung. Sie erschien 1782—85. Ein Jahr vorher hatte man das erste mittelhochdeutsche Wörterbuch aus Scherzens Nachlaß erhalten. Das war eine tüchtige und wissenschaftliche Arbeit. Sonst blieb es bei trockenen, oft sehr fehlerhaften Handschriftenabdrücken. Ein zusammenfassender, überschauender, ordnender Geist fehlte. Herder wäre vielleicht der rechte gewesen. Ihn zog jedoch zu viel anderes ab. Seine Beschäftigung mit der älteren Poesie war zu unvollständig, zu wenig anhaltend. Um selbst zu einer Geschichte der deutschen Dichtkunst zu sammeln, dazu fehlte es ihm jederzeit an Gelegenheit und Geduld. Die langen, epischen Gedichte des Staufischen Zeitalters erschienen ihm ohne Unterschied des Werthes als Eine große Masse. Er hatte die wenigsten gelesen. Es fehlte ihm auch dazu nach seinem eigenen Geständniß an Lust und Muße. Dagegen hatte er die Minnesänger mit größerem Eifer studirt. Die ungedruckte Jenaer Handschrift derselben kannte er ziemlich genau und schrieb sogar selbst einen Theil der Gedichte ab. Die Minnesänger fanden überhaupt unter Allem was von älterer deutscher Literatur hervorgetreten war, den meisten Anklang: bis in die achtziger Jahre, wo sie durch das Nibelungenlied allmählich abgelöst wurden. Möser schrieb 1776: Daß jetzt die Mode der Minnelieder die Bardengesänge verdrängt habe, wird Jedem bekannt sein. Nicht durch neue nachgemachte Minnelieder, aber durch Veröffentlichung und gelegentliche Uebersetzung alter hatte er selbst Theil daran. Er war sehr dafür eingenommen. Man kann die Zärtlichkeit nicht höher und kräftiger ausdrücken, sagt er, wie es die damaligen Dichter thaten; und das Colorit ist noch so bezaubernd, ihre Sprache hat einen solchen Silberton, daß man noch nach fünfhundert Jahren davon entzückt wird. Etwas später schrieb Herder darüber im Deutschen Museum. Er fühlte ihre Unübersetzbarkeit. Jeden harten Buchstaben oder Vocal, sagt er, den man aus unserer rauheren Sprache einschaltet, jedes sanfte Bindewort, das man ausläßt weil es uns ungeläufig ist, jede Regel der Grammatik und Construction die man verändert, tödtet eine Grazie des Dichters. Aber merkwürdig ist, wenn man Tieck's übermäßige Begeisterung daneben hält, sein Urtheil über die Verskunst. Die Minnesingerweise dünkt ihn oft langweilig. Die Strophe ziehe sich in langen und kurzen Zeilen für uns tonlos und matt dahin, wie sie in späterer Zeit bei den Meistersängern sich fast unausstehlich schleppte.

Herder hat auf diesem Gebiete positiv nichts gefördert, keine neue Thatsache erschlossen, keinen fruchtreichen literaturgeschichtlichen Gesichtspunkt gefunden. Aber wo er der Sache mächtig war und wo es galt, eine augenfällige Schönheit in's Licht zu setzen: da war er unübertrefflich und von hinreißender Beredtsamkeit: über das Gedicht auf den heiligen Anno zum Beispiel, welches er ein Pindarisches Loblied und den Zusammenhang seiner Glieder eine ungeheure gothische Kirche im schönsten Stil dieses Geschmackes nannte. Und trotz seiner lückenhaften Kenntniß faßt Herder, er allein damals, fast das ganze Gebiet der deutschen Philologie in's Auge, und wie sonst ist er unerschöpflich in Stellung neuer trefflich gewählter Aufgaben. Er weist auf die Wichtigkeit der reichen angelsächsischen Literatur hin. Auf die noch unvollkommene Gestalt der Geschichte des Mittelalters, welche ganz Pathologie und meistens nur Pathologie des Kopfes das heißt des Kaisers und einiger Reichsstände sei und welche doch Physiologie des ganzen Nationalkörpers werden und erforschen müsse, wie sich hiezu Denkart, Bildung, Sitte, Vortrag, Sprache verhielt. Er macht ferner aufmerksam auf die Unsicherheit, wie viel in den altdeutschen Poesien dem Stoff nach originell deutsch möchte gewesen sein. Er verlangt gelegentlich eine Untersuchung über den Ursprung und die Quelle der deutschen Novellendichtung, eine Abhandlung über die allmähliche Bildung der verschiedenen Dialekte Deutschlands, und Aehnliches. Ja er weist auf die Volkssagen, Märchen, Aberglauben und Mythologie. Er nennt sie einen großen Gegenstand für den Geschichtschreiber der Menschheit, den Poeten und Poetiker und Philosophen. Er spricht schon von einer alten wendischen, schwäbischen, sächsischen, holsteinischen Mythologie welche von dem Geiste der Edda voll sei und noch in Volkssagen und Volksliedern lebe. Er wünscht sie mit Treue aufgenommen, mit Helle angeschaut, mit Fruchtbarkeit bearbeitet. Kurz er wünscht was die Grimm in den Märchen und Sagen und was Jacob Grimm in der deutschen Mythologie geleistet hat. So viel bewußte Klarheit über die Ziele, und so wenig unmittelbare Wirkung!

Er schrieb im Jahre 1793: Ich glaube kein Wort davon daß die Deutschen mehr als andere Völker für die Verdienste ihrer Vorfahren fühllos sein sollten. Mich dünkt, ich sehe die Zeit kommen da wir zu unserer Sprache, zu den Verdiensten, Grundsätzen und Endzwecken unserer Väter ernster zurückkehren, mithin auch unser altes Gold schätzen lernen.

Sie kam, diese Zeit. Und auf Herder fiel noch der erste Schein ihrer aufsteigenden Morgenröthe. Keineswegs aber kann man sie in gerader Linie von ihm ableiten. Man hat Herder einen der Väter der Romantik genannt. Man wird richtiger sagen, er habe nur mit Anderen den Boden aus welchem die Romantik erwachsen mußte, chemisch so präparirt, daß sie wachsen konnte. Gesäet hat er sie nicht. Die speciellen historischen Motive denen sie ihre Entstehung verdankt auseinanderzusetzen, ist hier nicht unsere Aufgabe. Wir reihen Fragment an Fragment. Die Fäden welche die verschiedenen Phasen unserer geistigen Bewegung unter einander verknüpfen, lassen wir bedeckt. Nur das Herüberwirken jeder einzelnen in's deutschphilologische Gebiet und der Zusammenhang dieser Wirkungen mit ihren allgemeineren Grundgedanken hat Anspruch auf unsere Betrachtung.

Noch vor das Auftreten der Romantiker fallen drei Thatsachen von denen zwei für die Romantik selbst und den eigenthümlichen Charakter ihres Interesses an der altdeutschen Literatur und ihrer Auffassung derselben von Bedeutung wurden.

Die erste ist die erhöhte Werthschätzung des Nibelungenliedes. Man kann sie auf Johannes Müller zurückführen. Seine Beschäftigung mit dem Altdeutschen fällt in die Jahre seines Aufenthaltes zu Kassel 1781—83. Damals erschien in Berlin die Myller'sche Gedichtsammlung mit Unterstützung seines Kasseler Gönners, des Staatsministers General v. Schlieffen. Dieser pommersche Edelmann war selbst Schriftsteller. Eine Geschichte seiner Familie, die unter Anderem ausführlich von dem Zustande des älteren deutschen Adels handelte, verschiedene anonyme Aufsätze im Deutschen Museum (über die Minnesänger Heinrich von Veldeck, Hartmann von Aue) legten Zeugniß ab von seiner Kenntniß der altdeutschen Literatur. Jetzt las Johannes Müller mit ihm gemeinschaftlich jene eben erscheinende Sammlung und schrieb eine Folge von Anzeigen derselben, beginnend 1783 mit dem Nibelungenlied. Er machte auf die deutlichsten historischen Beziehungen dieses vortrefflichen Gedichtes aufmerksam auf welches die Nation stolz thun dürfe. Noch sieben Jahre vorher hatte Bürger gesagt: Geb' uns einer ein großes Nationalgedicht von der Art der Ilias und Odyssee, und wir wollen's zu unserem Taschenbuch machen. Müller verglich jetzt, wie schon Bodmer — bestimmter als öffentlich in brieflichen Aeußerungen — gethan hatte, die Nibelungen mit der Ilias. In beiden Gedichten, sagt er, sind mehr große Leidenschaften als große Menschen, größere Helden als Könige, und Gemälde von Unfällen welche keine menschliche Seele kalt lassen können. Zwar steht das Griechische über dem Deutschen. Aber immerhin hat in den Nibelungen unsere Nation eine Probe aufgestellt, wie weit es die Natur im Norden zu bringen vermochte. — Hierauf wieder in der Schweizergeschichte, welcher er auch einen schönen Abschnitt über die Minnesänger einfügte, nannte er das

Nibelungenlied das älteste, größte, originellste Heldengedicht deutscher Nation, das die deutsche Ilias werden könne; und sprach die Ansicht von einer dreifachen Bearbeitung desselben aus: einer ersten in einer altgermanischen Mundart, aus welcher stamme was von den Nibelungen Ausländer singen; einer zweiten oberdeutschen in der letzten Hälfte des zehnten Jahrhunderts, als der Haß neuer Hunnen, der Ungarn, deutsche Nationalsache wurde; einer dritten endlich im dreizehnten Jahrhundert welche nur Uebersetzung der zweiten gewesen sei. Die Ansicht war falsch, obwohl sie ihrem wesentlichen Gehalte nach vor etwa zehn Jahren erneuert wurde. Aber der gegebene Anstoß wirkte sogleich weiter. Noch 1783 versuchte ein G. (Giesecke in Hamburg?) im Deutschen Museum eine Uebersetzung des Schlusses welche im Gegensatze zu Bodmer's Bearbeitungen sich möglichst treu an den Ausdruck, die Versart und die Reime des Originals hielt. Zugleich erzählte er den Inhalt des ganzen Gedichtes, den er abenteuerlich und unglaublich, oft schauderhaft und gräßlich, dem Geschmacke des Zeitalters gemäß fand. Das Ganze schien ihm nach einem überlegten Plan geordnet. Die Hauptrolle und die Direction des großen Trauerspieles habe der Dichter Kriemhilden gegeben, König Etzel verhalte sich fast leidend, unthätig wie ein König im Schachspiel. — Derselbe Giesecke, wenn er es ist, schrieb gegen Ende des Jahrhunderts noch eine recht gute besondere Abhandlung über das Nibelungenlied.

In dem Körper einer Wissenschaft theilt sich nicht ebenso wie im einzelnen Menschenleib jede Veränderung, jeder neue Zustand eines Theiles sogleich dem Ganzen mit. Die alte Lyrik und Epik lagen in Bodmer fast gleichberechtigt neben einander. Aber in seiner Wirkung nach außen konnte er dieser nicht halb so viel Anerkennung verschaffen, wie jener. Die alte Lyrik blieb ein Vierteljahrhundert bevorzugt. Jetzt trat die Wendung zur Epik ein, insbesondere zum Nibelungenliede, aber auch nicht überall zugleich. Weder Johannes Müller, noch Giesecke waren eigentliche Männer von Fach. Und für diejenigen, welche als solche gelten konnten, war die Wendung so gut wie nicht geschehen. Das waren dieselben Gelehrten, für welche 1791 das erste speciell der deutschen Philologie gewidmete wissenschaftliche Organ gegründet wurde.

Das Entstehen dieser Zeitschrift ist das zweite bemerkenswerthe Factum für die Macht und Ausbreitung welche die altdeutschen Studien zusehends gewannen. Ihr Titel ist: Bragur, ein literarisches Magazin der deutschen und nordischen Vorzeit. Herausgeber waren Chr. G. Böckh, der Schwager Schubart's, ein Altersgenosse Adelung's, bis dahin nur durch pädagogische Schriften bekannt, und F. D. Gräter, ein dreiundzwanzigjähriger junger Mann. Viel Neues kam in dem Bragur nicht zu Tage. Die Wissenschaft hat durch ihn keine großen Fortschritte gemacht und zeigt sich auf einem sehr niedrigen Standpunkte. Aber das Verdienst lebendiger Anregung kann man dieser Zeitschrift und Grätern, der zuletzt ihr alleiniger Herausgeber war, nicht abstreiten. Besonders für die Pflege und Bekanntmachung der nordischen Literatur hat damals Niemand in Deutschland so viel gethan als Gräter, der unermüdlich war in Bekämpfung der Verächter und Spötter, in Uebersetzungen, Auszügen, Bearbeitungen, Commentirungen, Hinweisungen aller Art: in Briefen zum Beispiel die den Stil der Lessing'schen Literaturbriefe ziemlich erfolglos zu copiren strebten. Nur können solche Bemühungen, dann literarische Uebersichten, Abhandlungen über die Meistersänger, übersetzte Minnelieder, deutsche Trachten und andere antiquarische Notizen, Volkslieder, Erklärungen altdeutscher Gedichte für solche die gar nichts vom Altdeutschen verstehen, wie man sie heut zu Tage auch wieder in die Mode bringen will, und ähnliche Dinge, nicht den Anspruch machen für wissenschaftliche Arbeiten zu gelten. Die Rücksicht auf das große Publicum und seine Unterhaltung waltet durchgehends vor. Bei Gräter und auch bei den anderen Fachgenossen, welche um jene Zeit neu hinzutraten — wir nennen Zahn, den jüngeren Adelung, E. J. Koch — erhält man sehr deutlich den Eindruck, daß ein ganz neuer Impuls kommen mußte um auf diesem Gebiete eine Wissenschaft erstehen zu lassen. Der Blick jener Gelehrten kriecht träge an dem Boden hin, sie sehen einige Blumen und Steine, die sie auffammeln, aber nicht die Gegend. Es fehlt der Sinn für das Wesentliche und für das Ganze. Darum bleibt ihnen die altdeutsche Literatur eine chaotische leblose Masse. Ordnung und Licht konnte darein nicht eher kommen, als bis die Grundverschiedenheit gefühlt und aufgedeckt war, die auch in ihr zwischen volksthümlicher und kunstmäßiger Dichtung obwaltet wie in jeder anderen Literatur.

Deshalb nennen wir Wolf's Prolegomena ad Homerum die dritte bedeutende Förderung der altdeutschen Philologie vor ihrer Pflege durch die Romantiker. Sie fällt in das Jahr 1795. Das Buch war die wichtigste Fortbildung der Lehre von der Naturpoesie und der erste Schritt zur näheren Erkenntniß der Entstehung des Epos. Wenn sich schon bei Herder Aeußerungen finden, wie diese: bei allen Völkern ist Epopee und selbst Drama nur aus Volkserzählung, Romanze und Lied worden; — so sollte damit nur die historische Aufeinanderfolge und der ursächliche Zusammenhang angedeutet werden, und daß die Ilias ursprünglich aus einzelnen großen Rhapsodien Verschiedener bestanden hätte, kam ihm dabei ebensowenig zu Sinne wie Bürgern, da er schrieb: die Muse der Romanze und Ballade habe die Ilias und Odyssee gesungen, diese Gedichte seien dem Volke, dem sie gesungen worden nichts als Balladen, Romanzen und Volkslieder gewesen.

Der Anregung Johannes Müller's verdanken wir es, daß den Romantikern sofort die Nibelungen in den Mittelpunkt ihrer altdeutschen Studien traten; den Wolf'schen Untersuchungen über Homer, daß sie die Nibelungen herausnahmen aus der Reihe der übrigen Epopeen des Mittelalters und sie einer anderen Beurtheilung unterwarfen.

Zweierlei Motive überhaupt führen die Romantiker auf das Altdeutsche. Ihr Gedanke einer allgemeinen Literaturwissenschaft, das Erforschen der Poesie in allen Gestalten leitet die Schlegel; der Charakter seiner eigenen Poesie und seine innerste Seelenstimmung und Gemüthsverfassung leitet Tieck dazu hin.

Tieck's Poesie ist der Musik verwandt. Nicht blos insofern sein Vers musikalische Wirkungen durch den Reichthum der Reime und Assonanzen, durch den Ueberfluß malender Klangwörter anstrebt, sondern auch in ihrem tieferen Wesen. Die Vorstellungen sind das Reich der Poesie, und Vorstellen ist inneres Sehen. Die Musik herrscht über das Ohr und nur durch Analogie gewisser Tonbewegungen mit gewissen Gemüthsbewegungen weiß sie auch die Vorstellung, aber niemals vollständig, in ihre zu Macht bekommen. Nur ein ahnungsvolles Schauen weiß sie zu erregen in welchem Keime zu Gedanken sich durch einander schlingen, Worte werden wollen ohne es zu können. Zu diesem ahnungsvollen Schauen sucht Tieck die Poesie herabzustimmen. Schritt für Schritt war im Laufe des achtzehnten Jahrhunderts die Dichtung von der Oberfläche in die Tiefe des Menschen gedrungen, immer besser hatte sie in die Wogen der Empfindungen und Leidenschaften hinabtauchen, immer köstlichere Perlen emporholen gelernt. Gleichwohl blieb auf dem Grunde jeder Empfindung, jeder Leidenschaft etwas Unauflösbares, Geheimnißvolles, weil Körperliches, das nur gefühlt, aber nicht gesagt werden kann. Und gerade dies Unsagbare will Tieck sagen, das Letzte was Goethe übrig gelassen zu haben schien, will er ausschöpfen. So wird aus der Poesie der gedankenvollen Empfindung, der gehaltenen Leidenschaft eine Poesie der Stimmung. Keine Erscheinung wird abgezeichnet, sondern nur der allgemeine Eindruck zu erwecken gesucht den sie hervorruft. Keine Gemüthsbewegung wird in ihrem Verlaufe vorgeführt und in absichtsvoller Kunstweisheit zu Stille und Befriedigung emporgeleitet. Die ganze vegetirende und unbelebte Natur wird beseelt, wird in Person umgewandelt: die Personen führen ein lebloses Pflanzendasein, sind Puppen in der Hand des Poeten, reden nicht ihre eigene Sprache, bewegen sich nicht nach ihren eigenen Gesetzen. Alle festen Grenzen, von Natur gesetzt, müssen verschwinden. Kein scharfer Umriß wird geduldet. Es ist als ob Ihr Wasserfarben naß neben einander setzet und sie in einander verfließen lasset. Alle Schranken der Dichtungsgattungen werden niedergerissen: es ist der Anfang der Entwickelung welche die Gegenwart zur Vermischung der Kunstgattungen führte und sie die Oper zu ihren Experimenten mißbrauchen ließ. Eine große Mannichfaltigkeit von Gegenständen wird ausgelegt, dicht auf einander gepflanzt, ohne Perspective. Es ist eine Poesie der unendlichen Combination, eine Poesie der Willkür, eine Poesie des Unmöglichen.

Tieck brauchte für seine Schöpfungen eine Welt abgelöst von allen Bedingungen und Gesetzen der Wirklichkeit, anstatt der Wahrheit der Natur- und Geistesgesetze die angebliche Wahrheit der Phantasie. Mit Recht hat man daher in Bezug auf ihn gesagt, die normale Dichtungsart für die Romantik sei das Märchen. Einen ähnlichen Vortheil wie diese Gattung der Poesie schien die Welt des Mittelalters zu gewähren, nicht des wahren, sondern des eingebildeten von damals, des Mittelalters der Rittergeschichten. Ein Dunst der Lüge umhüllte es in welchem physiognomielos, gestaltlos, verschwommen die Personen; einförmig, wechsellos, armselig die Gesinnungen erschienen. Dieses kräftige, lebensvolle, reichbegabte Zeitalter voll zufahrender, rasch begehrender Menschen war zu ein Paar Masken mit einigem Costüm zusammengeschrumpft worein Jeder jedes Beliebige stecken konnte. Dazu kam daß Tieck durch ein reiches Gemüth und erlittene Unglücksfälle religiös gestimmt, durch die altdeutsche Kunst die ihm in Nürnberg entgegentrat, durch seinen gleichgesinnten Freund Wackenroder darin bestärkt, durch Jacob Böhme, Tauler und andere Mystiker die er las noch mehr hineingezogen, das Mittelalter auch als die Zeit der absoluten religiösen Gebundenheit aufsuchte, als die Zeit der unumschränkten Herrschaft der poetischsten Religion, des Katholicismus. Und ferner: auch in ihm lebte der Drang der Zeit sich der mannichfaltigen Formen zu bemächtigen, sie zu kennen und zu genießen in denen jemals die Poesie aufgetreten war. Auch er war früh begeistert für Shakspeare und Cervantes. Wie sollte das Heimische, unsere alte milde Poesie, nicht auch ihn bestricken? Vollends da ihr so Vieles in seinem Wesen entgegenkam! Da durch anderweitige literarische Neigungen der Geschmack dafür bei ihm vorbereitet war! Goethe's Götz war eines seiner früheſten Lieblingsbücher. Daran schloß sich der Faust, dessen Sprache er den veredelten tiefsinnigen Widerhall nennt jenes alten vergessenen deutschen Tones des Hans Sachs. Daran schloß sich weiter schon frühe eine Vorliebe für die lange verkannten und verschmähten Volksbücher. Dann noch dies Persönliche daß auch der früh verstorbene Wackenroder, angeregt durch E. J. Koch, zu der Zeit ihrer Gemeinschaft die altdeutschen

Studien betrieb. Dies Alles endlich gekräftigt und verstärkt durch den Widerspruch gegen die Mehrzahl eines Publicums bei welcher Kotzebue, Iffland und Lafontaine die Gefeierten waren. Doch hielt er sich zunächst nur in der spätmittelalterlichen und Reformations-Literatur auf. 1796 fällt die Bearbeitung der Haimonskinder. Sein Versuch die gute alte Geschichte in einer ruhigen, treuherzigen Prosa wiederzuerzählen, die sich aber nicht über den Gegenstand erheben oder gar ihn parodiren will, war damals der erste in Deutschland. Er selbst urtheilt daß dieser Ton in seinen ähnlichen um dieselbe Zeit oder wenig später verfaßten Schriften, in dem getreuen Eckhart, der Magelona und Melusina nur theilweise wiederkehre. 1799 entstand die Genovefa und später noch Anderes.

Vom Herbst 1799 bis in den Juli 1800 wohnte Tieck in Jena. Er nennt dies eine der glänzendsten und heitersten Perioden seines Lebens August Wilhelm und Friedrich Schlegel, schreibt er später, Schelling mit uns, wir alle jung und aufstrebend, Novalis-Hardenberg der oft zu uns herüber kam: diese Geister und ihre vielfältigen Plane, unsere Aussichten in das Leben, Poesie und Philosophie bildeten gleichsam ununterbrochen ein Fest von Witz, Laune und Philosophie.

Den Schlegel war mittlerweile schon die altdeutsche Poesie in die Augen gerückt worden. Die Wissenschaft der Kunst ist ihre Geschichte, sagt Friedrich Schlegel 1800. Er nimmt eine vollständige Geschichte der Poesie in Aussicht. Wie Goethe's Universalität einen milden Widerschein gebe von der Poesie fast aller Nationen und Zeitalter, so müssen die Deutschen diesem Vorbilde folgend, die Formen der Kunst überall bis auf den Ursprung erforschen. Sie müssen zurückgehen auf die Quellen ihrer eigenen Sprache und Dichtung um die alte Kraft und den hohen Geist wieder freizumachen der noch in den Urkunden der vaterländischen Vorzeit vom Liede der Nibelungen bis zu Flemming und Weckherlin bis jetzt verkannt schlummere.

Fr. Schlegel selbst hatte, abgesehen von gelegentlicher Erwähnung der Nibelungen seine Aufmerksamkeit auf altdeutsche Poesie noch nicht bekundet, vielmehr wo er darauf zu sprechen kam, eine auffallende Unkenntniß derselben an den Tag gelegt.

Dagegen beschäftigte sich August Wilhelm Schlegel schon 1799 mit altdeutscher Literatur. Beiläufig erhebt er sich gegen die Vermischung des celtischen und germanischen Alterthums, gegen den Irrthum mit dem man von deutschen Barden sprach, und vermuthet die Gesänge die Karl der Große sammeln ließ und die man für Bardengesänge hielt, möchten die Nibelungen gewesen sein. Er sah ein daß die Minnesänger nicht eigentlich Volksdichter zu nennen seien, und machte dagegen manche neue und seine Bemerkung über diejenigen Gesänge welche das Volk gewissermaaßen selbst gedichtet habe. Auch blieb ihm nicht verborgen, daß die Denkarten und Ansichten die man als Vorurtheile auszurotten bemüht sei wahrscheinlich mit den wunderbaren Dichtungen alter Volkspoesie zusammenhängen. Er begann eine Umarbeitung des Tristan Gottfried's von Straßburg und beabsichtigte eine ähnliche Bearbeitung des Nibelungenliedes.

Es scheint daß Tieck, dessen Liebe zum Mittelalter durch den Umgang mit dem tiefsinnigen, aber schwärmerischen und frommen Novalis neue Nahrung erhielt, erst jetzt und zwar durch Wilhelm Schlegel für die deutsche Poesie des dreizehnten Jahrhunderts näher interessirt wurde. Das poetische Journal welches er 1800 herausgab, aber dann nicht fortsetzte, sollte unter Anderem auch Nachrichten von der älteren deutschen Literatur bringen. Von 1801 datirt er selbst seine Beschäftigung damit. Die Minnesänger zogen ihn zuerst an. Und er versuchte jene Bearbeitung und schrieb jene Vorrede dazu, deren großen Eindruck auf Jacob Grimm wir bereits erwähnten. Auch von der epischen altdeutschen Poesie war darin die Rede, und Tieck scheidet drei Sagenkreise: die Nibelungen mit dem Heldenbuch, die Sagen von Artus und der Tafelrunde, die Sagen von Karl dem Großen. Die gesammte erzählende Dichtung der Zeit aber nennt er romantische Poesie. Daneben findet sich schon die merkwürdige und höchst beachtenswerthe Aeußerung, nach Einem Verfasser bei den Nibelungen zu fragen, möchte ebenso vergeblich sein, als bei Ilias und Odyssee. Mit den Nibelungen hatte sich Tieck damals schon eingehender beschäftigt. Er suchte wie es scheint den historischen Bestandtheilen der Sage näher auf die Spur zu kommen. Er las die Eddalieder und die altnordische Dietrichssage. Er faßte endlich den Entschluß diejenigen Theile der Nibelungensage auf welche das Gedicht nur hindeutet oder die es gar nicht berührt aus den anderen verwandten Quellen einzufügen, und hoffte so ein Ganzes hervorzubringen das sich der Nation empfehlen und ein Volksbuch werden könnte. 1805 und 1806 war er in Italien, und auf der vaticanischen Bibliothek durchlas er alle altdeutschen Handschriften und copirte Vieles aus den meisten. Auf der Hinreise in München, auf der Rückreise in St. Gallen sah er Handschriften ein und als er 1806 nach Deutschland zurückgekehrt war, setzte er seine Arbeit der Nibelungen fort. Doch erschien im folgenden Jahre eine andere Umarbeitung welche ihm die Lust an der seinigen verdarb. Damals faßte er den Plan eine gründlichere Nachricht als man bis dahin gehabt hatte, von den deutschen Handschriften des Vaticans herauszugeben. Aber unvermerkt schob sich ihm der Plan unter, diese Nachricht zugleich mit einer Geschichte der altdeutschen Poesie zu verbinden. So erweiterte sich sein

Studium, die nöthige Arbeit wuchs immer mehr an und schien schließlich zu groß als daß sie von ihm hätte bezwungen werden können. Also blieb vorläufig Alles liegen. Das Gedicht vom König Rother und einige andere Gedichte aus dem epischen Kreise der sich um Etzel oder Attila zieht, hatte er indessen modernisirt um sie lesbar zu machen. Diese sollten ein eigenes Heldenbuch bilden. Aus dem König Rother ließ Achim von Arnim in seiner Zeitung für Einsiedler, dem ersten selbständigen Organ der neuen auf das Altdeutsche gerichteten Schule, im Jahre 1808 eine Episode drucken.

Unterdessen hatten nämlich die altdeutschen Studien einen bedeutenden Aufschwung genommen. Derselbe knüpft sich wesentlich an das deutsche Unglück von 1805 und 1806. Die Seele des Menschen ist ihr eigener Arzt. Eine Krankheit die sie nicht heben kann, sucht sie zu lindern. Auch die Stimmung der Klage und des Schmerzes erschöpft sich endlich. Aus einer jammervollen Wirklichkeit flüchten wir in Anschauungen und Empfindungen welche das Gegentheil dieser Wirklichkeit sind. In einer peinvollen Gegenwart suchen wir die Hoffnung auf die Zukunft aus einer glücklicheren Vergangenheit zu kräftigen. So blickte man aus einer Zeit in welcher das Vaterland der Spielball eines Fremden war, mit Sehnsucht auf die Jahrhunderte in denen es ganz Europa Gesetze gegeben hatte. Zu neuen Thaten des Heldenmuthes suchte man sich zu begeistern aus den alten Großthaten der Nation. Die literarischen Wortführer aber ergriff die Sorge im Gemüthe daß die deutsche Literatur der letzten Decennien auf einem Abwege möchte gewesen sein. Wir hatten eine Poesie der Leidenschaften, wir haben eine Poesie der phantastischen Willkür, aber wir brauchen eine Poesie des Patriotismus: diese Meinung sprach Wilhelm Schlegel aus. Man verurtheilte bald noch schärfer die eigenen Sünden. Seit mehr als fünfzig Jahren, schrieb Friedrich Schlegel, haben sich die ersten Geister der Deutschen in eine blos ästhetische Ansicht der Dinge so ganz verloren, bis endlich jeder ernste Gedanke an Gott und Vaterland, jede Erinnerung des alten Ruhmes und mit ihnen der Geist der Stärke und Treue bis auf die letzte Spur erloschen war. Die ästhetische Träumerei, die Formspielerei müsse aufhören, sie seien der großen Zeit unwürdig und nicht mehr angemessen. Die Kraft und der Ernst der Wahrheit, die feste Rücksicht auf Gott und unseren Beruf müsse wieder in seine alten Rechte eintreten, wie es dem deutschen Charakter gemäß sei. Man verglich damit das Mittelalter. Man suchte es im Gegensatze zu erheben. Ein Kranz von wandelloser Weisheit Gerechtigkeit und Biederkeit wurde ihm gewunden. Und im Publicum, wer irgend der Poesie geneigt war und für die Literatur sich interessirte, der strebte einem heimischen, einem rein deutschen Geschmacke zu. Man glaubte ihn im Mittelalter zu finden. Und das Mittelalter lieferte eine Literatur aus welcher einzelne Producte sich der edelsten Poesie aller Zeiten an die Seite zu stellen schienen. Neben Homer, Dante, Shakspeare pflegte man nun auch die Nibelungen zu nennen. Berlin und Heidelberg waren die Sammelpunkte für die jungen thätigen Männer welche diese Neigungen im Publicum anzufachen und ihnen die nöthige Nahrung zu bieten suchten. Wir sind nicht im Stande bei jedem Einzelnen die Motive nachzuweisen die ihn zu den altdeutschen Studien geführt hatten. Genug daß diese zu einer Zeit in Aufnahme kamen wo jene Männer aller Anregung noch zugänglich waren. Joseph Görres, Clemens Brentano, von der Hagen, Docen, Arnim, Meusebach, Büsching sind sämmtlich in den letzten Siebzigern und ersten Achtzigern des achtzehnten Jahrhunderts geboren. Sie sind mithin um wenige Jahre jünger als die Schlegel und Tieck, und um wenige Jahre älter als die beiden Grimm. Uhland der auch hier zu nennen ist, war zwei Jahre jünger als Jacob Grimm.

In Berlin hielt Wilhelm Schlegel in den Wintermonaten von 1801 bis 1804 schon regelmäßig Vorlesungen für ein größeres Publicum mit der Absicht der Polemik gegen die Aufklärung und einer übermäßigen Anpreisung des Mittelalters. Die Lieblingsliteratur der Gebildeten wurde herabgesetzt gegenüber der Volksliteratur, gegenüber jenen Büchern „gedruckt in diesem Jahr," in deren einigen sich der Riesengeist eines freien Zeitalters rege, in anderen ein klarer Verstand die Lebensverhältnisse auf muntere Weise darlege. Eine Vorlesung über die Geschichte der deutschen Poesie gab ausführlichen Bericht über das Nibelungenlied. Friedrich Heinrich von der Hagen befand sich unter den Zuhörern, und bekannte selbst durch diese Vorlesungen zu seinen späteren Arbeiten über das Gedicht eine Anregung empfangen zu haben. Der Verkehr und die Freundschaft mit Tieck mochte später eine noch stärkere werden. Von der Hagen war der rechte Mann damals für Berlin, welcher die Neigungen des Publicums kannte und ihnen schneller als ein Anderer entgegenzukommen wußte, weil er die Anforderungen an sich selbst und seine Werke niedriger stellte als jeder Andere. Er kam mit seiner „Erneuung" des Nibelungenliedes (1807) Tieck zuvor. Und als nach dem Tilsiter Frieden im Winter von 1807 auf 1808 die gebildeten Klassen Berlins mitten unter Franzosen die einzig mögliche Opposition übten, die französische Literatur bei Seite legten und zur altdeutschen griffen, von welcher Tieck's Minnelieder und von der Hagen's Nibelungenlied fast das allein Zugängliche waren, — als ein eben in Berlin aufgeschlagenes Puppentheater um der deutschen Stoffe seiner Stücke willen den zahlreichsten Zuspruch der Gebildeten fand: da kamen von der Hagen's „deutsche Gedichte des Mittelalters" wie gerufen und hatten den erwünschten Erfolg, ihren Herausgeber vor dem größeren Publicum zum eigentlichen Repräsentanten der altdeutschen Studien zu machen. Geht man das Verzeichniß ihrer Subscribenten durch, so zeigt sich auf's Klarste wie sehr die ganze deutsche Gesellschaft von der Richtung auf die mittelalterliche Poesie damals durchdrungen war. Da findet man Stein und Friedrich von Gagern neben Lombard, Fichte neben Johannes Müller, die Ueberbleibsel der älteren Zeit, die Zahn, Anton, Nicolai neben den jung aufstrebenden Talenten Grimm, Docen und Anderen; Namen der höchsten Wiener Aristokratie neben zahlreichen Bestellungen nach Hamburg; hohe Beamte, Professoren und Dichter, die Jean Paul, Tieck, Fouqué neben Candidaten der Theologie und Kammergerichts-Referendarien. Von Jahr zu Jahr steigerte sich die Theilnahme. 1809 begann von der Hagen sein Museum für altdeutsche Literatur und Kunst, 1809 erschien auch sein Buch der Liebe, 1810 seine Ausgabe des Nibelungenliedes in der Ursprache. In demselben Jahre wurde er Professor an der eben errichteten Universität in Berlin, 1811 kam sein Narrenbuch, 1812 sein literarischer Grundriß zur Geschichte der deutschen Poesie, und so weiter. Bei einigen dieser Publicationen war Johann Gustav Büsching sein Associé, der auch in Bezug auf die Oberflächlichkeit seiner Leistungen und die Eilfertigkeit der Mache als von der Hagen's nächster Seelenverwandter gelten darf.

Zugleich zeigte sich der neue Geist in der Poesie. Heinrich von Kleist, 1808 in Dresden, mit Tieck verkehrend, webte aus märchenhaftem Duft und Zauberglanz sein Käthchen in's Mittelalter hinein; griff auf den alten Liebling unserer Vaterlandspoesie auf den Cherusker Armin zurück, und blies diesem Helden den Flammenathem voll Blut und Haß ein der seine eigene große Seele durchloderte. Fouqué, schwächlicher und weichlicher, begann um dieselbe Zeit die lange Reihe seiner mittelalterlichen Romane und Trauerspiele. Er wählte glücklich gleich damals die nordische Nibelungensage, der auch Er ihre eigenthümliche Großheit und ergreifende Gewaltigkeit nicht ganz zu nehmen vermochte.

In Berlin waren die altdeutschen Studien für einige Zeit eine Angelegenheit an der sich Jedermann betheiligte der für gebildet gelten wollte. Sie hingen mit Allem zusammen was damals sonst für die Hebung des vaterländischen Geistes, des deutschen Bewußtseins dort geschah. Heidelberg wurde ein Mittelpunkt dieser Studien nur durch den Zusammenfluß mehrerer dafür begeisterter Männer, und nur während der kurzen Zeit als diese Männer dort ihren Wohnsitz aufschlugen. Achim von Arnim siedelte von Berlin 1805 dahin über und hielt sich bis 1808 wenigstens größtentheils dort auf. Gleichzeitig und schon früher war Clemens Brentano da, genoß und verlor das kurze Glück seiner Ehe mit Sophie Moreau. Arnim und Brentano verbanden sich zur Herausgabe von „des Knaben Wunderhorn." Schon im Januar 1805, noch in Berlin, hatte Arnim einen Aufsatz „von Volksliedern, an Herrn Capellmeister Reichardt" geschrieben. Er sprach von der Macht welche das gesungene Lied allmählich über ihn erlangt habe, von dem Augenblicke wo er auf dem Lande zuerst die volle, thateneigene Gewalt und den Sinn des Volksliedes vernahm, und wie ihn von da an Alles höher reizte was er von Leuten singen hörte die nicht Sänger waren, zu den Bergleuten hinunter bis zum Schornsteinfeger hinauf. Er beklagte den Mangel an Volksthümlichkeit in der neueren Kunst, besonders im Theater; und fand den Grund der Verachtung des Volksmäßigen in der allzu ernsten Gemüthsstimmung und dem Staatswesen der vorigen Jahrhunderte. Er hoffte auf eine neue Volkspoesie „in dem Durchdringen unserer Tage." Er suchte zusammen die noch übrigen lebenden Keime der alten, an der Donau, am Rhein. In den Volksliedern, sagt er, scheint die Gesundheit künftiger Zeit uns zu begrüßen, wo durch die große Kunst des Vergessens alles Fremde verschwindet aus dem Einheimischen, wo wir die großen Wirkungen der einfachen leichten Kunst anstreben, nicht die schwere gehäufte sogenannte Kunst. Der Künstler der viel und innig das Volk berührt, der erntet ohne Arbeit und Mühe. Denn ein großes allgemeines Wirken arbeitet ihm vor. Weisheit von Jahrhunderten bewährt wird ihm ein offenes Buch in die Hand gegeben, daß er es Allen verkünde: Lieder, Sagen, Sprüche, Geschichten und Prophezeiungen, Melodien. — Man erkennt die Verwandtschaft mit Herder's Forderung, der Dichter solle den Wahn und die Sagen der Vorfahren studiren. Arnim fährt fort, wie ein Jeder auf dieser volksthümlichen Grundlage bauend, was sonst nur wenigen aus eigener Kraft verliehen, mächtig in das Herz der Welt rufen könne: er sammelt sein zerstreutes Volk singend zu einer neuen Zeit unter seiner Fahne. Wer diese Fahne trägt, der suche darin keine Auszeichnung. Wer ihr folgt, der finde darin seine Schuldigkeit. Denn, sagt er, wir suchen Alle etwas Höheres, das goldene Vließ das Allen gehört, was den Reichthum unseres ganzen Volkes, was seine eigene innere lebende Kunst gebildet, das Gewebe langer Zeit und mächtiger Kräfte, den Glauben und das Wissen des Volkes, was sie begleitet in Lust und Tod, Lieder, Sagen, Kunden, Sprüche, Geschichten, Prophezeiungen und Melodien. Wir wollen Allen Alles wiedergeben was im vieljährigen Fortrollen seine Demantfestigkeit bewahrt, nicht abgestumpft, nur farbespielend geglättet hat, was alle Fugen und Ausschnitte hat zu dem allgemeinen Denkmale des großen neueren

Volkes, der Deutschen: das Grabmal der Vorzeit, das frohe Mahl der Gegenwart, der Zukunft ein Merkmal in der Rennbahn des Lebens. Wir wollen wenigstens die Grundstücke legen und was über unsere Kräfte andeuten, im festen Vertrauen daß die nicht fehlen werden welche den Bau zum Höchsten fortführen und der welcher die Spitze aufsetzt allem Unternehmen.

Nirgend ist begeisterter ausgesprochen worden, was die Tendenz der neu sich bildenden, der heutigen, deutschen Philologie gewesen in ihrer vorbereitenden Periode, in der Periode in welcher Arnim schrieb, in welcher die Grimm ihre ersten Lorbeern pflückten. Der ganze Aufsatz klingt wie ein improvisirter Erguß der Rede, in welchem die mannichfaltigen Thatsachen die vorgelegt oder angedeutet werden nicht aus allerlei Notizen zusammengeschleppt, sondern in unbeschränkter Herrschaft über die Massen des weniger erlernten als erlebten Stoffes frei wählend aus dem Gedächtnisse geschöpft werden, — in welchem der Redner durch einen längst in Gedanken unzählige Mal betretenen Park hin bald hier eine Rose bricht bald dort, zu schon berührten Stellen nach Willkür zurückkehrt, und aller Wege kundig, des Ausganges gewiß, stets zu seiner Bahn sich zurückfindet, endlich zum Ziele gelangt das er sogleich hätte erreichen können, wenn er gewollt hätte.

Der Geist in dem dieser Aufsatz geschrieben war, ist derselbe in welchem die Sammlung der Volkslieder im Wunderhorn mit Brentano unternommen wurde. Es ist als ob die Herausgeber auf häufigen Streifzügen die Lieder vernommen, mit erstaunlichem Gedächtniß festgehalten hätten, und nun sich anschickten was ihnen davon durch die Seele zöge, dem deutschen Volke vorzusingen, ergänzend, ändernd wie es ihnen der Augenblick eingiebt, wie die eigene dichterische Stimmung nachproducirend es gebietet. Die Lieder haben den Durchgang durch ihre Individualität genommen, wie man eine schöne Landschaft auch wohl durch farbiges Glas betrachtet. Sie büßt von ihrer ursprünglichen Schönheit gar Vieles ein, aber gewinnt eine neue seltsame, fremdartige hinzu. Und es giebt Leute denen die letztere höher dünkt als jene. Diesen scheint uns die damalige Zeit vergleichbar. Wir wagen zu behaupten daß die treffliche Sammlung alter hoch- und niederdeutscher Volkslieder die uns Uhland vor zwanzig Jahren schenkte, wäre sie vierzig Jahre früher erschienen, eine solche Wirkung nicht hätte ausüben können wie sie das Wunderhorn ausübte. Wirklich ist die Sammlung deutscher Volkslieder die von der Hagen und Büsching ein Jahr später unternahmen und deren Urkundliches sie im Gegensatze betonten, beinahe spurlos vorübergegangen.

Der erste Band des Wunderhorns war im Juli 1805 abgeschlossen.

Arnim gab ihm nichts mit als jenes wundervolle Stück „von Volksliedern," eine kurze Nachschrift an den Leser — dies Buch sei ihm jetzt das Liebste das er kenne, nämlich was innerlich darin sei und wehe, die frische Morgenluft altdeutschen Wandels — und eine Zueignung an Goethe, für welchen Arnim eine so grenzenlose Verehrung hegte und in so starken Ausdrücken kundgab wie Niemand sonst, als Bettina.

Goethe dankte für das Wunderhorn durch eine Recension in der Jenaischen allgemeinen Literaturzeitung „mit freundlicher Behaglichkeit ausgefertigt," wie er sagt. Er charakterisirte sämmtliche Lieder der Reihe nach um die Mannichfaltigkeit des Stoffes und des Tones der Behandlung bemerkbar zu machen; sprach einige kräftige und tiefe Worte über Volkslieder im Allgemeinen; verhehlte nicht daß sich in der Sammlung seltsam Restaurirtes, aus fremdartigen Theilen Verbundenes, ja Untergeschobenes neben dem völlig Echten finde; wies jedoch auf die relative Berechtigung eines solchen Verfahrens hin. Goethe kehrte um diese Zeit zum erstenmal wieder seit dem Reineke Fuchs der, von Herder angekündigt, 1794 erschienen war, seine Aufmerksamkeit der älteren deutschen Literatur zu. Daran zeigt sich mehr als an Anderem die Kraft und bezwingende Frische welche diesen Studien damals innewohnte. Vor Allem natürlich die Nibelungen traten an ihn heran. Er liebte sie aus dem Stegreif übersetzend vorzulesen. Und durch eingehendere Betrachtungen des Einzelnen das einem poetischen Werke sein Eigenthümliches giebt, suchte er sich des Gedichtes in seiner Weise zu bemächtigen, sein Verdienst, wie er sich ausdrückt, auf's Trockne zu bringen. Die Liebhabereien und Bemühungen für die mittelalterliche Literatur schienen ihm neben vielem Ungenießbaren doch manches Unschätzbare an's Tageslicht zu fördern, das der allerneuesten Mittelmäßigkeit doch einigermaßen die Wage halte. Sein Interesse dafür erwachte 1807. Und noch aus dem Jahre 1809 berichtet er, in geselliger Unterhaltung habe sich das Interesse fast ausschließlich gegen nordische und überhaupt romantische Vorzeit gewendet. Die Nibelungen zogen andere epische Gedichte des dreizehnten Jahrhunderts herbei, und lockten auch zu der älteren isländischen Literatur. Man wohnte sich unter dem nordischen Himmel ein, zugleich leiteten andere Anregungen zu dem Glauben und Gottesdienst unserer heidnischen Urväter hin. Auf dies alles wirkte Wilhelm Grimm's Anwesenheit in Weimar Ende 1809 begünstigend und fördernd ein. Es machte sich im Januar 1810 geltend in den Stanzen zu einem Maskenzug „die romantische Poesie," welcher neben allegorischen Figuren auch Siegfried, Brunhild, den König Rother, den Riesen Asprian und andere Helden der altdeutschen Sage auftreten ließ. Im Ganzen aber ging es mit diesen Dingen wie Goethe später sagt: Man liest es und interessirt sich wohl eine Zeit lang dafür, aber blos um es abzuthun und sodann hinter sich liegen zu lassen. Bei Goethe schloß sich zunächst noch Verwandtes an, die altdeutsche Kunst die ihm Sulpiz Boisseree vermittelte. Nachher aber schalt er auf die mannichfaltigen Uebertreibungen dieser Richtung und bezeichnete sie summarisch als das schädliche Bestreben, die Nibelungen der Ilias gleichzustellen. Eine gerechte Schätzung des Nibelungenliedes aber wurde ihm niemals fremd, und sein Antheil an dem Gedicht hielt sich wach. Noch Simrock's Uebersetzung derselben (1827) beschäftigte ihn, und er zeichnete manches Schöne darüber bei dieser Gelegenheit auf. Zwei Jahre später meinte er gegen Eckermann, wenn man das Classische das Gesunde und das Romantische das Kranke nennen wolle, so seien die Nibelungen classisch wie der Homer. — Jacob Grimm schrieb 1823: Ich meine daß Goethe den der Himmel uns noch bewahre, obgleich strenger Philologie ungeneigt, für die deutsche seinen milden klaren Sinn noch am ehesten geöffnet haben würde, wenn ihn in hohem Alter nur nicht allzu vieles berührt hätte oder er nicht durch falsche Parteimänner an dem Altdeutschen irre geworden wäre.

Doch was Goethe zuerst am Altdeutschen irre machte, das waren einzelne Bestrebungen desselben Kreises aus dem auch die Grimm hervorgegangen, der sich um Arnim sammelte, für den Arnim Anfang 1808 die Zeitung für Einsiedler gründete. Die Zeitung hielt sich nur ein halbes Jahr. Sie ging an der Theilnahmlosigkeit des Publicums zu Grunde. Das hielt diesem Arnim zum Schlusse in einem humoristischen Zwiegespräch mit ihm vor. Aber er wußte wohl daß das Publicum damals andere Sorgen hatte. Mitten aus dem Scherz und Spott klingt plötzlich wie eine unvorsichtig gestreifte verstimmte Saite der Ruf hervor: Deutschland, mein armes, armes Vaterland! „Und da liefen uns beiden," fährt er fort, „mir und dem Publicum, die Thränen von den Augen und ich konnte nicht mehr scherzen." Arnim war voll von dem Gedanken an die Noth des Vaterlandes. Aber auch voll von dem Gedanken an künftige neue Größe desselben. „Dadurch daß wir erkennten wie wir geworden," schrieb er damals, „könnten wir zu einem tieferen Bewußtsein unserer selbst und zu einem festeren Vertrauen auf die Natur unseres Vaterlandes gelangen. Wenn es lange Zeit und gut war daß Deutschland sich in ruhiger Bewußtlosigkeit entwickelte, so machen die Andränge von außen die jetzt geschehen es nöthig, daß es in seinem eigenen Selbst sich zum Beschluß seiner Bestimmung unter den Völkern sammle." Wir erkennen diese Gesinnungen wieder in der Absicht, welche Arnim mit jener Zeitung verfolgte. Er wünschte „das Künftige der Geschichte" in den Strebungen der

Gegenwart vorzulegen. Er wollte einmal öffentlich zeigen, wie viel oder wie wenig sich in jenen Jahren äußerlicher Veränderung innerlich zugetragen habe. Und als die oberste Absicht des Geleisteten nannte er: die hohe Würde alles Volksmäßigen darzustellen, die unendliche Größe jedes Volkscharakters und die Leerheit jeder in sich selbst prahlenden Vaterlandsliebe. Diese Absicht aber blieb, so zu sagen, eine jenseitige. Den meisten Aufsätzen fehlt das unmittelbar Packende. Man findet ihre Verfasser in einem Nebelkleid eigensinniger Gedanken und Ausdrucksweisen. In Heidelberg arbeiteten Clemens Brentano und Joseph Görres mit. Von Kassel her beide Grimm. Dazu traten aus Schwaben Hölderlin, Uhland, Kerner; aus München B. J. Docen, welcher damals an den verschiedensten romantischen Zeitschriften mit kleinen Beiträgen, namentlich Veröffentlichungen von altdeutschen Gedichten aus Handschriften sich betheiligte. Der Theilnahme Tieck's wurde schon gedacht. Die Schlegel lieferten keine Beiträge. Aber an Hinweisungen und Beziehungen fehlte es nicht. Aus Friedrich's im gleichen Verlag eben erschienenem Buch über die Sprache und Weisheit der Inder brachte die Zeitung Auszüge. Auch Wilhelm Schlegel ließ um diese Zeit in Heidelberg seine dramatischen Vorlesungen erscheinen, und beide Brüder schrieben wie die Grimm, Görres, Arnim Recensionen in die Heidelberger Jahrbücher. Diese Jahrbücher, sowie die von Daub und Creuzer herausgegebenen Studien machten Heidelberg noch eine Zeit lang auch nach Arnim's Weggang zu einem literarischen Mittelpunkt für die Romantiker. In beiden Zeitschriften gelangte das erregtere und gehobenere Leben der Universität zum Ausdruck. Als sie 1803 badisch wurde, war sie in erbärmlichem Zustande. Reichere Dotation und verständige Pflege hatten sie schnell empor gebracht und eine ganze Anzahl bedeutender Lehrer versammelt: Thibaut, Voß, Böckh und so viele Andere. Ihnen gesellte sich vom October 1806 ab zwei Jahre lang Görres als Privatdocent bei. In diesem metamorphosenreichen Charakter tauchte damals aus dem rothen französischen Republikaner durch den Naturphilosophen hindurch der deutsche Patriot empor. Vorläufig noch in einer Hülle wissenschaftlicher Tendenzen worin sich das Altdeutsche, der Mythus, der Orient begegneten. Wir folgen ihm nicht in alles Einzelne. Friedrich Creuzer der sein genauer Freund wurde, bekannte ihm viel zu verdanken. Aber die Wissenschaft war doch sein eigentliches Feld nicht. Es fehlt ihm überall an gründlicher und überlegter Forschung. Darum auch an eigentlicher Originalität. Seine Phantasie stürzt in tausend Wellen, zu unzähligen glitzernden Tropfen zerstiebend, über die Gegenstände hinab. Unten in der Ebene aber erkennt man leicht den Mangel an Tiefe. Er begann in Heidelberg gleich mit Vorlesungen über die altdeutsche Literatur, da er sich noch kaum eine oberflächliche Kenntniß von der Sache verschafft haben konnte. Er arbeitete gleichzeitig an einer deutschen Volksliedersammlung von den ältesten Zeiten bis auf die Gegenwart, an einer Entwickelung des Ideenkreises im Mittelalter und an einer Sagensammlung. Seine Arbeit über die deutschen Volksbücher, welche 1807 erschien, kann als eine Ausführung des zweiten dieser Projecte betrachtet werden. Das Buch ist werthvoll durch seine relative Vollständigkeit, die freilich mehr den Bibliotheken Arnim's und Brentano's verdankt wird, als dem Herausgeber. In den allgemeinen Ansichten welche darin gelegentlich ausgesprochen werden begegnet man schon manchen Gedanken, die in den mythologischen Forschungen zu denen sich Görres jetzt wandte, wiederkehren und vollständiger ausgeführt werden. Das Buch ist etwas phrasenreich, aber reich an schönen Phrasen, und aus einer herrlichen Gesinnung hervorgegangen. Es enthält eine begeisterte Schilderung des Mittelalters. Görres hat das deutsche Elend der vorigen Jahrhunderte tief empfunden. Der Geist des Mittelalters sollte mit helfen es auszutilgen, helfen die übermäßige Fügsamkeit abzulegen und den taubensinnigen Langmuth der Alles wohl sich gefallen läßt und dann plötzlich und spröde ohne Uebergang und Besonnenheit reißt und bricht. Wir sollen die Gestalten unserer alten Zeit aufwecken. Aber wenn sie dann wachen und unserer sich angenommen haben: dann um's Himmels willen, ruft er, laßt uns das alte Affenspiel nicht wieder auch mit ihnen treiben und wie Knaben hinter ihnen ziehen und grimassirend, voll Affectation und hohlem, trübem Enthusiasm ihre Haltung, ihr Geberdenspiel und Alles ihnen nachstümpern daß es ein kläglicher Anblick für Götter und Menschen ist.

An die Volksbücher schloß sich äußerlich ein Aufsatz von Görres in der Einsiedlerzeitung „der gehörnte Siegfried und die Nibelungen.“ Es war die erste bedeutendere Weiterführung der Untersuchung seit Johannes von Müller. Die nordischen Quellen, so weit sie veröffentlicht und zugänglich, waren herbeigezogen und verglichen. Besonders schien ihm die Dietrichssaga wichtig, welche selbstgeständlich eine Uebersetzung und Bearbeitung niederdeutscher Lieder des dreizehnten Jahrhunderts ist. Aber sie soll nach ihm keinesweges auf eine Reihe nur lose unter einander verbundener Romanzen sich gründen, sondern im Wesentlichen die jüngere Gestalt sein eines colossalen Epos, worin die Nibelungen nur ein Gesang waren und das in der Völkerwanderung entstand. Denn die Poesie bricht nur dann recht lebendig und Leben gebend aus dem gemeinen Leben heraus, wenn heftige und gewaltsame Bewegungen es im tiefsten Grunde aufregen. Die Völkerwanderung trieb Helden, tüchtige Kämpfer regten tüchtige Begeisterung: wenn die Schwerter ruhten tönten Heldenlieder, und wenn sie schwiegen, war wieder Schwertschlag selbst Stahlgesang. — Daß eine Abgrenzung des poetischen Eigenthums zwischen dem Norden und Deutschland nöthig sei, sah Görres wohl ein. Aber er huscht darüber mit der Bemerkung hin: Behalte unbestritten der Nordeli seine Mythe und Deutschland sein Epos; jene ruht eben so unbezweifelbar auf nordischer Natur, wie dieses auf gothisch-deutscher Historie. Beide aber, meint Görres, wurden wechselseitig gegen einander umgetauscht. Auch über den Entstehungsort der Nibelungendichtung und spätere Nachklänge und Zeugnisse derselben bringt er Einiges vor. Aber er sucht sich auch hier nicht Rechenschaft zu geben über das was er nun eigentlich etwa bewiesen habe. Er stellt eine Anzahl Aperçüs zusammen. Eine unklare Anknüpfung an das persische Epos, Bemerkungen über eine orientalische Mitgabe spielen auch herein. Reinlich und fest ist nichts ausgeführt. Und man begreift wohl daß Goethe von dieser Art die Dinge zu behandeln sich abgestoßen fand. Die modernen Liebhaber der Nibelungen, schrieb er, die Herren Görres und Consorten ziehen noch dichtere Nebel darüber, und wie man von Anderen sagt, daß sie das Wasser trüben um Fische zu fangen, so trüben diese Land und Berg um alle gute kritische Jagd zu verhindern. Man konnte ihm mit Georg Forster's Worten erwidern: Alles Entstehen ist chaotisch und das Chaos mit seinen streitenden Elementen flößt Abscheu oder Entsetzen ein; wenn aber die neue Schöpfung in stillem Glanze hervortritt, dann gedenken wir der Finsterniß und ihrer Stürme nicht mehr. Die neue grüne Schöpfung streckte auch eben die ersten Hälmchen empor in Arnim's Einsiedlerzeitung: die Grimm und Uhland arbeiteten daran mit.

Was Uhland dazu beisteuerte, beschränkte sich auf einige Balladen die noch in Manier befangen, nicht zu seinen besten gehören, aber eben durch diese Manier Zeugniß ablegen für sein Studium des Stils unserer alten Poesie. Seine Beschäftigung damit glaubt man hauptsächlich auf die Anregung des bereits erwähnten Professors Seybold in Tübingen zurückführen zu dürfen, der in seinen Vorlesungen über Homer Vergleichungen mit deutscher und mittelalterlicher Poesie anzustellen pflegte. Uhland vertiefte sich mit Eifer, so wie er sie kennen lernte, in die Nibelungen und das Heldenbuch. Eine Bearbeitung von Bruchstücken aus dem letzteren war das erste was er drucken ließ (1807). Um dieselbe Zeit hielt er seinen Universitätsfreunden Vorträge über das erstere. Dabei suchte er den Geist des Düsteren und Geheimnißvollen der in diesem Epos walte, zu charakterisiren, und machte die richtige Bemerkung daß die Helden in der deutschen Poesie eine eigene mythische Welt für sich bilden von welcher die Brücke fehlt zur menschlichen Nachwelt. In einem Aufsatze über das Romantische den er für denselben Kreis schrieb entdeckt man eine entfernte, wir wissen nicht ob auf Entlehnung beruhende, Uebereinstimmung mit Jean Paul's Aesthetik, auf welche Uhland sonst allerdings sich damals beruft. Uhland bezeichnet das Romantische als das Ahnen des Unendlichen in den Anschauungen der wirklichen Welt. Jean Paul nennt es das Schöne ohne Begrenzung oder das schöne Unendliche wie es ein Erhabenes gebe, und fügt unter Anderem hinzu: wenn Dichten Weissagen sei, so sei romantisches Dichten das Ahnen einer größeren Zukunft als hienieden Raum habe. Wie Jean Paul stellt Uhland nicht mit Wilhelm Schlegel Antik und Modern, sondern Griechisch und Nordisch einander gegenüber, Nordisch als die älteste Erscheinung des Romantischen woran sich erst das Christliche schließe. Wie Jean Paul sucht er in seiner Begriffsbestimmung den Sprachgebrauch des Wortes Romantisch zu erschöpfen und die Romantik der Natur nicht bei Seite zu lassen. Wenn er außerdem die Elemente des Romantischen namentlich im Mittelalter sorgfältiger darlegt, so trifft seine Gliederung mit der nur vollständigeren in Tieck's Octavianus (1802) zusammen: Glaube und Liebe die Eltern der Romanze, Tapferkeit und Scherz ihre Diener, mit den menschlichen Repräsentanten Pilgerin, Liebender, Ritter, Hirtenmädchen. Nur der Scherz fehlt bei Uhland. So schienen auch Herdern die Ingredienzien der mittelalterlichen Poesie Liebe, Tapferkeit und Andacht zu sein. Der ganze Aufsatz ist das Programm wovon Uhland's damalige und spätere Poesie die Ausführung bildet und woher auch seine Betheiligung fließt an der wissenschaftlichen Arbeit der altdeutschen Philologie.

Wie Uhland, so stehen die Grimm unter den Romantikern als einfache Menschen welche schlicht ihre ganze Seele auf ein Einziges richten und welche von dem Streben nach literarischer Universalität ebenso frei sind wie von dem Hang zur Speculation und von der Willkür eines schrankenlosen Subjectivismus. Bescheiden und anspruchslos, ohne Eitelkeit, ohne starkes Selbstgefühl, weniger glänzend und zuversichtlich in ihrem Auftreten als andere, aber ernster und pflichtbewußter, waren sie dem jüngsten Königssohn im Märchen zu vergleichen welchem die vortrefflichen Eigenschaften seines Herzens und die Gunst freundlicher Geister die Prinzessin entzaubern helfen, die den älteren Brüdern unerreichbar blieb. Sie sind der eine Pol der Romantik wie Friedrich Schlegel der andere. Rechtlich, treuherzig, gründlich, genau und tiefsinnig, dabei unschuldig und etwas ungeschickt nennt Friedrich Schlegel den Geist unserer alten Helden deutscher Kunst und Wissenschaft. Und das müsse der unsrige bleiben so lange wir Deutsche bleiben. Er ist uns auch geblieben, und vollkommener kam er selten zur Erscheinung als in Jacob und Wilhelm Grimm. Schlegel aber hatte keinen Theil daran. Schlegel der so in seine Zukunft sah:

Da kämpf' ich Werke bildend sonder Wanken,
Entreiße jeder Wissenschaft das Siegel,
Verkünd'ge Freunden heilige Gedanken
Und stifte allen Künsten einen Tempel,
Ich selbst von ihrem Bund ein neu Exempel.

Gleichzeitige Ausbreitung nach allen Seiten ist Zersplitterung und Zerstreuung. Die Zeit Herder's war für die deutsche Wissenschaft am Anfang unseres Jahrhunderts vorüber. Durch zerstreute Thätigkeit, bald hier anfassend, bald dort, war nichts Wesentliches mehr zu fördern. Neue Gesichtspunkte thaten nicht mehr so noth, als daß endlich die bereits gewonnenen verwerthet wurden. Magazine hatte man genug, es kam darauf an sie mit Waaren zu füllen.

Die wichtigsten wissenschaftlichen Entdeckungen, sagt Friedrich Schlegel, sind Bonmots der Gattung, nur dem Gehalt nach weit mehr als die sich in nichts auflösende Erwartung des rein poetischen Witzes. Das ist ganz richtig. Der combinatorische Geist mit seiner oft überraschenden und scheinbar zufälligen Wirkung ist der wissenschaftliche Witz. Aber der Gehalt und der Werth wissenschaftlicher Leistungen wächst nicht mit der Intensität des wissenschaftlichen Witzes. Auch morsches Holz leuchtet freilich im Dunkeln, aber es wärmt nicht. Die berühmten „Fragmente" im Schlegel'schen Athenäum haben vielleicht mehr Esprit aufgehäuft als irgend ein anderes Werk der deutschen Literatur, aber durchaus nicht ebenso viel Wahrheit wie Esprit. Combination ist Begegnung der Gedanken. Richtige Combination ist: Begegnung zusammengehöriger Gedanken. Wenn aber zwei Schaumbläschen einander begegnen, so platzen sie. Denn nicht wie gut man zu combiniren wisse ist das allein Entscheidende, sondern was man zu combiniren habe und wie wohlgeordnet das sei. Fülle und Ordnung der thatsächlichen Kenntniß ist die einzig mögliche Grundlage wissenschaftlicher Entdeckungen. Sie machen das aus was man wissenschaftliche Solidität nennen mag.

Diesen Geist der Solidität hatten die Grimm und hatte Uhland. Dazu war auf Jacob Grimm ein solches Maaß von combinatorischem Geist gefallen wie vielleicht auf keinen andern Philologen vor ihm und nach ihm. Ein kleineres fiel Wilhelm Grimm zu, und Uhland ein noch geringeres. Auf der Combinationskraft zumeist beruht die Herrschaft über den Stoff. Ausgezeichneten Männern aber ist ein Maaßstab ihrer selbst, die Kenntniß ihrer Fähigkeiten in die Seele gelegt. Darum geht mit jener dreifachen Abstufung eine andere parallel welche die Ziele der Forschung und den Umfang des durchforschten Gebietes betrifft.

Uhland, dessen wissenschaftliche Thätigkeit im Ganzen überschlagen sich auch darum in engeren Grenzen halten mußte als die der Grimm, weil er ihr weniger ungetheilt leben konnte, zog sich mit den Jahren immer mehr an's Einzelne, und ließ sich dabei von seinen poetischen Neigungen bestimmen. Von seinem ersten Aufsatze, über das altfranzösische Epos (1812), gilt dies am wenigsten: er behandelte einen großen Stoff und brachte Klarheit und Ordnung in einen umfassenden Kreis von Gegenständen. Seine zweite Arbeit (1822) griff zu besonderer Betrachtung den Dichter des dreizehnten Jahrhunderts heraus der uns von allen am meisten menschlich nahe steht. Dann aber wandte er sich fast ausschließlich denjenigen Seiten der romantischen Poesie in seinem Sinne zu welche ihn zuerst angezogen hatten: ihrem jüngsten Nachklang in den Volksliedern deren Auferweckung im Wunderhorn er durch ein schönes Gedicht begrüßte, und ihrer ältesten Erscheinung im nordischen Mythus und in der Heldensage.

Auch Wilhelm Grimm ist wählerisch. Er hat früh seine Lieblingsautoren, denen er lebenslang treu bleibt, und ein Lieblingsfeld seiner Bemühungen. Auch er läßt sich von poetischen Zu- und Abneigungen leiten. Die Hauptquellen unserer alten Sprache, den Ulfilas, Otfried, Notker und andere hat er nie von Anfang bis zu Ende gelesen. Er sammelte und las für gewisse Dinge die er einmal erkoren hatte. Das andere ließ er zur Seite. Das war keine Natur die eine Welt dahin stellen wollte wo nichts war. Dies Schöpferische ist aber in Jacob Grimm. Jener mochte wohl ein artig Stück Land bebauen und pflegen, sich einrichten darauf und Behagen um sich breiten. Dieser fühlte sich am wohlsten wo es galt große Strecken urbar zu machen, Wohnungen zu gründen und Städte, dem menschlichen Fleiß neue Objecte zu erobern. Und ohne Rast dehnt er sein Wirken aus über immer größere und größere Gebiete. Keine Aufgabe schreckt ihn, zu keiner versagen ihm die Kräfte. Aber es ist eine häufige Bemerkung an schöpferischen und ursprünglichen Menschen: die Bedingung ihrer Größe bildet ihre Begrenzung. Diejenige Eigenschaft durch welche es allein möglich war eine so staunenswerthe und weitverzweigte Thätigkeit zu entwickeln wie Jacob Grimm sie von seiner deutschen Grammatik ab entwickelt hat, diese Eigenschaft war ein Mangel. Es fehlte ihm ganz und gar das Bedürfniß, eine Sache abzuschließen, auszuschöpfen, den höchsten möglichen Grad von Gewißheit darüber zu erreichen, und keine Fragezeichen stehen zu lassen ohne Noth. Ein Genie kann hundert Eigenschaften entbehren die man vom gewöhnlichen Menschen verlangt, wenn es nur eine einzige dagegen in solcher Ausbildung besitzt wie Niemand sonst. Sollte die Wissenschaft der altdeutschen Philologie zum Gedeihen kommen, so mußte ihr das Bedürfniß und die Kunst der Methode hinzugebracht werden, deren höchstes Ziel die reinliche Herausarbeitung des Sicheren ist, und die vorsichtige Abwägung von Graden der Wahrscheinlichkeit. Der sie ihr brachte, Karl Lachmann, trat erst mit dem Ende der Periode von welcher wir sprechen, erst mit dem Jahre 1816, auf die wissenschaftliche Bühne. Lachmann ist ein Genie der Methode wie Jacob Grimm ein Genie der Combination. Sie beide in ihrem Zusammenwirken haben es möglich gemacht, daß Andere, Nachkommende, auch von der Natur weniger reich Ausgestattete, mit weniger combinatorischem, weniger methodischem Geist, ihr Werk fortsetzen, sie in Bezug auf die Menge und Tiefe der erkannten Wahrheit vielleicht übertreffen, mit Einem Wort daß sich eine Schule der altdeutschen Philologie bilden konnte. —

Jacob und Wilhelm Grimm begannen ihre literarische Thätigkeit im Jahre 1807 mit Aufsätzen in dem Neuen Literarischen Anzeiger. Sie setzten sie im nächsten Jahre fort in Arnim's Zeitung für Einsiedler. Die Brüder waren mit Arnim durch Savigny, Brentano's Schwager, bekannt geworden. Die Bekanntschaft wurde zu lebenslänglicher genauer Freundschaft. Wie nahe verwandt sie sich innerlich sind, ist nicht zu verkennen und tritt in den frühesten Schriften der Brüder deutlich heraus. Die Neigung das Kleine, Unscheinbare, Verachtete hochzuhalten, was im niederen Volk sich erhalten zu haben schien von einem ehemaligen unabsehbaren Reichthum an Poesie wieder aufzuwecken zum Leben auch bei den Gebildeten, diese Neigung hatte Arnim so stark, so mächtig, wie neben ihm nur die Grimm. Ausgesprochene Neigungen des Geistes haben in Künstlernaturen eine Analogie in der Richtung ihres Talentes. Arnim beherrscht die einzelne Erscheinung mit all ihrem kleinen Detail unumschränkt. In jedem seiner Werke lassen sich Scenen auszeichnen welche an Wahrheit und Lebendigkeit der Darstellung keinen Vergleich zu scheuen brauchen. Er hätte ein Walter Scott der deutschen Nation werden können. Aber es fehlt ihm einerseits das Strenge und Geschlossene der Composition, andererseits weiß er wie Heinrich Kleist gewissen Lieblingsabirrungen seiner Phantasie keinen Einhalt zu gebieten. Vollends wo er ein jenseits der Geschichte liegendes Symbolisches anstrebt, scheitert er wie Alle welche dergleichen je versucht. Man wird Jacob Grimm nicht zu nahe treten wenn man dieselbe Zweiseitigkeit, die Sicherheit in allem Nahen, die Unsicherheit in allem Fernen, in Jacob Grimm's frühesten und manchmal auch in seinen spätesten Schriften wiederfindet: das Ueberwiegen einer Combinationslust welche von der Solidität nicht vollständig consumirt ist. Man vergleiche seine erste größere selbständige Schrift, die Abhandlung über den deutschen Meistergesang, mit einigen Aufsätzen in denen er seine Ansichten über die Sage und das Epos darzulegen sucht, oder mit den etymologischen Dithyramben, wie sie Wilhelm Schlegel nannte, in welche er gelegentlich ausbricht. Dort eine Fülle des Neuen und Richtigen in klarer Auseinandersetzung. In den etymologischen Versuchen dagegen eine Phantasie die aller Regel und alles Gesetzes spottet und auch das Wahre nur zufällig findet. In den Aufsätzen die sich um allgemeine Gedanken drehen eine Dunkelheit, ein vergebliches Ringen nach klaren Begriffen wie bei manchen gleichzeitigen Naturphilosophen. Auch der Stil ist dort bei weitem besser als hier, an einigen Stellen wo die volle Begeisterung für unsere alte Poesie redet ungemein schön. Doch hat er überall noch etwas Undisciplinirtes und Eigensinniges. Während er sich später manchmal episch ausbreitet, das Geschehen in seine einzelnen Momente zerlegt und wie ein Poet das Unscheinbare zu verklären weiß: bemerkt man damals eine erzwungene Kürze und Zusammengedrängtheit, ein inneres Wogen der Gedanken, deren nur dieser und jener an die Oberfläche kommt und fixirt wird, während oft die wichtigsten Mittelglieder fehlen. Dabei eine scheinbare Unbekümmertheit um das eigentlich bezeichnende Wort, ja vielleicht ein absichtliches Festhalten an dem unbezeichnenden, welchem damit eine Bedeutung gegeben wird die es in der lebendigen Sprache entweder nie gehabt oder verloren. Ein neuer Sprachgebrauch geradezu wird oft eingeführt. Bild reiht sich an Bild, Pointe an Pointe. Die Oekonomie fehlt und die Theilung in übersichtliche Gruppen. Schwer, steif und unzugänglich, das ist der Eindruck dieses Stils. Auch Arnim's Stil, man weiß es, ist von einigen der aufgezählten Schattenseiten nicht frei. Sie haben die Sprache vollkommen in Ihrer Gewalt, schrieb ihm Jean Paul, aber gar nicht die Interpunction. Das ist nicht blos in dem äußerlichen Sinne wahr wie es gemeint war. Sondern dies Aeußere ist die Folge der inneren Interpunctionslosigkeit des Gedankens der ohne einmal innezuhalten athemlos fortrollt. Es ist mehr Zug und mehr Entwicklung darin als bei Jacob Grimm, während Wilhelm Beide übertrifft an Ordnung und Gliederung. Sein Gewand ist in regelmäßige Falten gelegt und kann sich nicht leicht verschieben. Denn er zeigt sich meist nur von Einer Seite. Er besaß eine Tugend von Anfang an, die Jacob erst erwerben mußte: die Enthaltsamkeit. Seine Begeisterung für's deutsche Alterthum ist aus keiner anderen Quelle geflossen als bei Jacob und Arnim. Dennoch wird man kaum eine Stelle entdecken in welcher er dieser Gesinnung Worte liehe. Dazu hätte er abschweifen müssen von der gradlinigen Bahn der Entwickelung seiner wissenschaftlichen Gedanken. Das that Jacob ohne Bedenken wo sich irgend Gelegenheit bot. Es war am 19. August 1810 daß er schrieb, der Staat werde einzig und allein in dem Worte Vaterland verstanden und ohne die Einheit der bis zum Tode bereiten Herzen sei alles Recht und alle Sicherheit eine elende

Einrichtung. Das ist derselbe Großsinn der ihm später die Worte eingab die man von der Rednerbühne eines deutschen Abgeordnetenhauses wiederholte als er selbst sie nicht mehr hören konnte: „ich glaube daß den Menschen und ganzen Völkern nichts anderes frommt als gerecht und tapfer zu sein, das ist das Fundament der wahren Politik" und jenes andere: „die Zukunft unseres Volkes beruht auf einem Gemeingefühl unserer Ehre und Freiheit." Es tritt in solchen Aussprüchen ein großer patriotischer und ein hoher moralischer, aber im Grunde nur wenig politischer Geist hervor. Es tritt derselbe Geist darin hervor, aus welchem ihm 1808 das ganz unhistorische Urtheil zufloß: es spielen in unserer gegenwärtigen Geschichte zu viel politische Kunstgriffe statt der freien Kämpfe alter Nationen. Da wird es freilich deutlich daß er nicht zum Diplomaten taugte. Und es wird deutlich daß die politischen Thaten, welche Er verrichten konnte, nur solche waren zu denen die Reinheit eines zarten Gewissens und der Muth genügte nach den Geboten dieses Gewissens zu handeln um die Folgen unbekümmert.

Es war seinem Patriotismus aus der Seele gesprochen, wenn Arnim schrieb: Im Dom zu Köln wurde in der blühendsten Zeit von Deutschland das köstliche steinerne Tabernakel weggeschlagen, um einen glatten glänzenden Altar zu setzen der nicht zum Bau des Ganzen gehört: unsere Zeit sieht die einzelnen zerstörten Stücke mit Bewunderung und erärgert sich über die neue Arbeit. — Das alte Tabernakel wieder aufzurichten in der alten Herrlichkeit, daran dachten so Viele damals. Aber für Jacob Grimm hatte es, wie für Arnim, nie einen anderen Sinn als die Wiedererweckung der alten, die Erhaltung der volksthümlichen Poesie. Er lebte wohl in der deutschen Vergangenheit zumeist. Aber er erkannte ausdrücklich eine über Alles leuchtende Gewalt der Gegenwart an der die Vorzeit dienen solle. Er wollte keine Rückkehr der Vorzeit. Er wurde nie bethört von den Phantasmen der Restaurationspolitiker. Denn keine Spur in ihm von der aristokratischen oder pfäffischen Beimischung die dazu unentbehrlich war. Nur völlig beistimmen muß man ihm, wenn er wiederholt, wie Arnim, die Bureaukratie des vorigen Jahrhunderts schilt, welche unter dem Vorwande oder der Einbildung liberaler Ursachen die Freuden des Volkes zerstört und im Geiste einer falschen Aufklärung durch gewaltsamen und schädlichen Eingriff Vieles in dem Leben der Bürger zertrümmert habe, an dessen Stelle durchaus nichts getreten sei, sondern nunmehr eine hohle Leere gespürt werde. Sehr unschuldig ist es auch verhältnißmäßig, wenn Jacob Grimm einmal ein Wort für die Zünfte einlegt. Bedenklicher, wenn er gelegentlich — weil auf dem Reinhalten alle Reinheit ruhe — sich gegen gemischte Ehen und gegen die Aufnahme unehelicher Kinder in die Zünfte ausspricht. Aber es ist ein ehrenwerther Geist der dabei aus ihm redet. Es ist der Geist Justus Möser's. Möser ist ein Typus. Man kann von einem Möser'schen Element in der Entwickelung des deutschen Denkens sprechen. Ein schönes Schauspiel wie es um sich greift und sich ausbreitet — in der historischen Rechtsschule vor Allem —, dabei sich abklärt nach und nach. Niemandem ist es wieder eingefallen mit Möser die deutsche Geschichte zu einer Epopöe machen zu wollen deren Held der gemeine Landeigenthümer wäre. Und aller zopfige Auswuchs, wie jene Polemik gegen die Ehrlichmachung der Bastarde, ist verschwunden außer bei den Nachäffern vielleicht welche für altdeutsche Zimmer schwärmen und den Bauernegoismus als die gesundeste Moral wie den anmuthig geschlängelten Fußpfad als Grundform für die städtischen Straßenanlagen empfehlen. Die große Umwandlung die sich auf solche Art in unserem Bewußtsein vollzog ist edel und dauernd. Und es erfreut zu sehen daß daran Grimm Theil nimmt. Denn nicht blos die Auswüchse hat er, er hat auch den trefflichen Stamm. Man darf behaupten: der Urgrund seiner Natur ist das Möser'sche Wesen. Etwas poetischer nur, etwas zutraulicher, süddeutscher. Wir kennen die Verhältnisse die es gebildet. Und wir nennen es, wenn Ein Wort es sagen soll, Pietät.

War es nicht auch Pietät, Pietät und treue Anhänglichkeit für das alte Sein unserer Nation, was Arnim jene Sätze dictirte, was ihn drängte jenen Entschluß anzukündigen: aufzusuchen, emporzuheben den Glauben und das Wissen des Volkes, Lieder und Sprüche, Sagen und Geschichten? Die Sammlung der Lieder hatte er mit Brentano begonnen. Auf Sagen und Volkserzählungen richteten sie ebenfalls ihr Augenmerk. Zur Einsiedlerzeitung waren ihnen aus verschiedenen Gegenden Deutschlands Volkserzählungen und Kindermärchen zugeflossen. Und schon 1806 oder 1807 hatten Jacob und Wilhelm Grimm — man wüßte gerne ob vielleicht unter unmittelbarer und persönlicher Anregung Arnim's — den Plan gefaßt, gemeinschaftlich eine umfassende Sammlung alter und neuer deutscher Sagen, und eine ähnliche Sammlung deutscher Kindermärchen zu veranstalten. Diese beiden literarischen Vorsätze, die Kindermärchen und die Sagen, bilden den Hintergrund von welchem sich die übrige Thätigkeit der Brüder in dieser Periode abhebt.

Jacob dehnt die Sagenforschung bald weit über das deutsche Gebiet aus, auf sämmtliche germanische und romanische Literaturen zunächst, dann auf die slavischen und auf die orientalischen so weit sie ihm durch Uebersetzungen zugänglich waren. Dazwischen finden alle verwandten Tendenzen der Zeit in ihm ihren Widerhall. Die Nibelungen, der Minnegesang, altspanische Romanzen, serbische, neugriechische Volkslieder beschäftigen ihn. Den durch Creuzer, Görres, Kanne, J. J. Wagner auf eine neue Art betriebenen mythologischen Forschungen zahlt er seinen Tribut. Er denkt bald an die Herausgabe einiger angelsächsischer Gedichte welche in Deutschland nicht genug bekannt waren, bald an die Herausgabe umfangreicher altdeutscher und französischer Gedichte. Wo eine Lücke ist, wo er Andere nicht genug schaffen sieht, da tritt Er sogleich ein. Gegen Ende der Periode regen sich schon die ersten grammatischen Anwandlungen, und nimmt er seine Jurisprudenz wieder auf um auf die Poesie im Recht, auf die altnordische Gesetzesliteratur und Anderes hinzuweisen. Der ganze Umkreis von Gegenständen den er später in grundlegenden Werken durchmessen, ist in dem Decennium von 1806 bis 1816 wenigstens an vielen Punkten schon berührt. Und man sieht überall das Bewußtsein durchscheinen, noch nirgends abgeschlossen, kaum irgend etwas recht begonnen zu haben. Man ahnt, es werde ihn weiter treiben und er werde nicht ruhen bis er Wege gebahnt durch die Urwälder an deren Saum er noch umherstreift um hie und da einen Blick hineinzuwerfen.

Wir sind noch sehr mangelhaft unterrichtet über diese Jahre und werden es zum Theil bleiben. Nur ungefähr läßt sich die Reihenfolge vermuthen, in welcher die Dinge nach und nach seine Aufmerksamkeit fesselten. Schon Ende 1807 schreibt Arnim aus Kassel: „Hier giebt es einen sehr gelehrten deutschen Sprach- und Literaturkenner, Herr Kriegssecretär Grimm, er hat die vollständigste Sammlung über alle alte Poesie.“ Aber die erste größere Aufgabe die er zu lösen sich vornahm dürfte eine umfassende Vergleichung der Sagen verschiedener Völker gewesen sein, wobei es natürlich auf den Nachweis der zu Grunde liegenden Anschauungen hauptsächlich angekommen wäre. Aber im Beginne einer literarischen Laufbahn schiebt man gerne alle weitaussehenden Entwürfe ein wenig bei Seite, und ergreift einen vielleicht ganz zufälligen Anlaß um möglichst rasch mit einer in kleineren Grenzen abgeschlossenen Arbeit die erste Probe des Talentes abzulegen. Für Jacob Grimm war dieser Anlaß ein Aufsatz den er als das Resultat einer Beschäftigung mit der deutschen Lyrik des zwölften, dreizehnten und der folgenden Jahrhunderte in den Neuen Literarischen Anzeiger schrieb. Er stellte darin die Behauptung auf, die übliche Trennung zwischen Minnesängern und Meistersängern sei falsch, da der Meistergesang als etwas Eigenthümliches verstanden ein Kind ohne Jugend wäre: beide seien identisch ihrem Grundwesen nach und dies bestehe in der beiden eigenen Künstlichkeit und insbesondere in einem gemeinsamen Princip der poetischen Form. Das fand Widerspruch. Und um seine Position zu halten, wie er wohl konnte, warf er sich in ein höchst mühsames, ausführliches und wie er sehr unbefangen eingesteht höchst langweiliges Studium der alten Lyriker, und legte die Resultate derselben nieder in dem Büchlein „über den altdeutschen Meistergesang.“ Diesen Namen nämlich wollte er für die gesammte deutsche Kunstlyrik des Mittelalters gebraucht wissen im Gegensatze zur einfacheren Natur- oder Volkspoesie: während sein Gegner alles Ernstes die alten Lyriker in Meistersinger und Meistersänger zu unterscheiden vorschlug. Das Werkchen dürfte Anfang 1810 vollendet gewesen sein. Zu einem zweiten Bande den er vorhatte, kam es nicht.

Dagegen mochten ihn seine Sagenforschungen, etwa über den Sagenkreis von Karl dem Großen, auf die altspanischen Romanzen geführt und ihm den Gedanken nahe gelegt haben, der einem 1808 geäußerten Wunsche Friedrich Schlegel's entgegenkam, die ältesten ihm erreichbaren, vorläufig mit Ausschluß der Romanzen vom Cid und von den Mohrenkriegen, in einer eigenen Sammlung zu vereinigen und einen Commentar beizufügen, in welchem hauptsächlich die nöthigen Vergleichungen mit altdeutschen und altfranzösischen Gedichten angestellt werden sollten. Das Erscheinen dieser Romanzen kündigte er schon im November 1810 an. Aber es unterblieb damals. Die Sammlung kam erst nach mehreren Jahren heraus und ohne Commentar.

Die Sagenstudien gingen inzwischen fort und warfen — im Jahre 1811 scheint es — als erste größere Frucht die Abhandlung „Irmenstraße und Irmensäule“ ab. Sie wurden unterbrochen durch zwei Projecte zu gemeinsamen Editionen mit Wilhelm, zu welchen sich zufällig Gelegenheit bot die sie nicht vorüber gehen lassen wollten. Im Vatican war die Handschrift des altdeutschen Reinhart Fuchs gefunden und ihnen zur Herausgabe überlassen worden. Dazu wurde es dem Bibliothekar des Königs Jerome nicht schwer die wichtigsten Pariser Handschriften des roman du renard zur Benutzung zu erhalten. Das deutsche und das französische Gedicht sollten in Einer Ausgabe erscheinen. Doch wurde diese Arbeit die nach mehr als zwanzig Jahren Jacob allein wieder aufnahm, jetzt durch Anderes verdrängt. Zunächst durch die Absicht einer ebenfalls gemeinschaftlichen Ausgabe von Liedern der alten Edda. Dieser Plan lag den bisherigen Studien Wilhelm's näher als denen Jacob's.

Wilhelm's Ausgangspunkt ist der gleiche. Aber auf dem Gebiete der Sage wählt er sich sogleich sein Lieblingsfeld: die Sage der Nibelungen, die verwandten Sagen die sich an Dietrich von Bern anschließen, die Sagen von Ortnit, von Wolfdietrich: kurz Alles was man unter dem Namen der deutschen Heldensage zu begreifen pflegt. Längst wußte man, daß diese Sagen uns keineswegs blos in den Gedichten der älteren Blütheperiode unserer eigenen Literatur, sondern zum Theil auch in den nordischen Sprachen, poetisch und prosaisch bearbeitet erhalten sind. Diese Berührung und das Verhältniß der altdeutschen zur nordischen Literatur im Allgemeinen suchte Wilhelm Grimm zunächst festzustellen in einer 1808 geschriebenen, ganz ausgezeichneten, obgleich im Einzelnen noch vielfach irrenden Abhandlung. Sie ist eine Weiterführung und Vervollkommnung dessen was Görres in der Einsiedlerzeitung versuchte. Und in einzelnen Anschauungen zeigt sich manche Verwandtschaft. Aber in seinen Kenntnissen ist der zweiundzwanzigjährige Jüngling Görres weit überlegen. Und das Beispiel der Verbreitung und Umwandlung von Sagen das er vorlegt, weiht tiefer in die Naturgeschichte der Sage ein als alle allgemeinen Bemerkungen und asiatischen Anknüpfungen konnten. Er ordnet und scheidet die ganze Masse unserer alten Dichtung. Er stellt einen neuen Begriff der romantischen Poesie auf. Er versteht darunter die Liebespoesie, die Gedichte von König Karl und Artus u. s. w., mit Einem Wort die deutsche Kunstpoesie des zwölften und dreizehnten Jahrhunderts, und führt diese ganz auf französischen Einfluß zurück. Davon trennt er streng ab die einheimische deutsche Poesie deren Stoff die Heldensage gab. Die nordische Poesie zerfällt ihm in eine urgemeinsame, aber in Deutschland verlorene, die mythologische; in eine gemeinsam erworbene — denn durch Heerzüge und Kriege seien beide Nationen zur Zeit der Völkerwanderung vereinigt gewesen — und bei beiden erhaltene, die Nibelungensage behandelnd; in eine zugleich mit romantischer Poesie aus Deutschland durch Uebersetzung importirte, die Dietrichssaga. Daran war Einiges falsch. Aber der Vortheil einer so klaren Scheidung und Gruppirung ist unter allen Umständen nicht hoch genug anzuschlagen.

Die dänischen Volkslieder waren in der Abhandlung ebenfalls besprochen. Auch ihre nähere Bekanntmachung hatte Friedrich Schlegel Anfang 1808 gewünscht. Gleich darauf gab Wilhelm Grimm einige Uebersetzungen derselben in die Einsiedlerzeitung. 1811 erschien von ihm eine vollständigere Verdeutschung aller bis dahin veröffentlichten mit Ausnahme der historischen. Die Arbeit fand Beifall. Niebuhr, dem die dänischen Dichtungen geläufig waren, rühmte die gelungene Wiedergabe ihres Tones. Hebel verglich sie frischem lebendigen Morgenhauch gekühlt über den Wassern und in den Bergen und gewürzt im Tannenwald. Für Wilhelm Grimm war der nahe Zusammenhang einiger dieser Lieder mit der deutschen Heldensage das eigentliche Motiv seiner Beschäftigung damit gewesen.

Von den Liedern der alten Edda welche die Nibelungensage behandeln waren damals nur zwei gedruckt. Durch den General Grafen Hammerstein erhielt Wilhelm Grimm eine Abschrift aller. Diese wollte er mit Jacob gemeinschaftlich herausgeben und übersetzen. Auf dem Wege zur Ausgabe dieser Ueberbleibsel ältester germanischer Poesie lag eine Arbeit über die beiden ältesten deutschen Gedichte, das Hildebrandslied und das Wessobrunner Gebet, die im Sommer 1812 von ihnen vollendet wurde. Zu der Edition der Eddalieder kam es aber doch erst im Jahre 1815. Damals drängte sich ein anderes Unternehmen vor: die Kindermärchen.

Unter den dänischen Liedern die Wilhelm übersetzte befanden sich mehrere welche Märchenstoffe behandelten. Wilhelm sprach davon in der Vorrede. In den Märchen ist eine Zauberwelt aufgethan, sagt er, die auch bei uns steht, in heimlichen Wäldern, unterirdischen Höhlen, im tiefen Meere, und den Kindern noch gezeigt wird. Diese Märchen verdienen eine bessere Aufmerksamkeit als man ihnen bisher geschenkt, nicht nur ihrer Dichtung wegen die eine eigene Lieblichkeit hat, und die einem Jeden der sie in der Kindheit angehört eine goldene Lehre und eine heitere Erinnerung daran durch's ganze Leben mit auf den Weg giebt; sondern auch weil sie zu unserer Nationalpoesie gehören, indem sich nachweisen läßt daß sie schon mehre Jahrhunderte durch unter dem Volke gelebt. — Bald darauf schrieb Jacob: Es ist höchste Zeit geworden, alte Ueberlieferungen zu sammeln und zu retten, damit sie nicht, wie Thau in heißer Sonne vergeht, wie Feuer im Brunnen erlischt, in der Unruhe unserer Tage auf immer verstummen. — Und einen ähnlichen Gedanken spricht er im Mai 1812 in dem volltönenden Idiome Castiliens aus in der Vorrede zu den spanischen Romanzen. In der That scheint es, als ob die Leute welche viel Märchen wissen immer seltener würden, so daß sie nur durch die Schrift vor dem Untergange bewahrt werden können.

Die Brüder Grimm hatten in ihrer Heimath, in den Main- und Kinziggegenden der Grafschaft Hanau seit etwa sechs Jahren unermüdlich gesammelt. Aber zur Veröffentlichung schien ihnen noch nicht reif was sie gefunden hatten. Da kam Arnim 1812 nach Kassel und brachte einige Wochen bei ihnen zu. Er sah ihre Sammlungen, die Märchen gefielen ihm am besten. Er trieb sie an nicht zu lange damit zurückzuhalten. Bei dem Streben nach Vollständigkeit bleibe die Sache am Ende liegen. Er überredete sie. Noch vor Weihnachten erschien der erste Band. Er enthielt Alles was die Brüder bis dahin gesammelt hatten. Er war Bettinen gewidmet, seit einem Jahre Arnim's Frau.

Das Buch erwarb sich schnell Freunde die es nun wo sie bestimmt sahen was und wie es gemeint sei, unterstützten. Diese Theilnahme Anderer und besonders glückliche Zufälle, welche die Brüder auf reiche Märchenquellen stoßen ließen, machten es möglich daß schon nach zwei Jahren Ende 1814 ein zweiter Band abgeschlossen werden konnte. Bei anderthalbhundert Märchen waren auf diese Weise dem Dunkel entrissen. Ein ganzes kleines Völkchen war wie aus einer Verzauberung erlöst und trat an's Tageslicht. Alle die lieben Gestalten, Rothkäppchen, Dornröschen, Schneeweißchen, Däumling, Hänsel und Grethel und wie sie sonst heißen, die bis dahin in den Spinnstuben, in den traulichen Ecken der Ofenbänke ein kümmerlich Dasein gefristet hatten, kamen hervor und erhielten eine sichere Stelle im Herzen der ganzen Nation. Und dies war fortan und ist der erste Schimmer der Poesie welcher die aufwachenden Kinderseelen umglüht.

Der Geschmack der Gebildeten für die Märchen datirt in Deutschland freilich nicht erst aus dem Anfang unseres Jahrhunderts. Er wurde schon im vorigen aus Frankreich eingeführt, wo die Feenmärchen von Perrault und der Gräfin d'Aulnoy, dann Galland's Uebersetzung von Tausend und eine Nacht eine überreiche, aber keineswegs zu lobende Märchenliteratur hervorriefen. Vieles davon gelangte durch deutsche Bearbeitungen, aber das Meiste erst nach der Mitte des Jahrhunderts zu uns, ohne daß man auf den Gedanken gekommen wäre aufzuzeichnen was von ähnlichen Ueberlieferungen im Munde unseres Landvolkes lebte. Herder's erste kräftige Hinweisung darauf scheint wirkungslos geblieben zu sein. In seinen letzten Lebensjahren kam er noch einmal darauf zurück. Er vergleicht die Welt der Märchen mit der Welt des Traumes. Der Traum sei das Ideal des Märchens. Jedes Märchen solle die magische, aber auch die moralische Gewalt des Traumes haben. Eine reine Sammlung von Kindermärchen, sagt er, mit allem Reichthum zauberischer Weltscenen, so wie mit der ganzen Unschuld einer Jugendseele begabt, wäre ein Weihnachtsgeschenk für die junge Welt künftiger Generationen.

Gegen die Feenmärchen polemisirte Wieland mit seinem Don Sylvio. Aber später mochte er selbst zu solchen Stoffen greifen um in seiner Manier, ironisch neben dem Gegenstande stehend, gewisse seiner Phantasie behagende Situationen auszumalen. Einer der sich an ihm gebildet hatte, der Weimarische Pagenhofmeister Musäus, gab in derselben Behandlungsweise „Volksmärchen der Deutschen" (1782—85) heraus. Darunter befanden sich nur sehr wenige wirkliche Märchen. Den Hauptinhalt bildeten Sagen. Man schied diese beiden Begriffe noch nicht, auch Frau Naubert bearbeitete in ihren „neuen Volksmärchen der Deutschen" (1789—93) nur Volkssagen. Den Unterschied prägten erst die Grimm fest aus. Die Sagen haben stets das Besondere daß sie an etwas Bekanntem und Bewußtem haften, an einem Orte oder einem durch die Geschichte gesicherten Namen. Das Mährchen steht beinahe nur in sich selber fest, ohne äußeren Halt. Die Sage ist historischer, das Märchen poetischer, von größerer Mannichfaltigkeit der Farbe. Das Märchen ist einer ganz kindlichen Weltanschauung fähig, welche da am schärfsten hervortritt wo es sich um Lebensideale handelt. Wenn wir von dem Märchenhaften der Odyssee sprechen, so denken wir zu allernächst an die Phäakeninsel, an die mit wunderbaren Kräften ausgestatteten Schiffe, an die Pracht des Palastes, die üppige Fülle der Gärten. Das deutsche Märchen zeigt seine Kindlichkeit am deutlichsten in den Vorstellungen von Wunschdingen, von dem Tischchen deck dich, dem Goldesel, dem Knüppel aus dem Sack und ähnlichem, oder in Vorstellungen wie die von dem Häuslein mitten im Wald aus Brot gebaut, mit Kuchen gedeckt und die Fenster von hellem Zucker. Und wie ein Kind sieht das Märchen geschehen was geschieht, wie ein Kind das die Motive der handelnden Personen nicht kennt und nicht weiß daß es sie nicht kennt. Die Sage ist die nothwendige Form in welcher der rohe und wundergläubige Mensch ein großes und übermächtiges Gegenwärtiges, sei es ein historisches Ereigniß oder ein Gegenstand der Natur oder der Kunst, in seinen Geist faßt, in die Reihe seiner übrigen Anschauungen und Vorstellungen einfügt, um es den späteren Geschlechtern zu überliefern. Sie setzt sich an das bedeutende Wirkliche wie blauer Duft sich um ferne Gebirge sammelt. Das Märchen ist seinem Wesen nach losgelöst von allem Wirklichen, ein freies Spiel der Einbildungskraft. Es hat seinem Wesen nach keinen sittlichen Zweck. Es führt daher, wie Goethe sagt, den Menschen nicht auf sich selbst zurück, sondern trägt ihn außer sich hinaus in's unbedingte Freie. Trotzdem freilich sind sittliche Motive nicht allen deutschen Märchen fremd, und zwar Motive der christlichen Sittenlehre. Die Tugenden die aus Liebe und Demuth stammen werden verherrlicht. Bosheit und Falschheit, Ueberhebung und ungemessenes Wünschen werden gestraft. Liebreich und hilfreich gegen Menschen und Thier, bescheiden, schonend und mitleidend: so ist eine ganze Klasse bevorzugter Märchenhelden. Der unschuldige Dumme, aber mit gutem Herzen, erringt woran der Listige und Kluge, aber Hochmüthige zu Schanden wird. Sehr selten, daß noch die Verbindung von Kraft und Einsicht und das Selbstvertrauen das daraus fließt, wie es den Lieblingen des alten Epos eigen, zu Ehren kommt. Neben diesen christlich gefärbten stehen andere Märchen in denen das Bewußtsein des Standes der sie gepflegt, das Bewußtsein eines überall gedrückten, seines Selbstgefühles beraubten Bauernstandes sich ausspricht, dem die Verschmitztheit unter der Decke der Einfalt Alles gilt bis zur Stumpfheit gegen das Verbrechen selbst. Anziehender sind die Geschichten worin es der Verschlagene, Listige, Behende über die ungeschlachte Kraft davon trägt. Ebenso eine andere Art Charaktere welche das Landsknechtwesen in diese Literatur abgesetzt hat; der Spielhansel oder Bruder Lustig oder Bärenhäuter der den heiligen Petrus ungenirt betrügt und den Teufel in Schrecken setzt, so daß ihn die Hölle nicht aufnehmen will und er sich den Himmel erlisten oder zwischen Himmel und Erde schweben muß. So hat das Märchen noch andere Charaktere durchgebildet: die des Aufschneiders, des Albernen, des Faulen. Alles überhaupt ist ihm erlaubt dem es innere Einheit und Consequenz giebt: das Unmögliche und die Lüge sogar. Auch leblose Dinge dürfen reden und sich wie Menschen gebärden wenn sie nur nicht aus der Rolle fallen.

Allen deutschen Volksmärchen gemeinsam ist die Gläubigkeit mit der das Wunderbare erzählt wird, und eine gewisse Heiterkeit des allgemeinen Charakters, indem sie gerne mit der Aussicht auf lange und dauernde Glückseligkeit schließen. Beides fehlt den „Volksmärchen" von Tieck. Sie erschienen 1797. Sie fanden nicht viele Bewunderer und Liebhaber. Und vergebens bemühte sich Wilhelm Schlegel ihnen welche zu werben. Vergebens versuchten sich auch andere Romantiker an selbstgedichteten Märchen. Vergebens nahmen schon einige Sammlungen ihre Stoffe zum Theil aus dem Volksmunde auf. Keine erfreute sich eines durchgreifenden Erfolges. Sie alle dienten nur der Grimm'schen Sammlung den Weg zu ebnen. Niemand hatte die Treue und Wahrheit der Auffassung, die Wiedergabe nur des im Volke Lebenden ohne ausschmückende Willkür zum obersten Grundsatz erhoben, wie die Grimm es thaten. „Unsere Zeit kann sich in den schwersten Gegensätzen bewegen," schrieb Jacob 1809, „nur nicht unschuldig und gerad erzählen." Die Brüder selbst widerlegten das in den Märchen. Sie erreichten es durch den engsten Anschluß an die Erzählungsweise des Volkes selbst. Natürlich rührte der Ausdruck und die Ausführung des Einzelnen großentheils von ihnen her. Aber sie suchten jede bemerkte Eigenthümlichkeit zu erhalten; und nichts Wesentliches des Inhalts, kein Umstand, kein Zug der Erzählung wurde von ihnen verwischt, verschönert oder entfernt; und nichts Fremdartiges hinzugesetzt. Der Ausdruck aber wurde so schlicht gewählt wie er aus dem Munde des einfachsten Mannes hätte kommen können. Und gewisse Wendungen durch welche der Schluß angezeigt wird oder womit der Erzähler seine Zuhörer auffordert an die Wahrheit des Erzählten zu glauben oder womit er diese Wahrheit bekräftigt: kurz der eingeborne Stil dieser Volkspoesie war nicht angetastet. Diese Ehrfurcht vor dem Ueberlieferten beruhte auf der Ueberzeugung der Brüder von der ursprünglichen höchstens durch lückenhafte Tradition gestörten Vollkommenheit und Unübertrefflichkeit aller Volkspoesie. Sie wurde verstärkt durch die Meinung, es sei in diesen Märchen uralte einheimische Nationalpoesie erhalten, eine unmittelbare Fortsetzung der ältesten blos mythischen welche neben der Heldensage ohne Unterbrechung fortbestanden habe, sie selbst noch Mythen und Reste von Mythen in sich bergend. Eingehende und ausführliche Vergleichungen mit der ganzen zugänglichen Erzählungsliteratur der Welt wurden angestellt, und daraus das Resultat gezogen: die Verwandtschaft ziehe sich in denselben Kreisen enger und weiter wie die aus der Sprache erweisbare Völkerverwandtschaft und Urgemeinschaft. Wenn arabische und deutsche Märchen manchmal auffallend zusammenstimmen, so sei das auf die Urverwandtschaft des Deutschen und Indischen einerseits, und auf die Entlehnung des arabischen Märchens aus dem Indischen andererseits zurückzuführen.

Neuere Forschungen haben dieser Ansicht, welche übrigens erst in den späteren Ausgaben der Märchen so formulirt wurde, eine ganz verschiedene mit gutem Grunde entgegengesetzt. Nationalpoesie mag man unsere Märchen immerhin nennen, wenigstens nationalisirte Poesie. Vergleiche man sie nur oberflächlich, vergleiche man Costüm, Sitten, Lebensweise, Landschaft, Charakter des Aberglaubens mit den arabischen Märchen: deutsch ist in ihnen Alles, das heißt schlicht und treuherzig. Deutsch ist die Poesie des Waldes zum Beispiel. Deutsch sind die Könige die beständig ihre Krone auf dem Kopfe tragen. Deutsch sind auch die Reste des Heidenthums die spärlichen die hier und dort zum Vorschein kommen: doch das ist nicht viel mehr als was bis heute noch abgesondert davon und selbständig sich von altem Heidenthum in unserem Volke gefristet hat. Aber nicht ebenso ursprünglich deutsch ist der Inhalt. Die ältesten Märchen die wir besitzen sind nicht älter als das zehnte Jahrhundert. Und vor dem zehnten Jahrhundert dürfte es in ganz Europa wenig Märchen gegeben haben. Die einzige oder doch die reichste Märchenquelle, woraus die ganze alte Welt den größten Theil ihres Bedarfes holte, scheint Indien zu sein. Der indische Buddhismus, eine Reaction des weltlichen Adels gegen die Uebermacht des geistlichen und in einigen seiner Lebensäußerungen entschieden demokratischer Natur, brachte neben wissenschaftlicher Tiefe — wie die Zeit des zwölften und dreizehnten Jahrhunderts welche einen ähnlichen Moment in Europa bezeichnet — ein gut Theil Weltfreude und Weltlust in's indische Leben. Und wie er in der Wissenschaft brach mit der Tradition und den Veda als die oberste Quelle der Erkenntniß verwarf, so konnte auch seinen poetischen Bedürfnissen nur eine Dichtungsgattung entsprechen welche der schaffenden Phantasie den freiesten Spielraum ließ und worein die neuen Ideen und Anschauungen ohne Scheu verarbeitet werden durften. Im Gefolge des Buddhismus verbreitete sich denn eine überreiche Erzählungs- und Märchenliteratur über Indien. Mehrere Sammlungen entstanden, durch Rahmenerzählungen zusammengehalten wie man sie aus Tausend und eine Nacht kennt. Das zehnte Jahrhundert, wo islamitische Völker ihre Macht auch nach Indien ausdehnten, verpflanzte diese Sammlungen aus ihrer ersten Heimath nach Persien und Arabien um ihnen dort eine neue zu gründen. Aus diesen beiden Pflegestätten gelangten sie auf zwei verschiedenen Wegen nach Europa. Der eine führte über die Länder des Islams nach Byzanz, Italien und Spanien, wo hauptsächlich Juden die Vermittelung übernahmen. Der andere wurde durch den Buddhismus selbst gebahnt und führte wie nach China, so nach Tibet und zu den Mongolen, und durch deren zweihundertjährige europäische Herrschaft auch von dieser Seite nach Europa. Die Märchen bilden mithin einen Theil der romantischen in Wilhelm Grimm's Sinne das heißt der bei uns importirten Poesie.

Der Romantik des Mittelalters verdanken sie ihre Einführung, der Romantik des achtzehnten und neunzehnten Jahrhunderts ihre Wiedergeburt und Rehabilitirung in der allgemeinen Literatur. Man darf behaupten: die Grimm'sche Sammlung der Märchen ist mit einigen Uhland'schen Gedichten und wenigen anderen das Einzige was sich von den literarischen Producten der deutschen Romantik in dem Bewußtsein der Nation ununterbrochen erhalten hat, und welchem sich ohne Gefahr der Widerlegung eine unvergängliche Fortdauer prophezeihen läßt.

Die Kindermärchen sind das erste größere gemeinsame Werk von Jacob und Wilhelm Grimm. Der Antheil beider Brüder an der ersten Gestalt derselben wird gleich groß gewesen sein. Auf gemeinsamen Wanderungen mögen sie gesammelt, bald der Eine bald der Andere mag der Aufzeichner gewesen sein, ein Jeder bei der Redaction seinen Rath dazu gegeben, seine Meinung beigesteuert haben. Von der zweiten Auflage an jedoch das ist seit 1819 scheinen sie der ausschließlichen Pflege Wilhelm's überlassen worden zu sein. Die vielen Vermehrungen (um fünfzig Nummern etwa), Verbesserungen und gründlichen Veränderungen welche seitdem mit der Sammlung vorgenommen wurden und sie nach und nach zu dem machten was sie gegenwärtig ist, dann der größte Theil des Materials und die ganze Bearbeitung der beigegebenen Abhandlungen scheint von Wilhelm herzurühren. So daß ihm in der That ein größeres Verdienst um die Märchen zugeschrieben werden muß als seinem Bruder Jacob.

Wir erinnern uns, welche gemeinschaftlichen Arbeiten sich an die bisherigen der Brüder noch anschließen sollten und wirklich unmittelbar anschlossen: die „Lieder der alten Edda" (1815) und die „Deutschen Sagen" (1816 und 1818). Zu den letzteren, ihrem ältesten Vorsatz, kehrten sie zurück, sobald Alles was sich ihnen zufällig in den Weg geworfen hatte und was dringender schien, erledigt war. Und auch an der Absicht hielten sie noch fest, als sie den zweiten Band der Sagen erscheinen ließen, eine vollständige Abhandlung der deutschen Sagenpoesie zu liefern mit umfassenden Uebersichten nach Ort, Zeit und Inhalt. Dazu kam es aber doch nicht, wenn man nicht in dem Plane Jacob's, mit dem er sich in seinen letzten Lebensjahren trug, einen Nachklang jener älteren Bestrebungen erblicken darf, in dem Plane einer Geschichte des Epos.

Den Eddaliedern wohl voraus ging noch im Jahre 1815 die Herausgabe des armen Heinrich von Hartmann von Aue. Man kennt das rührende Gedicht, das trotz manchem Fremdartigen worin wir den Abstand der Zeiten fühlen, seinen Reiz für uns nicht eingebüßt hat. Die Ausgabe wurde Ende 1813 schon angekündigt nach der Rückkehr des Kurfürsten, und zum Besten der hessischen Freiwilligen Pränumeration darauf eröffnet. Die Ankündigung geschah mit den Worten: In der glücklichen Zeit wo Jeder dem Vaterlande Opfer bringt, wollen wir das altdeutsche, schlichte, tiefsinnige und herzliche Buch vom armen Heinrich, worin dargestellt ist: wie kindliche Treue und Liebe Blut und Leben ihrem Herren hingiebt und dafür herrlich von Gott belohnt wird, neu herausgeben.

Die Zeit des Zusammenwirkens der Brüder dauert, wenn man von den 1826 übersetzten irischen Elfenmärchen und vom deutschen Wörterbuch absieht, etwa zehn bis zwölf Jahre. Die gemeinschaftlich zu Stande gebrachten Publicationen erstrecken sich jedoch nur über sechs Jahre: von 1812 bis 1818. In den späteren Zeiten einer Wissenschaft wo sich für die meisten Dinge gewisse Methoden bereits festgesetzt haben, hat ein solches Zusammenwirken nichts Auffallendes oder Merkwürdiges. Wenn man über die Grundsätze einig ist nach denen eine Wahrheit gesucht werden soll, so kann über diese Wahrheit selbst streng genommen kein Streit entstehen. Aber zu einer Zeit wo die Wissenschaft ihre Kinderschuhe noch kaum ausgetreten hat, setzt es eine beispiellose Uebereinstimmung in den obersten Anschauungen sowohl als in der besonderen Verfahrungsweise voraus. Auch fehlte es natürlich nicht ganz an Meinungsverschiedenheiten. Bei den Märchen und Sagen ließen sich die Eigenthümlichkeiten zweier grundverschiedener Naturen leicht ausgleichen und ergänzen. Aber bei den Ausgaben, schon beim Hildebrandslied und noch mehr bei der Edda, war es unmöglich in der herrschenden grammatischen und etymologischen Unsicherheit sich über die Construction jedes Satzes, über die Erklärung jedes seltenen und schwierigen Wortes zu vereinigen. In solchen Fällen wünschte Wilhelm beide Meinungen dem Leser zur Wahl neben einander vorzutragen: wogegen es Jacob nöthig schien dem Publicum gegenüber eine einzige Ansicht aufzustellen, so daß immer einer von ihnen sich dem andern hätte unterordnen müssen. Sie sahen daraus wohl, daß es auf die Dauer unmöglich war die Association in ihren Arbeiten festzuhalten. Aber gerade in ihren selbständigen Schriften aus jener Zeit gewahrt man eine Einhelligkeit in den allgemeinen Grundgedanken und in den letzten Zielen ihrer Forschung, welche deutlich zeigt daß nur in Kleinigkeiten und Einzelheiten auf welche diese allgemeine Uebereinstimmung keinen Einfluß nehmen kann, hier und dort etwas zwischen ihnen unvermittelt mochte stehen bleiben.

Propheten mit umgekehrtem Gesicht haben scherzweise die Grimm sich in späteren Jahren genannt. „Der Historiker ist ein rückwärts gekehrter Prophet" schrieb Friedrich Schlegel 1798. Die Brüder hatten ein geheimes Gefühl von Anfang an daß sie innerhalb der historischen Wissenschaft ihre Stelle suchen müßten, daß der Werth ihrer Bestrebungen und die Anerkennung welche dieselben finden würden, abhängig sei von der Ansicht über die Aufgabe der Geschichtschreibung. Die Geschichte, sagen sie, habe das Leben der Völker und ihre lebendigen Thaten zu erzählen. Die Aufgabe der vaterländischen Geschichte ist die gründliche Erforschung des altdeutschen Lebens. Die lebendige Pflanze wie sie gewachsen ist, soll der Historiker aufnehmen, nicht wie sie von geschäftigen Händen getrocknet und aufbewahrt worden. Die bisherigen Geschichtschreiber aber achteten es gering auf das Privatleben Rücksicht zu nehmen und beschrieben nur das politische Treiben, während doch die Götter selbst zu den Wohnungen der Menschen herabgestiegen sind und ihr Leben betrachtet haben. Ihre Werke gleichen oft ausgebrannten Gebäuden von denen nur kahle Mauern stehen.

Es ist eine gewisse Unklarheit in solchen Aeußerungen, und wenn man sie an Begriffen festigen will, entgleiten sie den Händen. Die Sätze klingen allgemeiner als sie gemeint sind. Allerdings ist die Ahnung einer nothwendigen radicalen Form der Historiographie den Brüdern nicht feind. Aber wogegen sie eigentlich polemisiren, das ist die Mißachtung der Sagen und Nationallieder. Die moderne Geschichtschreibung, das heißt die Geschichtschreibung des achtzehnten Jahrhunderts sei ihnen von Natur fremd, weil sie kein rechtes historisches Factum daraus abnehmen könne und ihre innere Bedeutung und Natur nicht einmal ahne. Die Geschichtschreibung stehe weit tiefer als die Nationaldichtung, als das Epos, während ihre Aufgabe — auch Möser und Johannes Müller waren dieser Meinung — in Wahrheit dieselbe sei. Sie wähle irgend einen Punkt von dem aus sie die Welt betrachte, greife dann ängstlich in den Vorrath gesammelter Facta und suche heraus was sich um diese beschränkte Ansicht reihe: während in die Nationaldichtung der Geist des Lebens und der Völker übergegangen sei und darin walte. Die kritische Historie müsse auf einem anderen Wege eben dahin wieder zu gelangen suchen. Die Bibel, Herodot, der Isländer Snorro, Johannes Müller werden ihr entgegengehalten, Aussprüche des Letzteren angerufen, Aussprüche wie diese: „Gemeiniglich ist in Sagen ein wahrer Grund, oft ganz, oft zum Theil von populären Zusätzen entstellt.“ „Niemand wird solchen Sagen buchstäblich glauben, ihr Grund ist nichtsdestoweniger historisch.“ Johannes Müller strebt in der Geschichte nach dem was die Gemüther der Menschen bewegt. Wie das wirkliche Leben in tausend Lichtern spielt, so sucht er es im Abbilde zu fassen. Daher seine Neigung die überlieferte Sage von ihrem dichterischen Glanze nichts einbüßen zu lassen. Aehnlich die Grimm. Zur Wahrheit reicht nicht das Factum hin, es gehört zu ihr auch der Eindruck den es in das Gemüth der Lebenden macht. Dieser ist aber in alten Zeiten, je bedeutender das Factum, desto unzertrennlicher von dem Wunderbaren und Phantastischen. Was wir in der Sage als an sich unwahr erkennen ist nicht unwahr, insofern es nach der alten Ansicht des Volkes von der Wunderbarkeit der Natur gerade nur so erscheinen und mit dieser Zunge ausgesprochen werden konnte. Es giebt also eine doppelte Wahrheit in der Geschichte: neben der äußeren der Urkunden und Chroniken eine innere, auf lebendigen Begriffen und Anschauungen ruhende. Neben der factischen, historischen, eine bildliche, poetische. Bei dieser gewinnen wir mehr, weil nur sie uns lebendig entsprechen kann. Wir müssen sie anerkennen auch wo die Sage bei dem Gang durch viele Jahrhunderte alles Factische abgestreift hätte. Denn ursprünglich sind in der Sage und in ihrer dichterischen Gestaltung, im Epos stets beide Arten der Wahrheit beisammen: nicht zusammengelegt und geleimt, sondern aus Einem Keim entsprossen und neben und in einander emporgewachsen. Ueberall wo wir zurückgehen auf die frühesten Zeiten eines Volkes sehen wir Poesie und Geschichte ungetrennt von Einem Gemüth aufbewahrt und von Einem begeisterten Munde verkündet.

In diesen Sätzen lag eine bemerkenswerthe Fortbildung der Ansicht des Epos. Friedrich Schlegel zum Beispiel unterschied im homerischen Epos einfach zwischen den wirklichen Begebenheiten und den Erdichtungen mit denen sie vermischt seien. Nur hatten sich, meint er, diese so allmählich angebildet, waren so innig verwebt, und Alles ward durch die Gewalt der Darstellung selbst in eine so wunderbare Entfernung hinausgeschoben, daß die dichterische Erfindung von der geschichtlichen Wahrheit nicht einmal getrennt, geschweige denn ihr entgegengesetzt erschien. Auch Görres sah nicht klarer. Er sagt, es sei die Weise der Poesie, insbesondere der eigentlichen Nationalpoesie, daß sie wohl liebe historische Wahrheit zum Grunde zu legen, daß sie aber im Fortgange der Entwickelung, den gefaßten Gegenstand aufnehmend in's Reich der Phantasie, sich nur durch das Gesetz des Schönen nicht aber durch das der Wahrheit binden wolle.

Andererseits konnte jene Sätze von zweierlei Wahrheit der strengste Kritiker unterschreiben. Aber sie enthalten in sich keine Hindeutung auf ihren Gebrauch. Und ein Fehler war dabei leicht. Johannes Müller hatte mit seinen Aeußerungen über die Sage die kritiklose Verwebung ganzer Sagen, wie der vom Tell, in die Schweizergeschichte rechtfertigen wollen. Auch an den Grimm gewahrt man ein offenbares Bestreben, den Sagen möglichst viel factische Wahrheit zuzuschreiben. Wilhelm Grimm behandelt einmal die Sage von der trojanischen Abstammung der Franken, und läßt es, an der richtigen Fährte die er wohl sieht vorübergehend, auf eine sonderbare Art dahingestellt, ob sie vielleicht „nicht ohne Bedeutung" sei, weil „eine echte Volkssage niemals eine eitle Erfindung sei, sondern stets auf Wahrheit ruhe." Der Nibelungensage soll durchaus Geschehenes zu Grunde liegen. Nicht nur Attila, Dietrich von Bern, Gunther, auch Siegfried, Hagen, Kriemhild sollen wirklich gelebt haben. So sagt auch Jacob Grimm, er habe an die alten Sagen vielfach glauben gelernt; und warnt, man möge sich hüten über Sagen abzusprechen und wie mit einem harten Luftzuge die Asche der alten Tradition zu zerstäuben. Er selbst nimmt nach diesem Grundsatz auf die Sagen über den ältesten Meistergesang viel zu viel Rücksicht.

Im Jahre 1812 widmet er dem Thema von zweierlei Wahrheit eine besondere Abhandlung „Gedanken über Mythos, Epos und Geschichte." Was er früher die poetische oder bildliche Wahrheit nannte, heißt ihm jetzt die mythische oder göttliche. Die Sage, das Volksepos hat weder eine rein mythische, göttliche, noch rein historische, factische Wahrheit, sein Wesen ist die Durchdringung beider. Zur Entstehung des Epos ist eine historische That nöthig, von der das Volk lebendig erfüllt sein müsse, damit sich das Mythische daran setzen könne. So trägt das Epos einen göttlichen und einen menschlichen Theil an sich. Jener hebt es über die bloße Geschichte, dieser nähert es ihr wieder und verleiht ihr einen frischen Erdgeruch. Götter haben sich zu Helden gewandelt, die Wiedergeburten der Sagen rücken uns immer näher. Sondert man jene beiden Theile, so läßt sich dem Epos mancher Aufschluß über deutsche Mythen abgewinnen. Er versucht den Nachweis an den Sagen von Tell und von der Frau Bertha. Er ist dabei nicht sehr glücklich. Aber er hat in jenen Aussprüchen das Wesen des Epos vollkommen richtig bezeichnet und damit einen Fundamentalsatz aufgestellt, den fernere Forschung bestätigte und weit fruchtbarer machte als er selbst.

Doch hat er ihn nicht zuerst aufgestellt. Unsinnlich im Austruck, aber die Sache treffend, gab schon 1808 Arnim die Natur des Epos an und bezeichnete auch dessen Stil schärfer, — in demselben Jahre in welchem die Grimm jenes durch bildliche und factische Wahrheit zu bestimmen suchten. Er sprach von den Zeiten des Ueberganges der Fabel in die Geschichte, wo der Glaube der Völker, ihr Stolz und ihre Liebe in Einem, — den unendlichen idealischen Anfang und Grund aller Wirklichkeit mit ihrer ganzen lebendigen Individualität verbinde, und mit begeisterter Bildung die Unbegreiflichkeit des Zusammenhangs des Göttlichen und des Menschlichen ersetze. Die Geschichte, fährt er fort, verliert sich dann so sehr in das Gemüth des Volkes, daß die ganze Darstellung einer solchen Nationalpoesie nur ein einziger totaler Abdruck desselben wird, und daß, wenn der Dichter den Ton der Darstellung fühlte und also hatte, es beinahe unmöglich ist, daß er nicht sein Ideal erreicht hätte.

Wir glauben nicht daß diese Aeußerung Arnim's, unklar wie sie gesagt ist und verborgen in den Heidelberger Jahrbüchern, Jacob Grimm aufgefallen sei und auf ihn gewirkt habe. Vielmehr beruht die größere Klarheit und Bestimmtheit, mit der er im Jahre 1812 das nicht factische Element in der Sage und im Epos beurtheilte, wahrscheinlich auf einer ihm geläufigen unberechtigten, in diesem Falle nur zufällig berechtigten, Ausdehnung des Begriffes des Mythus. Alles Traditionelle in der Poesie überhaupt, die Märchen- und Novellenstoffe zum Beispiel, ja einzelne Gleichnisse und Sinnbilder, galten ihm als mythisch. Dies hängt auf das Genaueste mit seiner allgemeinen Ansicht der Poesie zusammen, in welcher man deutlich eine unmittelbare Einwirkung der mythologischen Werke von Görres und Arnold Kanne erkennt. Denn auch die Naturphilosophie hat bei der altdeutschen Philologie zu Gevatter gestanden.

Görres handelt wiederholt von der ältesten Periode, von der Jugend der Geschichte. Der Mensch in dieser Periode ist somnambül, sein Denken ist Träumen, aber diese Träume sind wahr, denn sie sind Offenbarungen der Natur die nimmer lügt, in ein junges reges unverlogenes Leben ohne Sünde und Missethat. Das Menschengeschlecht ist von Einem Punkte ausgegangen. Es existirte ein einziger ältester Staat im Herzen Asiens, an den Bergen des Himalaya: Ein Staat und Eine Sprache und Eine Religion, Eine Mythe. Die Mythe ist der erste Lebenslaut den der Geist von sich gab, da er anfing die Kreise der Naturgewalt zu durchbrechen. Noch ist er nicht losgelöst von ihr, der Strom des Naturlebens, das ist des göttlichen Lebens das als Naturleben sich offenbart, quillt noch in ihn hinüber, erregt ihn, begeistert ihn ohne Unterlaß. Aus diesem Affect bricht die Mythe hervor. Die stumme Materie hat Sprache in ihr gefunden. Alle Mythe aber war ursprünglich Poesie, und alle Poesie war mythisch. Ihre ältesten Anschauungen wie sie in jenem großen Urstaate sich ausbildeten, machen die Mitgabe aus welche die Völker als sie sich trennten auf ihren ferneren Zügen mit hinnahmen. Bei jedem einzelnen Volke hat sich nothwendig die Religion nach den besonderen Verhältnissen besonders ausgebildet. Aber das Spiel der viel gemischten Formen geht in wenige allen gemeinsame Ideen auf. Und diese sind von ewiger Wahrheit. So wirken dieselben Elemente aller Orten, derselbe Keim der Fruchtbarkeit ist über die ganze Erde ausgestreut: aber viel tausend verschiedene Pflanzen sind aufgegangen, klimatisch wechselnd, bald unscheinbar wie die Moose, bald hoch aufgeschossen wie die Palmen.

Arnold Kanne, einer der seltsamsten und verschrobensten Charaktere der Zeit, steht ohne in seinen Anfängen von Görres abhängig zu sein, in sehr naher Verwandtschaft zu ihm. Bei Kanne geht durchweg die Mythenforschung mit der Erforschung der Sprache Hand in Hand. In allen Sprachen und Religionen die Einheit nachzuweisen, „in Allem Eins und Eines in Allem" war seine Absicht in einem Werke: „Hen to Pan" das er 1809 ankündigte. Davon erschien nach zwei Jahren das Pantheum: das Panglossum war auch vollendet, gelangte aber nicht zum Druck. Er stellte in jenem eine mystische Theogonie und Kosmogonie auf. Diese ist der Glaube welcher von der Urnation allen Völkern mitgegeben worden. In allen Religionen und dem Aberglauben nicht nur, auch in den Sagen findet er sich wieder. Die ganze Ueberlieferung zum Beispiel über die älteste Geschichte des Volkes Israel, Mose und Simson mit eingeschlossen, wird rein mythisch gefaßt. Der thebanische und trojanische Krieg ist der Kampf der Götter des Lebens mit den Riesen der Finsterniß und enthält die Entwickelungsgeschichte des besonderen Daseins aus Gott und zu Gott, aus dem All und in das All zurück. Auch deutsche Kinderreime müssen gelegentlich helfen alte Anschauungen des Göttlichen zu bestätigen oder zu erweisen. Und sehr Vieles das dem späteren Dichter zum poetischen Schmuck dient ist nach Kanne der alten religiösen Idee entsprossen. Der Hauptgedanke, von dem er ausgeht und auf den er oft zurückkommt — es ist der Hauptkunstgriff um sein System zum Stehen zu bringen — wurde schon vor ihm durch Görres (noch früher ja auch von Wilhelm von Humboldt) ausgesprochen: es ist die mythische Einerleiheit der Begriffe und Anschauungen des Erkennens und Zeugens. Diese sucht er mythisch und etymologisch zu begründen und ihre Symbole (Hieroglyphen nennt er sie) nach allen Seiten hin zu verfolgen und allerwärts aufzuspüren. Seine Etymologien sind unter den Besonneneren jener Zeit sprichwörtlich geworden. Er leistet das Unglaublichste darin. Dennoch sind sie ein Fortschritt gegen die frühere blos nach oberflächlicher Klangähnlichkeit urtheilende Methode oder Unmethode des Wortvergleichens, wie sie zum Beispiel noch in Friedrich Schlegel's Buch über Indien blüht. Kanne geht durchweg von der begrifflichen und mythischen Verwandtschaft der Vorstellungen dabei aus und sucht diese in den Worten wiederzufinden. Er hat sich aber aufrichtig bemüht, Grundsätze des Verfahrens zu finden und die möglichen Lautvertretungen festzustellen. Er ist sehr fehlgegangen größtentheils, die Regeln die er gefunden zu haben glaubt sind zu dehnbar und erlauben in der That Alles mit Allem zu combiniren. Aber zuweilen hat er Richtiges gesehen, das die fester begründete Wissenschaft dann allerdings nicht von ihm zu lernen brauchte.

Dieses Mannes Schriften haben auf Jacob Grimm, wie auf andere Fachgenossen, von der Hagen zum Beispiel, eine nicht geringe Wirkung ausgeübt. Jacob Grimm selbst hat es nicht verhehlt. Ueber die Sage nur hatte er sich eine bestimmte Ansicht schon von anderwärts her gebildet. Und Kanne's rein mythische Auffassung derselben stieß bei ihm auf Widerstand, dem er durch die oben erwähnte Abhandlung Ausdruck gab. Aber seine Methode der Mythenvergleichung und der Etymologie war noch im Wesentlichen dieselbe. Nur ein System des Pantheismus brachte er nicht hinzu. Er verfährt empirischer, ruhiger und bedachtsamer, und läßt das Gegebene mehr auf sich wirken. Solche allgemeine Ansicht bewirkt aber doch manchmal vorgefaßte Meinungen die sich dann im Besonderen durchaus bewahrheiten sollen. Und immer bewahrheiten in der That, weil dem Combinationstrieb der Zügel der Regel noch nicht angelegt ist. Jacob Grimm spricht einmal den Grundsatz aus: am richtigsten betrachte man die meisten Anfangsconsonanten als gleichgültige Vorsätze vor den Wurzelvocal. Und er verfährt nach diesem Grundsatz. Man begreift wie viele Vergleichungen sich damit auf's Bequemste bewerkstelligen ließen. In späteren Jahren hat Niemand so viel für die Gewinnung fester Regeln zur Vergleichung der germanischen Sprachen mit ihren Verwandten gethan als Jacob Grimm. Aber von einiger Voreingenommenheit gegenüber den Thatsachen hielt er sich öfters nicht ganz frei. Eine Abhandlung aus dem Jahre 1850 zum Beispiel sucht den sehr schönen Gedanken durchzuführen, alle Wörter die den Besitz bezeichnen gingen auf Verhältnisse des Hirtenlebens zurück, Vorstellungen von Vieh und Weide und Treiben des Viehes lägen zum Grunde. Aber wie müssen die Wörter sich jeder Behandlung fügen, wie werden die Regeln umgangen, oder nach Gefallen Ausnahmen statuirt. Es macht großes Vergnügen solche Abhandlungen zu lesen. Man schließt gerne eine Weile die Augen und überläßt sich blind der Führung. Oeffnet man sie aber, so können alle Düfte die man eingeathmet hat während des Weges nicht dafür entschädigen daß man einen falschen gegangen ist.

Ungeregelte Combinationslust welche so in seinem höheren Alter in kleinen Flämmchen hie und da herausschlägt, brennt in seinen Jugendschriften lichterloh. Er redet von der unendlichen Sprache in der nur Ein unablässig in einander greifendes Leben wohne, Ein lebendiges Geschäft wache und walte bis in ihre kleinsten Theile, so daß jedes Wörtchen kettenweise zu dem Höchsten führen müsse. An sich, meint er, seien alle und jede Wörter nur eines, es komme darauf an die Kette nachzuweisen. Und so sänken auch in der ursprünglichen Mythologie Zeiten und Räume und Wesen zusammen, es handle sich nur darum die Reihe aller Mittelglieder zu finden. Sprache und Poesie spalte sich aus der inneren Einheit, was ewig und nothwendig differenzire sei die Erscheinung. Wie klar in solchen Aeußerungen die Verwandtschaft mit Kanne und Görres zu Tage liegt, so gilt doch auch hier wieder was wir mit Kanne's eigenen Worten ausdrücken wollen: Geht nicht alle Lehre blos deswegen ein in ein Gemüth weil sie hier auch hätte geboren werden können? Sätze wie die angeführten, entspringen aus einem allgemeinen Trieb, aus einem allgemeinen Zug des Denkens der zu Ende des vorigen Jahrhunderts erwachte. Wir bezeichnen ihn nur unvollkommen und vergleichsweise wenn wir ihn den Drang nach einer obersten Identität nennen. Friedrich Schlegel meint dasselbe wenn er sagt: ohne eine gewisse Beimischung des Pantheismus dürfen wir nicht erwarten, einen von den Schriftstellern des jetzigen Zeitgeistes zu finden. Jener Drang erscheint in Schiller's und Schelling's Philosophiren. Er erscheint in Goethe's Urpflanze. Er erscheint in Friedrich Schlegel's Begriff der romantischen Poesie als einer progressiven Universalpoesie. Er setzt sich in die historischen Wissenschaften hinein, in die Geschichte des Mythus, der Poesie, der Sprache bei Görres, Kanne, den Grimm. Die Herbeiziehung des Indischen geht damit Hand in Hand. Ein Jahr nachdem Görres zum ersten Male seine Gedanken über Religionsgeschichte dargelegt hatte, in demselben Jahre in dem es Kanne that, im Jahre 1808, erschien Friedrich Schlegel's Buch über die Sprache und Weisheit der Indier, schrieb Th. A. Rixner eine „Darstellung der uralten indischen Alleinslehre."

Jacob Grimm hat eine Reihe von einzelnen Resultaten der Kanne'schen Betrachtungsweise angenommen und durch seine eigenen Forschungen zu bestätigen oder diese darauf zu bauen gesucht. Auch die Uebereinstimmung der Methode ist so groß daß an ein Lernen nothwendig muß gedacht werden. Doch war niemals bei Jacob Grimm irgend ein Lernen todtes Aufnehmen. Es war eine Befruchtung blos aus der ein neues

Wesen ward. Jacob Grimm spricht irgendwo einen methodischen Grundsatz aus zu dessen Reinheit und Schärfe sich Kanne nie erhoben haben würde, der Ihn aber sein ganzes Leben lang in seinen Forschungen bis zur Uebertreibung leitete. Jederzeit, sagt er, müsse eine Auslegung aus der allgemeinen Sprache oder Mythe so lange weichen vor der lebendigen, auf dem Boden der eigenen Sprachverhältnisse und Localsage beruhenden, bis sich beide erst wieder an einem höheren Punkte zusammenwenden können.

Görres und Kanne sind die Hauptmuster jener voreiligen Gattung von Gelehrten, welche die schwierigsten Probleme der Wissenschaft gleich bei dem ersten Versuch lösen, ganze wissenschaftliche Reiche auf den ersten Anlauf meinen erobern zu können. Görres zeigt sich so in seinen mythologischen Arbeiten und nicht anders in der Vorrede zu seiner Ausgabe des Lohengrin und in seinem Aufsatz über die Chronik des Hunibald (1813). Auch Jacob Grimm wagt vielfach zu Großes, wozu seine Kräfte, wozu die Kräfte der damaligen Sprach- und Mythenforschung überhaupt noch nicht hinreichten. Aber bei weitem mäßiger ist er doch. Der Schüler Savigny's greift einen einzelnen Gegenstand der Außenwelt heraus, über dessen Identität kein Zweifel entstehen kann, und verfolgt ihn durch die Religionen und Poesien aller Völker. Er untersucht zum Beispiel auf diese Weise die mythologische Bedeutung der Milchstraße, faßt sie als Himmelsweg und sucht ihre Auffassung in den verschiedenen Mythologien mit den irdischen Wegen, die in der Sagenpoesie eine Rolle spielen, zu verknüpfen. Die scharfe Analyse der zu Grunde liegenden Anschauung und wie darin Sinnliches in Geistiges überschwanke, ist sein Hauptaugenmerk. Der Zögling Kanne's jedoch benutzt mythologische Vorstellungen der einen Nation ohne Weiteres zur Aufhellung der mythologischen Vorstellungen einer anderen Nation. Er verknüpft überhaupt allzu Fernliegendes wobei die historischen Mittelglieder nicht nachgewiesen werden können: Poesien des dreizehnten Jahrhunderts zum Beispiel mit altnordischen Mythen; aus dem Christenthum stammende Anschauungen mit zufällig ähnlichen des germanischen Heidenthums. Die Poesie überhaupt soll voll mythischer Ueberbleibsel stecken.

Die allgemeine Ansicht der Poesie die von Jacob getheilt wird spricht am deutlichsten Wilhelm Grimm aus. Er knüpft sie ausdrücklich an Görres, an dessen „Mythengeschichte der asiatischen Welt," deren Resultate er mit zu den größten rechnet die die Zeit gewonnen. Das Göttliche, der Geist der Poesie ist bei allen Völkern derselbe und kennt nur Eine Quelle. Darum zeigt sich überall ein Gleiches, eine innerliche Uebereinstimmung, eine geheime Verwandtschaft· deren Stammbaum verloren gegangen, die aber auf ein gemeinsames Haupt hindeutet, endlich eine analoge Entwickelung. Verschieden aber sind die äußeren Bedingungen und Einwirkungen. Darum neben jenem Einklang auch wieder Verschiedenheit in der äußeren Gestaltung, abhängig von dem Himmel worunter die Pflanze gestanden und die in großen Massen wie im Einzelnen nachzuweisen ist bis in's Unendliche. Wilhelm Grimm ist jedoch in der Geschichte der Poesie schon zu sehr bewandert als daß er nicht die Möglichkeit von Entlehnungen zugeben sollte, die Möglichkeit daß Dichtungen in bestimmter Gestalt einem Volk von dem anderen hinübergereicht worden seien. Aber er ist überall geneigt, wo nicht ein bestimmtes Zeugniß beinah oder wörtliche Uebersetzung vorliegt, Urverwandtschaft anzunehmen. Das zeigt sich bei der Nibelungensage deren nordische Gestalt durchaus im Norden original entstanden sein soll. Es zeigt sich bei den Märchen wie wir gesehen haben.

Fließt alle Poesie aus Einer Quelle und läßt diese nach allen Seiten hin ihre Bäche und Arme sich verästeln: so wird sich die Betrachtung eines poetischen Productes darauf zunächst richten müssen, ob es der ursprünglichen Lauterkeit und Reinheit mehr oder weniger treu geblieben, ob es vielleicht durch Aufnahme fremder Elemente sie getrübt oder vollends den Ursprung verleugnend seine eigene Bahn gesucht habe. Hier schlägt die Unterscheidung von Naturpoesie und Kunstpoesie herein. Herder hatte diese Begriffe als historische aufgestellt. Die Schlegel und Arnim nahmen sie meist in rein ästhetischem Sinne nach ihrem Wortlaut und mußten so dahin kommen das Vorhandensein von Naturpoesie ohne alle Kunst zu leugnen. Die Grimm hielten aber an der Herder'schen Unterscheidung fest. Sie fiel bei ihnen zusammen mit dem Unterschiede der ursprungstreuen, traditionell gebundenen und der neuen, selbstherrlichen, losgebundenen Poesie; dann auch mit dem Gegensatze der einheimischen und fremden, der nationalen und romantischen. Nur in den alten Heldengesängen, sagt Jacob Grimm einmal, reicht noch ein Zweig der alten Naturpoesie in unser Land herüber. Sie lassen aus dunkler Zeit, sagt Wilhelm, aus der nur wenige schweigende Ruinen stehen, über welche der Blick der Gegenwart unachtsam hingeht, und von welcher die Geschichte kaum etwas spricht, Gestalten in dem hellsten lebendigsten Glanze hervortreten, an deren Tugend, Muth und Schönheit wir sehen daß auch damals Großes und Mächtiges gewesen. Stets neu gestaltet sich die Volksdichtung in einem beständigen Leben auf unendliche Art und, immer verschieden, ruht sie doch immer auf demselben Grund wie auf einem Urfelsen.

Beide Brüder haben wiederholt den Ausdruck gebraucht, Volkslieder vermöchten sich nur selbst zu dichten. Man konnte sich dabei erinnern daß Herder von der singenden Natur in den Volksliedern sprach und daß

Friedrich Schlegel die Natur die eigentliche Verfasserin der homerischen Gedichte nennt. Man fand den Ausdruck aber mit Recht wunderlich. Jacob Grimm nahm ihn in Schutz. Wie alles Gute in der Natur gehe auch das Volkslied, das Epos aus der stillen Kraft des Ganzen leise hervor. Was dabei Leiden und Thun heißen kann, wer wolle es ihnen absehen? Nicht hätten es wenige ausgezeichnete, überlegen begabte Menschen absichtlich hervorgebracht, sondern in dem was diese thaten dürfe man eher den Gegensatz des Epischen und wodurch sein nothwendiger Untergang bereitet wurde anerkennen. Es handle sich um ein Wunder und Geheimniß der Dichtung. Und da sei der freilich sehr wunderliche Ausdruck fast an der Stelle.

Die Naturpoesie und was ihren alleinigen Gehalt ausmacht, mit ihr zusammenfällt, die Tradition, die Sage genauer zu charakterisiren, hatte vorzüglich Wilhelm Gelegenheit. Er besprach ihre vereinzelte Weiterausbildung, wie das Lied mit seinem schimmernden fliegenden Sommer an einen kleinen unwesentlichen Umstand der Sage sich anhangt, so daß diese einen bedeutenden Theil ihres Inhaltes fallen läßt und an einem kaum beachteten Punkte neu hervortritt. Ihre Beweglichkeit in Aeußerlichkeiten, wie sie wohnen kann wo es ihr gefällt, sich in ein anderes Leben einflicht und überall gleich zu Hause ist. Ihren Stil: die Ereignisse, sagt er, stehen im Volksliede wie Berge neben einander deren Gipfel nur beleuchtet sind.

Jacob Grimm faßte besonders den Moment des Hervorgehens der Kunstpoesie aus der Naturpoesie in's Auge. Er setzt ihn in der Geschichte der deutschen Poesie an eine falsche Stelle freilich, an das Ende des zwölften Jahrhunderts erst, wo aus dem epischen Gesang und in epische Manier zuerst noch eingewickelt die Lyrik sich loswindet. Er sucht ihn in der übrigen europäischen Literatur, bei den Provenzalen, Franzosen, Niederlandern, im Norden, in England auf; vergleicht die Erscheinungen dort mit den einheimischen; und legt indem er Aehnlichkeiten wie Verschiedenheiten aufdeckt, den Grund zur Erkenntniß dieses Vorganges als eines historischen Gesetzes. Denn in allen Literaturen folgt auf das alte Epos eine Poesie die statt aus dem Gemüth des Ganzen aus dem des Einzelnen hervorquillt. Was die Natur nach ihrer Unbewußtheit rein und vollendet in sich giebt, dasselbe strebt nun die Kunst frei zu ersetzen. Allein unerreichbar steht ihren anfassenden Händen der Gipfel alter Herrlichkeit. Es ist überall als ziehe sich eine große Einfachheit zurück und verschließe sich in dem Maaße worin der bildende Mensch sie aus der eigenen Kraft, durch sein Nachsinnen zu offenbaren strebt. Wie das Leben selbst, so theilt sich die Poesie in die Herrschaft der Natur über alle Herzen wo ihr noch jedes als einer Verwandtin in's Auge sieht ohne sie je zu betrachten; und in das Reich des menschlichen Geistes der sich gleichsam von der ersten Frau abscheidet, deren hohe Züge ihn nach und nach seltsam dünken. Die tiefsinnige Unschuld der Naturpoesie ist mit der indischen Sage vom göttlichen Kinde Krischna zu vergleichen, dem die irdische Mutter von ungefähr den Mund öffnet und inwendig in seinem Leibe den unermeßlichen Glanz des Himmels sammt der ganzen Welt erblickt, das Kind aber spielt ruhig fort und scheint nichts davon zu wissen.

Poesie überhaupt ist nach Jacob Grimm nichts anderes als das Leben selbst, gefaßt in Reinheit und gehalten im Zauber der Sprache. Oder wie er sich ebenfalls ausdrückt: lebendige Erfassung und Durchgreifung des Lebens. Darum sucht er überall die genaue Vorstellung des lebendigen athmenden Menschen aus dessen Seele die Dichtung hervorströmt: des kindlichen Menschen der mit der ganzen Natur verkehrt, mit den festgebannten Pflanzen und Steinen, und das Leben der Elemente anerkennt; des Kunstdichters des dreizehnten Jahrhunderts in einer Atmosphäre von Ritterlichkeit, Frauenliebe und Blumenduft; des dichtenden Handwerkers der darauf folgenden Zeit, der in Geschmacklosigkeit und Trockenheit, aber auch in Ehrlichkeit und Selbstverkennung seine fromme Kunst übt.

Gedichtet kann nur werden was der Dichter mit Wahrheit in seiner Seele empfunden und erlebt hat, und wozu ihm die Sprache halb bewußt, halb unbewußt auch die Worte offenbaren wird. Woran aber die einsam dichtenden Menschen leicht, ja fast immer verstoßen, nämlich an dem richtigen Maaß aller Dinge, das ist der Volksdichtung schon von selbst eingegeben.

So ist die ganze Sympathie der Grimm überall nur bei der Volkspoesie. Der dichtende Einzelne erscheint bei ihnen stets im Nachtheil. Das Bewußte wird gegenüber dem Unbewußten herabgesetzt, die individuelle Arbeit und die freie That gegenüber dem Naturwüchsigen und Nothwendigen der Gesammtheit, wie bei Savigny und der historischen Rechtsschule überhaupt. Die Grimm sind immer geneigt dem einzelnen Dichter möglichst wenig zuzutrauen, ihm seinen Antheil an einem bestimmten poetischen Product möglichst zu schmälern. Sie forschen allerwärts nach dem Traditionellen und sind stets bereit, fruchtbare poetische Motive langer, in graues Alterthum sich verlierender Ueberlieferung zuzuschreiben und für diese selbst wo möglich mythischen Urgrund zu suchen und aufzuweisen. Diese Gewohnheit Beobachtungen über die traditionelle Gebundenheit des dichterischen Geschäftes anzustellen und Alles in Poesie wie im Mythus zu combiniren worin Analogie sich zu zeigen schien, mußte auch der Erforschung der Sprache zu Gute kommen, sobald nur einmal das Interesse von den Uebergängen und Verwandtschaften der Begriffe und Anschauungen sich auf die einzelne Sprachwurzel mit ihren Verzweigungen wendete, von der Vergleichung aller Sprachen ohne Wahl auf einen Kreis von sicher und nahe zusammenhangenden, von den Wörtern und Sachen auf die Flexionen und Laute, von der Etymologie auf die Grammatik. Den ersten Spuren dieser Wendung, die sich in Jacob Grimm allmählich vollzog, begegnet man in der Zeitschrift „Altdeutsche Wälder," welche die Brüder in den Jahren 1813, dann 1815 und 1816 erscheinen ließen.

Seit Gräter's Bragur, der bis 1802 fortgesetzt wurde, waren wiederholte Versuche gemacht worden die altdeutschen Studien und ihre Theilnehmer um eine Zeitschrift zu concentriren. Keine dieser Unternehmungen brachte es zu dauernder und gesicherter Existenz. Die Altdeutschen Wälder hatten das Eigene daß fast alle Aufsätze von den Herausgebern herrührten. Ihr gemeinschaftlicher Vorrath altdeutscher Poesien war beträchtlich angewachsen. Sie wollten daraus Materialien mittheilen die so vielseitig als möglich ausgelesen werden sollten. Die Zeitschrift hatte mit manchen Uebelständen zu ringen und brachte es nur auf drei schwache Bände.

Die ohne Zweifel von Jacob geschriebene Vorrede polemisirt gegen zwei Richtungen welche den altdeutschen Studien sich nach seiner Meinung schädlich erwiesen hatten. Gegen die engherzige, unrühmliche Kritik die sich wider den regen Eifer für das deutsche Alterthum sträube und nur Wenigem aus jener Zeit das Recht auch allgemeinerer Beachtung zugestehen wolle. Und gegen diejenigen welche, wie von der Hagen zum Beispiel, in raschem und ehrenwerthem Eifer die alten Gedichte in neue Form nothdürftig umpaßten und sich damit sofort an's große Publicum wandten. Jacob Grimm vergleicht sie mit solchen die allein ein Schiff bemannen und auf's Meer treiben wollen das nur vereinte sichere Kräfte und günstige Winde, vor Allem seine eigene Tugend, leicht und lebendig fortführen. Es war aber nichts abgeschlossen noch auf diesem Gebiete, man hatte nichts Fertiges aufzuweisen womit man aus der Werkstätte hinaus vor das Publicum hätte treten können.

Die Individualitäten der Brüder sah man in dieser Zeitschrift deutlich gegen einander sich abgrenzen. Wilhelm legte darin den Grund zu seinem Hauptwerke, seinem berühmten Buch über die deutsche Heldensage. Er sammelte alle Anspielungen und Erwähnungen in denen sich Kenntniß der Sage zu verrathen schien, wie sie durch die ganze Literatur des Mittelalters zerstreut sich vorfinden. Er legte dadurch den Grund zu einer Geschichte der Sage, durch welche allein erst das Bild der deutschen Literaturentwickelung des Mittelalters ein vollständiges und allseitiges werden konnte.

Außerdem beschränkt sich sein Antheil an den Altdeutschen Wäldern auf die Publicirung noch nicht herausgegebener Texte mit einigen Erläuterungen dazu, welche zum Theil deutlich zeigen wie befangen auch er war in dem Streben überall mythischen Hintergrund zu entdecken.

Dagegen hat man Jacob's ganze Vielseitigkeit in keinem Werke dieser ersten Periode so anschaulich beisammen wie hier. Er giebt Texte heraus. Er stellt metrische Beobachtungen an. Er handelt über die Nibelungen. Er sucht der lateinischen Poesie des Mittelalters Einiges abzugewinnen für die genauere Erkenntniß der Geschichte der deutschen. Er verfolgt Novellenstoffe, Märchen und Sagen, poetische Motive und Vorstellungen durch alle europäischen und orientalischen Literaturen. Er weist auf neugriechische Volkslieder, wie er damals schon anderwärts auf die serbischen aufmerksam machte. Er berichtet nach seiner schon früher geäußerten Sympathie für das Handwerkswesen über die Ceremonien mit welchen die Schmiede- und Böttchergesellen einen Lehrling unter sich aufnehmen. Er wünscht eine sorgfältige Sammlung der Sprache, Lieder und Gewohnheiten der Handwerker und aller Stände, der Jäger, Schiffer, Bergleute, Studenten, Landsknechte, des Adel- und Bauernstandes, ja selbst der Räuberbanden, weil dies Alles mit der alten Poesie und ihren Formen zusammenhänge. Er giebt selbst einen weiteren Beitrag dazu, indem er alte Jagdsitten beschreibt und Waidsprüche und Jägerschreie edirt. Er bespricht altdeutsche Personen- und Ortsnamen und verlangt ein vollständiges Register derselben mit allen leisen Varianten. Unter aller dieser Vielgeschäftigkeit bemerkt man mit Vergnügen wie sein Interesse an grammatischen Beobachtungen wächst und wie schon einige grammatische Ansichten auftauchen die er allerdings von seiner späteren Höhe aus „fast noch roh oder wild" nennen mußte. Seine eigentliche Liebe aber gehört noch den Mythen- und Sagenvergleichungen. Er verhehlt sich auch nicht daß Vielen unter den versuchten Zusammenstellungen manches zu bunt und grell, manches unter einem ganz anderen Licht erscheinen könnte. Aber jede Betrachtung die das Auge auf ein Einziges festhefte sei schädlich. Und wo der Stoff so zuströme wie bei derartigen Untersuchungen, da sei im Eifer der Arbeit ein Fehlgreifen hie und da unvermeidlich. Wer einen thaunassen Baum an einem Ast anrühre und einen Regen von Tropfen herabschüttele, der könne nicht immer schnell genug darunter weglaufen um nicht durchnäßt zu werden.

Die Altdeutschen Wälder wurden von Wilhelm Schlegel in den Heidelberger Jahrbüchern sehr scharf und tadelnd recensirt. Der Gegensatz wurde offenbar der sich zwischen den Grimm'schen Bestrebungen und den Arbeiten der Mehrzahl ihrer bisherigen Fachgenossen herausgebildet hatte.

Die älteren Romantiker, Tieck und beide Schlegel, betheiligten sich in diesen Jahren zum letzten Male an der altdeutschen Philologie, während zum Beispiel Görres etwas länger dabei aushielt und noch 1817 altdeutsche Volks- und Meisterlieder herausgab. Tieck bearbeitete den Frauendienst Ulrich's von Liechtenstein in neudeutscher Prosa (1812). Friedrich Schlegel hatte in seinen literaturgeschichtlichen Vorlesungen — ebenfalls 1812 — über die deutsche Poesie des Mittelalters zu reden, ohne daß er etwas Neues oder Bedeutendes vorgebracht hätte; während ein gleichzeitiger Aufsatz „über nordische Dichtkunst" manches Schöne aber nicht gerade aus tiefer Kenntniß stammende über Ossian, die Edda, Shakspeare sagte und in ihnen den gemeinsamen nordischen Geist aufzuzeigen suchte. Wilhelm Schlegel beabsichtigte eine große sowohl kritische als wort- und sacherklärende Ausgabe des Nibelungenliedes mit einer Einleitung über die Bedeutung, Entstehung und Fortpflanzung dieser und anderer verwandter Heldensagen, zu der er massenhaftes Material gesammelt hatte. In seinem Nachlaß fanden sich drei Folianten darüber. Das Gedicht sollte durch diese Ausgabe allen zugänglich gemacht werden, wie er sich ausdrückt, deren Gemüth nicht dafür verschlossen ist. Wir wollen der Nachkommenschaft beweisen, fährt er in seiner Ankündigung fort, daß wir in diesem Zeitalter allgemeinen Verfalls und hoffnungslosen Unglaubens die erhabene Vorzeit mit tiefer Verehrung erkannt haben, und mit Ernst bemüht gewesen sind, ihr heilbringendes Andenken zu erneuern. -- Auch eine neue Ausgabe der Pariser Handschrift der Minnesänger erwartete man von Wilhelm Schlegel. Weshalb weder aus dieser noch aus der Nibelungenausgabe etwas geworden, wissen wir nicht. Aus der Einleitung zu den Nibelungen veröffentlichte er 1812 einige Abschnitte, worin er den lächerlichen Versuch machte Heinrich von Ofterdingen, einen Dichter über den uns gar nichts Sicheres überliefert ist, als den Verfasser des Nibelungenliedes zu erweisen. Seine Recension der Altdeutschen Wälder enthält einiges Treffende, manches Ungerechte und Verkehrte. Man muß ihm beipflichten, wenn er gegen die allzugroße Ausdehnung des Begriffes Mythus und gegen Jacob Grimm's Etymologien polemisirt. Er nennt ihn einen etymologischen Heraklitus, und wendet auf ihn an was Plato von diesem sagt: gewisse Philosophen hätten sich so lange herumgedreht, um das Wesen der Dinge nach allen Seiten zu suchen, daß sie darüber schwindlich geworden, und nun erscheine ihnen die Welt selbst wie von einem unaufhörlichen Wirbel umhergetrieben. Sonderbar aber ist es, wenn Schlegel den Brüdern einen Vorwurf daraus zu machen scheint daß sie ausschließend für Kenner schrieben und nicht auch solche Leser zu gewinnen suchten die neben einer leichten Belehrung Unterhaltung begehren. So hatte er schon ein andermal erklärt, die Gelehrten seien dazu da, um gebildeten Freunden ihres Faches die doch keinen erschöpfenden Fleiß darauf wenden können, die Sache so leicht als möglich zu machen. Er muß aber doch selbst zugeben, daß jeder Schriftsteller das Recht habe, den Kreis seiner Leser nach Gutdünken zu beschränken.

Am klarsten zeigt sich der Gegensatz in den Ansichten über das Wesen der Sage und des Epos. Das Erhabene und Schöne, sagt Schlegel, kann zu allen Zeiten nur ein Werk ausgezeichneter Geister sein. Die Sage und volksmäßige Dichtung war allerdings das Gesammteigenthum der Zeiten und Völker, aber nicht ebenso ihre gemeinsame Hervorbringung. Wenn wir einen hohen Thurm in wohlgeordneten Verhältnissen über die Wohnungen der Menschen hervorragen sehen, so errathen wir freilich leicht daß viele Bauleute die Steine herzugetragen haben. Aber die Steine sind nicht der Thurm: diesen schuf der Entwurf des Baumeisters. Alle Poesie beruht auf einem Zusammenwirken der Natur und Kunst. Wie unschuldig die früheste Kunst auch sein mochte, so mußte sie dennoch bald aufhören unabsichtlich zu sein. Ja in den Zeiten woraus alle ursprünglichen Heldendichtungen herstammen, war die Poesie nicht blos eine Kunst; sondern sie war ein Gewerbe. Jeder Sänger hatte Mitwerber. Des neuzuströmenden Stoffes war wenig. Der Sänger mußte also durch den Vortrag dem Bekannten Neuheit zu geben suchen. Damals genoß die Heldendichtung des eigenthümlichen Vorrechtes trotz allen Wundern für wahr zu gelten. Die Wunder waren daher das Feld auf welchem die Dichter mit ihren Erfindungen sich den Rang abzulaufen strebten. Auch schöpften sie nicht unmittelbar aus der Geschichte, sondern aus der Sage in welcher das zu Grunde liegende Geschichtliche schon mannichfach umgewandelt war — durch die eigentlichen Bewahrer derselben, die alten Leute denen die Eindrücke ihrer Jugend unwillkürlich durch die bloße Entfernung der Zeit zu immer größeren Ereignissen anwuchsen — durch Uebertreibungen welche Vorliebe und Abneigung, dann der dem menschlichen Geiste besonders in der ersten Frische der Einbildungskraft inwohnende Hang zum Wunderbaren hervorbrachte — durch die Ruhmbegierde der Völker und Fürsten, welche sich gerne eine glorreiche Vergangenheit andichtete oder andichten ließ und durch die Aussicht auf Vortheil auch den einzelnen Dichter zu absichtlichen Erfindungen nach dieser Richtung hin verlockte.

Einen schrofferen Widerspruch kann man sich nicht denken. Waren Schlegel's rationalistische Anschauungen richtig, so waren alle Hauptgedanken von denen sich die Grimm bisher hatten leiten lassen in ihren Forschungen, haltlos und falsch. Die Grundlinien schon des Gebäudes das sie aufführen wollten, mußten anders gezogen werden. Zusammenfiel was sie bereits aufgebaut hatten. Im Epos und in der Sage war nichts zu finden als die historische Wahrheit einerseits und im Uebrigen ein Gewebe von Lügen. Der Unterschied von Naturpoesie und Kunstpoesie, Herder's große Entdeckung, zerrann in nichts. Aber die Geschichte der Wissenschaft hat gegen Schlegel und für die Grimm entschieden. Schlegel's Recension — sie betraf nur den ersten Band der Zeitschrift — erschien 1815. Seine verkehrte Ansicht des Nibelungenliedes war ein Ausfluß der darin vorgetragenen Ansichten. Jacob Grimm bekämpfte jene im zweiten Bande der Altdeutschen Wälder, und ein Jahr darauf wurde durch Lachmann der Beweis geführt, daß das Nibelungenlied in der uns überlieferten Gestalt aus einer noch jetzt erkennbaren Zusammensetzung einzelner romanzenartiger Lieder entstanden ist, und damit die entgegengesetzte Ansicht zwar nicht für immer abgewiesen, aber doch für immer widerlegt.

In Schlegel's Bemerkungen über das Epos liegt nichts Wahres als das Gefühl aus dem sie entsprungen sind, daß die Grimm hier etwas unklar ließen. Ihre Ansicht trat wie ein Lehrsatz auf an den man glauben müsse. Der Vorgang schien ein Wunder. Man bekam, wenn man ihre Aeußerungen las, manchmal den Eindruck, als ob es dabei nicht recht menschlich und natürlich hergegangen sei. Man sah nicht ganz deutlich, wie man sich die Betheiligung Vieler, die Betheiligung eines ganzen Volkes an der Entstehung des Epos zu denken habe. Man sah nicht ganz ein, wie einer Zeit die Ereignisse welche sie selbst erlebt hat zu einer Dichtung werden konnten die an sich unwahr, ihr doch für wahr galt. Aber daß das Epos aus einer Betheiligung Vieler, in gewissem Sinne Aller hervorgegangen sei, und daß die Einmischung des Wunderbaren zunächst in dem Glauben an das Wunderbare, in der Kraft des Mythus beruhen müsse: diese Sätze hätte Schlegel nicht angreifen dürfen. Sie sind das Fundament geworden auf das sich eine Geschichte der Poesie bis an ihren Ursprung hinauf erst bauen ließ. Der genaue Vorgang bei der Entstehung des Epos schlummert unter dem Schatten des Geheimnisses noch jetzt. Und es war besser das Geheimniß anzuerkennen als es zu leugnen. Es war besser hier von einem Wunder zu sprechen und mit Staunen anzuschauen, als Alles begreiflich zu finden und erklären zu wollen. Es war besser die Nebel abzubilden, welche Bergformen versteckten, als eine willkürliche Zeichnung für jene Formen auszugeben.

Es gab auch Leute damals denen die Sprache ein Conglomerat von Begreiflichkeiten schien. Denn was ist begreiflicher als grammatische Regeln und Ausnahmen? Da kam Wilhelm von Humboldt und erklärte (1812 zuerst): Man muß sich von der Idee los machen, daß die Sprache ein Erzeugniß der Reflexion und der Uebereinkunft oder überhaupt das Werk der Menschen (wie man den Begriff in der Erfahrung nimmt) oder gar des Einzelnen sei. Als ein wahres, unerklärliches Wunder bricht sie aus dem Munde einer Nation und als ein nicht minder staunenswerthes aus dem Lallen jedes Kindes hervor. Dieser Wundergläubige ist der Begründer der neueren Sprachwissenschaft geworden: über dem Andenken der Gottsched und Adelung wächst Gras. Das Geheimniß der Entstehung des Epos ist aber dasselbe seinem Wesen nach wie das der Entstehung des Wortes. In beiden eine Thätigkeit die sich nur in dem Einzelnen vollzieht und doch in ihrem Grunde von dem Ganzen ausgehen muß, damit sie sich vollziehen könne. Wer solche Probleme nicht zu lösen weiß oder falsch löst, steht hundertmal höher als wer seine Augen davor verschließt und ihr Dasein leugnet.

Es giebt eine Verstandesklarheit welche Alles zu wissen scheint und sich in ihrem Wissen mit einer beneidenswürdigen Sicherheit zu bewegen weiß, welche Ausschreitungen und Uebertreibungen Anderer sofort bemerkt und rügt, und selbst niemals in Fehler verfällt die auf der Abweichung von dem Gewöhnlichen beruhen. Schlegel hatte diese Klarheit, dazu nicht unbedeutende Kenntnisse. Und sie ließ ihn manchen Irrweg erkennen auf den die Grimm gerathen waren, wie er auch einige Punkte der älteren römischen Geschichte viel richtiger beurtheilte als Niebuhr. Ferner stehenden vermochte er dadurch gewaltig zu imponiren. Die sehr geistreiche Recension von Schlegel, schreibt Sulpiz Boisseree an Goethe, bereite die Menschen vor, das Rechte über die altdeutsche Literatur und ihre Behandlung zu vernehmen. Schlegel lobe an den Grimm was zu loben sei, aber das nichtige kleinliche Sinnbildeln und Wortdeuteln, ihre ganze Andacht zum Unbedeutenden verspotte er mit grimmigem Witz. Und ein andermal schreibt er, es thue in der altdeutschen Literatur eine leitende Kraft noth. Diese könne nur Schlegel sein. An Aufmerksamkeit, Fleiß und Thätigkeit im Einzelnen mangele es keineswegs, die Brüder Grimm zeichnen sich hierin vor Allen aus. Aber woran es fehle, das sei Kritik, Uebersicht und Umsicht im Ganzen.

Wie Kritik, Uebersicht und Umsicht in die altdeutsche Philologie gekommen sind, werden wir in einem zweiten Artikel zu zeigen suchen. Wilhelm Schlegel's Namen aber werden wir dabei wenig zu nennen haben. Es war beinahe großmüthig von Jacob Grimm, zwanzig Jahre später an Lachmann zu schreiben: Gegen Schlegel sind Sie fortwährend hart; fast zu sehr. Ich danke ihm immer noch die in meiner Jugend durch ihn empfangene Anregung.

Die mannichfaltigen Schwächen, die den ersten Arbeiten der Grimm ankleben, haben auch wir nicht zu verdecken gesucht, die Irrthümer nicht verschwiegen, mit welchen sie namentlich der Einfluß von Görres und Kanne bestrickte. Diese Irrthümer mußten abfallen, aber ihre Wirkung war nicht ohne Segen. Auf ihnen beruhte die sogenannte Andacht zum Unbedeutenden. Auf dieser beruhte die Möglichkeit in der altdeutschen Philologie zu finden was und wie sie und Andere später gefunden haben. Sie waren ihrer vaterländischen Wissenschaft zugethan mit dem Feuer der ersten Liebe. Ein ganzes ungetheiltes Herz brachten sie ihr entgegen. Ganz und ungetheilt nahmen sie sie darin auf und nichts Anderes neben ihr. Da war nichts zu klein was sie betraf. Das Auge der Liebe bemerkte das Geringste. Sie haben ihr die Treue unwandelbar gehalten. Und der Lohn blieb nicht aus. Wenn wir durch Einen Namen die Wiedererweckung der altdeutschen Welt bezeichnen wollen, so nennen wir den ihrigen.

Zweiter Artikel.

(Kleinere Schriften von Jacob Grimm. Erster Band. Reden und Abhandlungen. Berlin, Dümmler, 1864.)

Indem wir unseren Versuch einer Schilderung Jacob Grimm's nach längerer Pause wieder aufnehmen, gereicht es uns zur besonderen Freude, unseren Lesern das Erscheinen eines Werkes anzeigen zu können, durch welches Jacob Grimm's Persönlichkeit und ihr geistiger Gehalt einem weiteren Kreise nahe tritt und in leichter erkennbaren Zügen sich darstellt als in seinen großen meist nur den Fachgenossen zugänglichen Büchern.

Jacob Grimm selbst beabsichtigte eine Sammlung seiner akademischen Abhandlungen zu veranstalten. Der Tod hat ihn daran gehindert. Aber die Umbildung und Erweiterung, die er jenen Arbeiten angedeihen lassen wollte, bereitete er durch zahlreiche Nachträge unermüdlich vor. Die breiten Ränder der Exemplare sind schwarz beschrieben von oben bis unten, noch Zettel manchmal eingelegt, Citate, Andeutungen, einzelne Worte oft beigeschrieben, an die sich für ihn eine ganze Reihe von Gedanken knüpfen mochte, die für uns jedoch theilweise leblos sind und leblos bleiben werden.

Bei der gegenwärtigen Herausgabe ist Jacob Grimm's Plan auch auf die übrigen kleineren Schriften ausgedehnt worden, sofern sie nicht in den Fachzeitschriften leicht zugänglich, oder, bei ihrer Entstehung nur auf den Augenblick berechnet, jetzt fast ganz werthlos geworden sind, oder, aus der Zeit seiner frühesten schriftstellerischen Thätigkeit stammend, als völlig antiquirt und zugleich nicht besonders charakteristisch für die innere Entwicklung ihres Verfassers erscheinen. Aus den reichen Nachträgen Jacob Grimm's mußte in die Ausgabe wenigstens so viel aufgenommen werden, als sich ohne den ursprünglichen Text zu alteriren leicht anbringen ließ. Die Mühe dieser Auswahl und Einfügung war keine geringe, und Herr Professor Müllenhoff verdient den aufrichtigsten Dank aller Verehrer Jacob Grimm's dafür, daß er sich ihr unterzogen hat.

In dem vorliegenden ersten Bande finden sich hauptsächlich die Schriften beisammen, in welchen Jacob Grimm entweder über persönliche Angelegenheiten oder über Gegenstände, an denen sein wärmstes und höchstes Interesse hängt, gleichsam vor die ganze Nation hintretend, seine innersten Gedanken ausspricht. Was der Selbstbiographie, die nur aus Gefälligkeit für den Herausgeber des hessischen Gelehrtenlexikons, worin sie erschien, geschrieben wurde, an dieser lebendigen Empfindung und stark individuellen Färbung hie und da vielleicht gebricht, wird reichlich ersetzt durch tagebuchartige Aufzeichnungen des Verewigten, aus welchen im Anhange zu dem gegenwärtigen Wiederabdruck der Selbstbiographie Herman Grimm manches mittheilt; — durch die Schrift über seine Entlassung, in der er seinen politischen Standpunkt mit hoher Freimüthigkeit aus einander setzt; — durch die Gratulationsschrift zu Savigny's fünfzigjährigem Doctorjubiläum, welche die Empfindungen des jungen Marburger Studenten gegenüber dem geliebten Lehrer und des berühmten Berliner Akademikers in dem rauschenden Empfangsaale des befreundeten Ministers mit wunderbarer Treue wiedergiebt; — durch die Rede auf Wilhelm Grimm, worin die Aehnlichkeiten und die Verschiedenheiten beider Brüder in großen, einfachen Zügen so sicher und klar gegen einander abgegrenzt werden, daß es niemals möglich sein wird, Treffenderes und Wahreres darüber zu sagen.

Jacob Grimm zeigt sich von den verschiedensten Seiten seiner gelehrten Thätigkeit und seines ungelehrten Nachdenkens in der vorliegenden Sammlung. Und alle Epochen seiner Laufbahn sind darin vertreten. Von dem Jahre 1830 bis in die letzten Lebensjahre erstreckt sich der Hauptinhalt dieses Bandes. Dazu bringt der Anhang Aufsätze aus den Jahren 1807 und 1819 und die Uebersetzung eines serbischen Volksliedes von 1824. Von jenen frühesten Arbeiten hätten vielleicht die „Gedanken über Mythos, Epos und Geschichte" und die Ankündigung des Reinhard Fuchs in Friedrich Schlegel's deutschem Museum auszugsweise schon hier eine Stelle verdient. Und zu jener Uebersetzung wird sich in dem vierten Bande der kleineren Schriften, der vornehmlich die Recensionen enthalten soll, die schöne und ausführliche Anzeige gesellen müssen, mit welcher Jacob Grimm die serbischen Volkslieder bei ihrem Erscheinen als der erste Deutsche in der Wiener allgemeinen Literaturzeitung begrüßte. Diese Anzeige sowohl, deren Kenntniß wir Herrn Professor von Miklosich verdanken, wie die Beiträge zu Schlegel's Museum übergeht Jacob Grimm in dem Verzeichniß seiner Werke bis 1830, das der Selbstbiographie angehängt ist. Und dasselbe ist noch mit manchen anderen Recensionen und kleinen Aufsätzen der Fall, deren Werth, wofern sie aus seiner frühesten Zeit stammen, äußerst selten in dem speciellen, thatsächlichen Inhalt, meistens vielmehr in den allgemeinen Gedanken besteht, die er gelegentlich darin aufstellt.

Kaum wird das Charakteristische von Jacob Grimm's Stil aus seinen größeren Werken so klar hervortreten wie aus manchen der vorliegenden Reden und Aufsätze. Dort überwiegt das Quellenmaterial so sehr, daß er nur in vorgesetzten und eingestreuten, nur orientirenden, nicht selbständigen Sätzen seine eigene Natur entfalten kann. Die Dunkelheit seiner frühesten Schriften ist vollständig gewichen, die starre, unbekümmerte Eigenheit hat sich verloren in den Reden über Schiller, über das Alter, über den Ursprung der Sprache, über Schule, Universität, Akademie, und anderen. Zwar das innerste Wesen des Stiles ist geblieben: die Unmittelbarkeit mit der die Worte wie aus dem Herzen selbst entströmen. Er giebt den nackten Gedanken hin, unbekleidet, unverhüllt. Aber die Gedankenbildung ist dem Allgemeingiltigen mehr entgegen gewachsen, die Abfolge in der sie sich vollzieht läßt sich mehr gliedweise überschauen, wenn auch zuweilen noch Andeutungen, welche nur das Gefühl erwecken von dem Vorstellungskreise der in ihm gerade wirksam ist, anstatt der Beweismittel dienen müssen. Es ist, als ob er blos Meditationen aufzeichnete, die in ihm heraufsteigen, das Rhetorische fehlt ihm gänzlich. Keine scharfen, blendenden Lichter concentriren sich auf wenige Punkte, sondern über das Ganze ist ein sanfter, stiller Glanz gebreitet, der ungemein wohlthut. Der Gang den er einhält ist nicht logisch bemessen oder durch scheinbar zufällige Uebergänge enge verkettet, auch bei rein gedankenmäßigem Fortschritt ohne die zwingende Nothwendigkeit der Entwickelung, aber in natürlicher Aufreihung fügen sich die Absätze an einander, theils fester, theils loser, wie es die Empfindung giebt.

Auch der Ausdruck flieht das Abstracte. Das Sinnliche, Anschauliche, Lebendige, das Jacob Grimm überall so hochstellt und worin allein er das Poetische erblickt, darnach strebt er in seinen eigenen Productionen. Alles was die neuere Sprache charakterisirt, das Uebergewicht des Geistigen, die verstandesklare Bestimmtheit, das sucht er zurückzudrängen und einzudämmen, soweit es ohne Gewalt möglich ist. Die bildliche Rede, welcher die Brüder durch ihr Wörterbuch Vorschub zu leisten hofften, wohnt bereits in ihren Schriften. Jacob Grimm hatte offenbar das sehr lebhafte Gefühl das Manche theilen, wie abgenutzt und verbraucht unsere Sprache sei. Oft scheint das Eindringlichste nicht gesagt werden zu können, weil alle Worte die sich bieten von ihrer ursprünglichen Kraft zu viel eingebüßt haben. Jacob Grimm hat die alte Sprache, mit der er so vertraut war, geholfen die Schwäche der neueren zu überwinden. Es liegt weniger an dem was er unmittelbar daraus entnimmt, dessen ist auch nicht viel, als an dem innigen Zusammenleben mit dem Geiste der darin webt und der ihm genau sagt, wie viel er unserer Rede zumuthen, wie viel er von seiner persönlichen Eigenart ihr anbilden darf.

So gehört Jacob Grimm zu den glücklichen Menschen die ihre eigene Sprache reden. Man hat im Allgemeinen heute wenig Bewußtsein davon, wie werthvoll dies sei: ja es kommt vor daß Tadel ausgesprochen wird wo man es findet, der Schriftsteller soll sich in aller Welt geläufigen Wendungen bewegen, damit die Mühe möglichst gering sei ihm zu folgen. Diese Bequemlichkeit wird wer sie verlangt bei Jacob Grimm schwer vermissen. Man kann nicht sagen, mit wem sein Stil Verwandtschaft zeige. Nur Goethe's Einfluß bemerkt man, wie begreiflich, aber, irren wir nicht, durchaus nur im Wortgebrauch, gar nicht in der Satzbildung. Deshalb ist auch der Eindruck den man von beiden empfängt ein weit verschiedener. Etwas Eckiges und Hartes fällt uns auf, etwas von innerlich glühender Leidenschaft für die Gegenstände die er behandelt weht uns an aus Jacob Grimm's Sätzen. Es ist keine bewußte Mäßigung darin, keine feste Herrschaft die mit sicherem Selbstgefühl umherblickt. Vielmehr sein Stoff beherrscht ihn, nimmt ihn gefangen, legt ihn in Fesseln. Dennoch wird der scheinbare Zwang den ihm die Sachen anthun zu einer höheren Art von Freiheit, wenn er darüber redet. Sein innerstes Sein ist so fest an die Dinge geschmolzen, daß es aus dem Dunkel der Individualität mit an das Licht der Welt tritt. Und davon im Wesentlichen hängt das Maaß von Freiheit ab, dessen einer sich rühmen darf, wie weit er sein Selbst vor den anderen Menschen geltend zu machen wagt.

Wir hoffen zuversichtlich, daß die Unmittelbarkeit, mit welcher Jacob Grimm in den vorliegenden Schriften seine Persönlichkeit kundgiebt, für die Absicht die wir verfolgen mit eintreten, und so Jacob Grimm selbst die Lücken einigermaßen ausfüllen wird, welche jede Darstellung einer lebendigen Existenz nothwendig offen lassen muß.

Daß die Sprache eine ewig sich wiederholende Arbeit des Geistes, ein nie befriedigtes Ringen nach dem hohen Ziele sei, unsere Gedanken zu einem sicher erkennbaren Gegenstande außer uns zu machen: das lehrt nicht blos die philosophische Sprachwissenschaft, sondern die Erfahrung eines jeden Sprechenden und Schreibenden. Wir tragen ein deutliches und unverwischbares Bild Jacob Grimm's im Herzen, das sich regt und athmet. Allein vergeblich jeder Versuch es zu gestalten und den Blicken der Welt auszusetzen. Wer nur einmal in Jacob Grimm's Auge geblickt, das strahlende, helle, im höchsten Alter noch glanz- und feuervolle: wer nur einmal den Ton seiner sanften, etwas bedeckten Stimme vernommen; ja wer ihn nur einmal gesehen über die Straße wandelnd, die Hände auf dem Rücken, das Haupt etwas vorgesenkt, stets wie in tiefen Gedanken: der hat einen Eindruck von ihm den ihm alle unsere Bemühungen, wenn er ihm fehlte, nicht ersetzen könnten.

Worte sind keine Zaubermittel um das Abwesende gegenwärtig, das Todte lebendig zu machen. Das Leben ist etwas Unerfaßbares. Die Aufgabe es zu schildern steht der Umfangsberechnung des Kreises gleich. Es giebt Mittel ihr nahe zu kommen, aber Fehler bleiben zurück, und wir erhalten nie den Kreisumfang selbst, sondern nur zwei einander unendlich sich nähernde Polygone. Unentbehrlich jedoch ist die gewonnene Zahlengröße mit der sich rechnen läßt. So bedarf auch die Geschichte der Abstractionen. Etwas geht verloren freilich in jeder Verallgemeinerung, und erst wer dies Verlorene hinzudenkt, erst wem die allgemeinen Begriffe nur als die Anfangsglieder langer Reihen von Einzelanschauungen gelten: erst der reicht an die Wahrheit hinan.

Wir haben im ersten Artikel die Elemente des Grimm'schen Wesens aus der vollen Breite der Thatsachen zu schöpfen und aufzuzeigen gesucht. Aber wir können der Abstractionen nicht entbehren. Wie kahl sind die Begriffe Verstand und Gefühl, wenn wir sie als historische Mächte betrachten! Und dennoch, wofern es sich um die allgemeinsten Gegensätze des geistigen Lebens handelt, welche anderen Bezeichnungen könnten wir wählen?

Im vorigen Jahrhunderte sehen wir sie gegen einander aufstehen, bald gewinnt die eine Macht Terrain und drängt die andere zurück, bald hat diese über jene die Oberhand; in dem Kampfe erstarken sie beide. Mit gleichgemessenen Kräften halten sie sich in unseren großen Dichtern umfaßt. Das war aber ein Friede nach Streit. Der Dichter des Tasso war auch der des Götz. Der Dichter des Wallenstein war auch der der Räuber. In ihnen selbst waren Götz und Räuber verschlungen, aber außerhalb waren das Mächte für sich geworden, die ihr eigenes Leben führten. Und wie die gereifte Weimarische Kunsteinsicht der Neunziger Jahre in den beiden Schlegel sich Jünger zog: so entzündeten jene Producte des Sturmes und Dranges in Ludwig Tieck die Flamme des Genius. Götz, Räuber und Shakspeare: in dieser Luft versucht der junge Tieck zuerst die Flügel. Er strebte nach einer einfachen, verständlichen, natürlichen, volksthümlichen Kunst von Anfang an; und darum griff er auf die alte vaterländische Poesie zurück, als wäre der Geschmack dafür nie verloren gegangen und brauchte ihm diese Nahrung nur von neuem geboten zu werden. „Tieck ist derjenige Dichter, schrieb Wilhelm Grimm 1810, in all dessen Poesien der altdeutsche Geist herrscht und sich so gestaltet hat, wie er jetzt wieder lebendig werden kann." Gleich im Wollen, gleich auch im Vollbringen schlossen sich Arnim und Brentano; undichterisch gestimmt, aber wesensverwandt schlossen sich von der Hagen und Büsching an Tieck an.

Es ist eine Bemerkung Goethe's, daß große Weltereignisse nur alsdann sich entwickeln, wenn gewisse Neigungen, Begriffe, Vorsätze hier und da, ohne Zusammenhang, einzeln ausgesäet sich bewegen und im Stillen fortwachsen, bis endlich früher oder später ein allgemeines Zusammenwirken hervortritt. Auf einem solchen Zusammenwirken beruht es, wie wir früher gezeigt haben, daß im Anfange dieses Jahrhunderts der Geist der alten deutschen Poesie den beherrschenden Gewalten in der Geschichte unseres geistigen Lebens sich beigesellt. Viele macht er sich dienstbar nun, Jacob Grimm unter ihnen. Auch kunstgeübte Hände hatten seiner Seele nur leise Töne entlockt bis dahin: da jener Geist ihn berührt, giebt er einen mächtigen Klang von sich, es durchtönt sein ganzes Wesen wie in einer Glocke der Schall anschwillt. Die Wurzel seines Gemüthes ist angefaßt. Er war eine empfangende Natur, eine unersättliche geistige Begehrlichkeit in ihm: wie die Irrlichter in Goethe's Märchen das Gold, muß er nun Alles in sich saugen, woran im vaterländischen Sein der graue Duft verrollender Zeiten sich gesetzt hat. Aber nie blos zum augenblicklichen Genuß. Nichts geht verloren, Alles wird sorgfältig bewahrt, und nicht bewahrt wie ein todtes Kapital, sondern wie eines das Wucherzinsen trägt. Alles was in ihn eingeht, organisirt sich in ihm, und dieser Organismus füllt seine ganze Existenz, so daß kein Theilchen bleibt, das nicht umgewandelt würde. Eine unglaubliche Beweglichkeit herrscht in dieser kleinen Welt, unzählige Fäden verknüpfen die entlegensten Theilchen, nie eines allein empfängt den Eindruck einer Bewegung, sondern blitzartig alle verbundnen zugleich, so daß sofort Alles was neu eintritt seine Stellung erhält.

Den Rahmen, in welchen Jacob Grimm's früheste Thätigkeit sich hineinbildete, gaben die Schlegel und Tieck her. Das kann weit schärfer ausgesprochen werden als es von uns früher geschehen ist. Damals war uns eine Stelle entgangen, in welcher Jacob Grimm das oberste Ziel seiner ersten Arbeiten deutlicher als sonst irgendwo zu verstehen giebt. Es ist die Geschichte der altdeutschen Poesie: und zwar eine solche, sagt er, wie dazu noch kein Beispiel weder in der alten Literatur noch in der neueren gegeben worden ist. Denn die Geschichte der Poesie, fährt er fort, soll nichts anderes vorhaben, als die verschiedene Gestalt zu erläutern und zu beschreiben worin die Sage erschienen ist, und sie soweit als möglich auf ihren Ursprung zurückzuführen. Es liege viel weniger daran zu wissen, welcher Sprache oder Form etwa ein Gedicht nachgebildet sei, oder welchen Urheber es gehabt habe, insofern dies nicht dazu beitrage, über Alter und Gestalt der Sage selbst Aufschlüsse zu verschaffen: sondern darauf komme es an, entweder die Ursprünglichkeit derselben oder ihre Veränderung sammt dem Verhältniß zum Ursprung klar zu sondern. — Diese Ansichten über die Sage sind uns nicht so neu, wie die merkwürdige Beschränkung der Geschichte der Poesie auf die Sagenforschung. Persönliche und subjective Gründe werden sie mehr veranlaßt haben, als objective und sachliche. Geschichte der Poesie war durch die Schlegel ein sehr geläufiges Ziel der Forschung geworden, und auf ihren Einfluß ist es zurückzuführen, wenn die Brüder Grimm sie erwählten. Andererseits war durch Tieck grade die Sagenpoesie zuerst wieder erweckt worden, ihr märchenhafter Charakter stimmte zu den poetischen Tendenzen der Zeit, wer weiß wie vieles mitwirkte um noch insbesondere den Geschmack der Grimm dafür zu bilden, Arnim *) konnte ihnen mit Recht zurufen, indem er das umschrieb was sie Nationaldichtung nannten:

Ihr achtet was ein freies Herz gedichtet,
Was uranfänglich, doch der Welt verbunden,
Was keinem eigen, was sich selbst erfunden,
Was unerkannt, doch nimmer geht verloren,
Was oft erstirbt und schöner wird geboren.

Wenn Geschichte der Poesie als Richtung oder Form der Forschung gegeben war und Sagenpoesie als deren Stoff: so konnte die kühne Anschauung von selbst sich einfinden, die Form von dem Stoffe völlig erfüllt zu denken und zu sagen: die Geschichte der Poesie ist die Geschichte der Sagen.

In dem ganzen Kreise von gleichgesinnten und gleichstrebenden Männern, dem die Grimm in ihrem innersten Wesen so nahe angehören, war allein Jacob Grimm fähig und bestimmt, die Wissenschaft der altdeutschen Philologie aus dem Groben zu hauen. Er war nicht in seinen Interessen getheilt wie die Schlegel. Er war nicht dichterisch productiv wie Tieck, Arnim, Brentano. Er war nicht von praktischen Tendenzen erfüllt wie

---

*) Wir tragen hier einen Punkt nach, welcher in unserem ersten Artikel nicht hätte übergangen werden sollen. Arnim theilt die Abneigung der Grimm gegen die kritische Geschichtschreibung des achtzehnten Jahrhunderts, Schlözer ist damit wohl vorzugsweise gemeint. Arnim theilt auch die Ansicht über die Wahrheit in den Sagen. „Sagen sind, wenngleich ganz unwahr, sagt er 1812, doch das Wahrste was ein Volk zur Darstellung seiner liebsten Gedanken hervorbringt." Auch Novalis mag bei dieser Gelegenheit noch verglichen werden der bemerkt, es sei mehr Wahrheit in den Märchen der Dichter als in gelehrten Chroniken, weil ein zarteres Gefühl für den geheimnißvollen Geist des Lebens. Und dem entsprechend verkündigt er eine Zeit,

Wo man in Märchen und Gedichten
Erkennt die ew'gen Weltgeschichten.

Görres. Er war nicht so leblos empfangend wie von der Hagen und Büsching. Er war nicht so bedächtig, wählerisch und vorsichtig wie sein Bruder. Der Trieb seiner großen Bestimmung beherrscht ihn ausschließlich. Er hat nicht das absondernde und scheidende Vermögen, das aus einer starken Eigenart fließt. Die unendliche Receptivität wird bei ihm fast ein Schade: indem er sein Inneres nicht verschließt gegen die Ausgeburten einer so vielfach bewegten Zeit. Wenn einerseits die Thatsachen ungetrübt sich in ihm ordnen und zu festen zusammenhangenden Massen gestalten überall wo er unmittelbar an sie herantritt und mit eigenen Augen sieht; so kann er andererseits gewisse Kreise von Thatsachen welche in einer Umhüllung, in dem Schleier einer fremden Individualität ihm nahe gebracht werden, daraus nicht loslösen: am wenigsten wenn dieser Schleier aus den Grundkräften der damaligen geistigen Welt, aus Pantheismus und Aestheticismus, gewoben ist. Es lebt zu sehr in seiner Zeit und mit seiner Zeit, als daß er ihre Schwächen nicht hätte theilen sollen. Neben einem festen Thatsachensinne bewegt sich schrankenlos eine Alles combinirende Phantasie. Neben dem empirischen, historischen Element hat ein dogmatistisches, romantisches ungestörten Wachsthum. Neben Savigny wirkt Kanne auf ihn.

In diesen beiden Gegensätzen bewegt sich Jacob Grimm's ganze Entwickelung. Er wäre uns, er wäre der deutschen Wissenschaft nie das geworden was er ihr geworden ist, wenn nicht durch Perioden seines Lebens hin, durch ganze Reihen von Gegenständen seiner Forschung das Historische es über das Romantische davon getragen hätte. Die „deutsche Grammatik" ist die gereifteste Frucht seines Historicismus, die „deutsche Mythologie" ist das glänzendste Erzeugniß seines Romanticismus. Die Wendung zur Grammatik war sein Abfall von der Romantik.

Jacob Grimm's Wendung zur Grammatik trat nach der Mitte des zweiten Jahrzehends unseres Jahrhunderts etwa ein. Wir vermögen die einzelnen Stufen dieses Ueberganges nicht urkundlich zu verfolgen und darzulegen, sondern sind im Wesentlichen auf Vermuthungen angewiesen. Es muß für ihn eine Zeit der ernstesten Selbstkritik gewesen sein. Zwar zu einem offenen Bekämpfen der Gegensätze die in ihm lagen kam es nicht. Als das Verwerfliche in seinen bisherigen Bestrebungen scheint sich ihm nur das Zuweitausgreifen, das Schrankenlose dargestellt zu haben. „Je mehr ich mich beschränke," schrieb er 1820, „desto größeren Erfolg spüre ich bei mir, ich habe früher auch zu weit gehen wollen. Arbeitsam und anhaltend bin ich von Haus aus, und wenn ich etwas taugen werde, geschieht es blos dadurch." Somit entschloß er sich, seine mythologischen-

und Sagenstudien wenigstens vorläufig zurückzustellen und auch die so eng damit verknüpften etymologischen Neigungen zu zähmen.

Inneres und Aeußeres, Eigenes und Fremdes werden bei diesem Entschlusse zusammengewirkt haben. Die scharfe Recension Wilhelm Schlegel's über die altdeutschen Wälder wird ihm vieles zu denken und vieles sich selbst einzugestehen gegeben haben. Die großen Neugründungen, welche er damals in Jurisprudenz, Philologie, Geschichte um sich her sehen konnte, werden ihm den Contrast klar gemacht haben zwischen dem was die deutsche Alterthumskunde noch war und dem was sie nothwendig werden müsse, sollte sie sich mit jenen Wissenschaften entfernt vergleichen können. Ferner hatten ihn seine eigenen Arbeiten den Mangel einer altdeutschen Grammatik ohne Zweifel oftmals empfinden lassen. Seine Eddaausgabe, viele Ausgaben altdeutscher Gedichte in den altdeutschen Wäldern mußten ihm die grammatische Unsicherheit auf Schritt und Tritt vergegenwärtigen. Die Nothwendigkeit, die vorhandenen grammatischen Hilfsmittel zu benutzen, zeigte ihm wohl wie viel noch zu thun, aber auch wie viel nach manchen Richtungen bereits vorgearbeitet war. Rask's isländische Grammatik erschien eben und war für beide Brüder Anlaß zu gründlichem Studium und zu Recensionen.

Nicht blos Jacob Grimm selbst fühlte dies Bedürfniß, auch Andere neben ihm empfanden es lebhaft und gaben dieser Empfindung energischen Ausdruck. Wilhelm Schlegel wurde nicht müde zu wiederholen, die Beschäftigung mit der alten einheimischen Literatur könne nur durch Auslegungskunst und Kritik gedeihen. Wie aber wären diese möglich ohne genaue grammatische Kenntniß? Der Mann welchen Schlegel vor allen für fähig hielt eine deutsche Sprachlehre des dreizehnten Jahrhunderts zu liefern, war der Professor und Bibliothekar Benecke in Göttingen.

Georg Friedrich Benecke gehörte nicht derselben Generation an, in deren Händen sich die Pflege des Altdeutschen jetzt vorzugsweise befand und welche den Aufschwung dieses Studiums vorzugsweise bewirkt hatte. Er war älter als die Grimm, als Tieck, als die Schlegel, ja als Gräter. Er war 1762 im Fürstenthum Oettingen, aber aus einer norddeutschen Familie, geboren. Die äußere Physiognomie seines Charakters bezeichnet Jacob Grimm als halbenglische stolze Sprödigkeit. Die Anregung zum Altdeutschen soll bei ihm schon aus seiner Augsburger Gymnasialzeit stammen, aus der Bibliothek eines gelehrten Onkels der sich mit altdeutschem Rechte beschäftigte. Ueber seine weitere Entwickelung sind wir nicht näher unterrichtet; im deutschen Museum, im Bragur, an denen er sehr wohl hätte mitarbeiten können, begegnen wir seinem Namen nicht. Aber er war der erste, der die altdeutschen Studien in den Kreis des Universitätsunterrichts einführte. Leider war er durch seine Amtsgeschäfte noch zu sehr in Anspruch genommen, um mit einer großen Leistung hervortreten zu können. „Was ich für mein Lieblingsstudium thun kann, schreibt er 1811 an Jacob Grimm, sind verstohlene Besuche, wie sie ein armer verliebter Knabe, den Vater und Mutter und Hofmeister Tag und Nacht bewachen, bei seiner Geliebten macht." Wilhelm Schlegel's Erwartungen von ihm gründeten sich auf Nachträge zu Bodmer's Sammlung der Minnesinger, welche Benecke veröffentlicht hatte, und auf einen grammatischen Aufsatz in den altdeutschen Wäldern. Benecke sollte späterhin in der That sehr bedeutend und fördernd eingreifen in die Ausbildung einer wissenschaftlichen altdeutschen Philologie. Aber auf Grammatik war sein Sinn nicht eigentlich gerichtet, und dieses Feld blieb vorläufig noch allerlei wunderlichen Gesellen überlassen, die sich in sonderbaren Sprüngen darauf tummelten. Wir nennen nur Radlof und Wolke.

Beiden wird in der Geschichte der menschlichen Verkehrtheiten ein Ehrenplatz für alle Zeiten gesichert bleiben. Aber Radlof ist ein sehr verständiger Mann, wenn man ihn neben Wolke hält. Radlof geht von einem lebhaften Gefühl der lautlichen Kraft und Vollkommenheit unserer alten Sprache aus, findet in süddeutschen Mundarten manche Reste davon geblieben, und möchte diese Reste auch der Schriftsprache gerne zu gute kommen lassen. Das Anwachsen mundartlicher Literatur, die lexikalische Bearbeitung der Mundarten, welche schon im vorigen Jahrhundert begonnen hatte und im Beginne des gegenwärtigen besonders eifrig wurde, konnte in einem Geschlecht, das die Achtung vor der Geschichte noch nicht gelernt hatte, auf dergleichen Pläne einer Sprachbesserung führen. Immer war so dem irrigen Grundgedanken das Band einer gewissen Regel angelegt. Bei Wolke dagegen wandelt losgebunden der Unsinn auf seiner eigenen Spur, und durchdringt und durchfärbt die ganze Sprachbetrachtung: von dem Problem des Ursprungs der Sprache bis herab auf die Orthographie. Freilich Wolke ist nichts weniger als anmaaßend, er treibt die Bescheidenheit sogar so weit, seine Regeln nicht in erster Person vorzutragen, sondern wie Caesar und andere große Männer von sich selbst stets wie von einem fremden Dritten zu reden, und wieder bei solchen Gelegenheiten seinen Namen nicht auszuschreiben, sondern nur durch den Anfangsbuchstaben anzudeuten. Zum Beispiel: „Seine geneigten Leser bittet W." Aber die Weihe des Propheten ruht auf seinem Haupte. Er weiß ganz gewiß, daß um 1850 die „Teutschen" zu seiner Lehre bekehrt sein werden. Wie sollten sie auch nicht? Rechnet er ihnen doch vor, daß sie allein durch Annahme seiner Orthographie, vielmehr „Schreibregellehre," in jedem Jahre 10,000 Jahre Arbeit oder 5 Millionen Thaler für „unnütse" Buchstaben, vielmehr „Staben," ersparen würden.*) Kein Zweifel, solchen Argumenten werden sich die „Deutschen" nicht verschließen. Und sie werden um das Jahr 1850 auch nicht mehr von Offizieren, sondern nach Wolke's Vorschrift von „Krigamtern," nicht mehr von Brünetten, sondern von „Brauninen," nicht mehr von Klavieren, sondern von „Tastinen," nicht mehr von liebenswürdigen Damen, sondern von „liebwürdigen Innen" reden. Sie werden nicht blos der Fremdwörter entrathen können, sondern ganze Gruppen und Klassen von Wörter und Wortbildungen, welche arglos Lessing und Goethe gebraucht hatten, werden um kräftigerer willen aus der „Deutschin" gewichen sein. Es wird — ja, was würde nicht Alles, wenn dem Segen, welchen diese Wolke spendete, nicht der „empfangige" Boden gefehlt hätte. Aber es hat ihn vergessen, das undankbare „Deutschvolt," das seine wahrhaft großen Männer so wenig zu schätzen weiß und das seinen „Anleit zur deutschen Gesamtsprache" nicht einmal mehr als das verehrt, als was es jede Ehre, Preis und Ruhm verdient, als eine unerschöpfliche Quelle der reinsten Erheiterung und Ergötzung. Weiser alter Sebastian Brant! Warum konntest du diese aufgeklärten Zeiten nicht miterleben. Um was für ein schönes Kapitelchen würdest du dein unsterbliches Werk bereichert haben. Wie würdest du den ehrlichen Wolke bei der Hand genommen haben, wie einst den Magister Philipp Schlauraff und mit deinem gutmüthigsten Lächeln zu ihm gesagt haben:

mihi sequere:
nos volumus navigare
abhinc in Narragoniam,
propter tuam stulticiam.

Die Bestrebungen Philipp's von Zesen und seiner Schüler wurden in Radlof und Wolke wieder lebendig, wie denn jener nicht übel Lust bezeigte, Zesen als einen Heiligen zu verehren. Man fühlt sich versucht, das edle Paar mit einem Quacksalber zu vergleichen, der von einer Jahrmarktsbude herab dem staunenden Geschlechte deutscher Verba und Substantiva um ihn her die Versicherung einer Reihe pestilenzialischer Krankheiten giebt, von denen sie befallen seien und die den Ahnungslosen selbst dem Namen nach unbekannt waren, bis sie plötzlich durch dieses Wunderdoctors unfehlbare Heilmittel davon kurirt werden sollten. Allein es ist

*) Dem Buchstabensparer.
So soll die orthographische Nacht
Doch endlich auch ihren Tag erfahren:
Der Freund, der so viel Worte macht,
Er will es an den Buchstaben sparen.
Goethe.

nur zu offenbar, daß jenen Männern die Gabe an sich selbst zu glauben in weit höherem Maaße verliehen war, als die Fähigkeit Andere an sich glauben zu machen.

Die deutschreinigenden und sprachbessernden Bestrebungen fanden eine gewisse äußere Consolidirung gerade zu der Zeit, als die Scheere schon angesetzt war, welche ihren Lebensfaden für immer durchschneiden sollte, 1815 und 1817 in der Gründung der Berlinischen Gesellschaft für deutsche Sprache und Alterthumskunde und des Frankfurter Gelehrtenvereins für deutsche Sprache. Jacob Grimm wurde zu beider Gesellschaften Mitglied gewählt, aber er hatte innerlich nicht das Geringste mit ihnen gemein. Diese Leute, schreibt er einmal, wollen dem tiefsinnigen Sprachgeist nicht bescheiden nachspüren, sondern ihn umstoßen und ein elendes Götzenbild an seine Stelle setzen. Alles in Jacob Grimm widerstrebte solcher Gewaltthätigkeit, wie gegen eine Verletzung der Sitte war sein moralisches Gefühl dagegen aufgeregt. Das nüchterne Neubilden in der Sprache gilt ihm für Sünde, weil es Lüge sei. Größeren Wohllaut wünsche man unserer Sprache? Ihr Wesen sei einmal nicht weichlich, vielmehr kräftig und stark, consonantenreich. Der aufgedrungene Wohllaut wirke gleich einer verderblichen Schminke statt deren die natürliche Bläße, Bräune und Magerkeit zehnmal besser stünde. Den Eifer, mit dem man kleine Abweichungen und Unregelmäßigkeiten tilgen und eine kahle Einförmigkeit herstellen wollte, vergleicht Jacob Grimm mit dem „Princip roher Freiheit und Gleichheit" in der Politik. Die Wortreiniger setzt er den Schreckensmännern der französischen Revolution gleich. Dagegen will er an der hergebrachten wohlerworbenen Verfassung unserer geliebten Sprache festhalten, und will die kleinen Sprachauswüchse ebensowenig missen als die Mäler oder Narben in einem vertrauten Gesicht. Gerade sie, findet er, verleihen jeder Sprache das unlernbare Heimathliche. Alte verlorene Trefflichkeiten aber unserer Sprache wiederzubringen, dazu sei nur der dichterischen Inspiration und nur in einzelnen Fällen Macht gegeben. Die gelehrten Pedanten, die es massenhaft und mit System unternehmen, verfolgt er mit beißendem Spott. Auf ihrem Wege würde man dahin kommen, bemerkt er, Goethe'sche feine Wendungen in den gothischen starken Formen des Ulfilas auszudrücken, und zuletzt bis nach Asien, von dannen wir gekommen sind, hinterwärts zu stapfen.

Der eitlen Sprachbesserung hält er die wahre, die geschichtliche Grammatik entgegen. Wer auf ihrem Wege gehe, der werde mit jedem Schritte bescheidener und scheue sich, irgend etwas Lebendiges in der Sprache anzurühren. Er weist Radlof schon 1813 auf den rechten Punkt auf den er sich stellen müsse. Er solle tüchtige, gründliche grammatische und lexikalische Werke über deutsche Dialekte liefern, sie unter sich, mit dem Altdeutschen und mit den Schwestersprachen, dem Niederländischen, Englischen, Neunordischen, vergleichen. Er solle an eine große historische Grammatik sich wagen.

Noch scheint Jacob Grimm nicht daran zu denken, selbst eine solche große historische Grammatik zu unternehmen. Aber eine Anzahl ganz trefflicher grammatischer Beobachtungen hat er bereits gemacht und die verschiedensten der deutschen verwandten Sprachen schon herbeigezogen. Auch der wissenschaftliche Verkehr mit Benecke, der seit 1807 bestand, konnte ihn positiver machen und dem Grammatischen nachdrücklicher zuwenden. Die Methode der grammatischen Forschung mußte sich fast von selbst bei ihm feststellen. Die allseitige Combination seiner mythologischen Arbeiten kam ihm hierbei zu statten. Sie hatten ihn gelehrt das Kleinste zu beachten und zu bewahren, weil es Reste des Größten enthalten könnte, wie den Indern die Thiere unverletzlich sind, weil sie Menschenseelen in ihnen vermuthen. Sie hatten ihm den tastenden, spürenden Gang anerzogen, das vorsichtige Aufhorchen, wenn irgend ein neuer Ton erschallt, ob nicht ein verwandter in ihm widerklinge. Eine lebhafte sinnliche Empfindung für den Laut und ein vortreffliches Gedächtniß erleichterte ihm das Erlernen fremder Sprachen, der zunächst mit dem Deutschen verwandten insbesondere Bei dem unablässigen, weitausgebreiteten Lesen in allen diesen Sprachen mußten von den regelmäßigen Lautentsprechungen mannigfaltige schwankende Bilder in ihm auftauchen, dieselben Wörter erschienen in unzähligen Gestalten, eine Ahnung waltender Analogie begann das Dunkel und Wirrniß der Spracherscheinungen erhellend zu durchwandeln.

Was ihm wie im Traum vorschweben mochte, die Methode deren Bewußtsein ihm still in der Seele emporstieg, das sprach Wilhelm von Humboldt aus, 1812. Humboldt's philologisches Programm war für Jacob Grimm das lösende Wort wie für die Sprachwissenschaft und Grammatik überhaupt.

Die Grammatik hatte seit den Griechen das Schicksal der Logik getheilt. Von den höchsten Gipfeln der Philosophie war sie in den Staub der Schulen herabgesunken. In immer magerere Auszüge und Compendien, in einen immer dürreren Schematismus war schon in den letzten Zeiten der antiken Bildung das quellende Leben der lateinischen Sprache gezwängt worden. Der Donat wurde dann das Hauptschulbuch des Mittelalters und seit der zweiten Hälfte des sechzehnten Jahrhunderts auch das Vorbild für die deutschen Grammatiken, nachdem einige ältere noch nach praktischen Bedürfnissen entworfen worden waren. Mit ihnen beginnt die lange Reihe der Schulmeister unserer Sprache, in welcher später Schottel, Bödicker, Frisch, Gottsched, Adelung auftraten.

Adelung selbst freilich setzt sich den vorgenannten entgegen. Ihre Grammatiken seien nur Copien der lateinischen, er aber suche das Wesen der deutschen Sprache in ihr selbst auf. Er wolle kein Gesetzgeber unserer Nation sein, sondern nur der Sammler und Herausgeber der von ihr gemachten Gesetze, ihr Sprecher und der Dolmetsch ihrer Gesinnungen, jede weitergehende Absicht des Sprachlehrers führe zur Despotie. In der That konnte Jacob Grimm die Anerkennung aussprechen, Adelung stehe weit über seinen Vorgängern, er habe die Sprache studirt und sei bis zu scharfsinnigen Entwickelungen durchgedrungen. Aber er muß doch einschränkend hinzufügen, Adelung habe sich von der unglücklichen Ansicht die Sprache zu zügeln nicht losreißen können.

Adelung's moralischer Schwerpunkt ruht auf den Begriffen des Wohlanständigen und Schönen. Und diese, wie er sie versteht, trieben ihn in einen verbohrten Sprachconservatismus hinein, der fast schlimmer war als despotische Gelüste. Seine Betrachtung der Culturgeschichte, wobei er den Vergleich der Geschichte mit den menschlichen Lebensaltern zu Tode hetzt, führte ihn auf die Annahme einer männlichen Stufe der Cultur welche ein Volk nie überschreiten könne ohne in's Verderben zu gerathen. Und wie er das wichtigste Geschäft der Regierungen darin sieht, diese Stufe nicht überschreiten zu lassen, so theilt er sich selbst eine ähnliche Aufgabe zu bezüglich des „wahren Zeitpunktes der schönen deutschen Literatur,“ der in die Jahre 1745—56 fällt wie er meint. Der durch Kenntnisse, Sitten und Geschmack veredelte Weltmann aus der Mitte des vorigen Jahrhunderts ist für ihn der Normalmensch, an dem er sogar die ältesten Deutschen mißt. Gellert und Weiße stehen ihm so hoch als Dichter und folgerecht als Sprachmuster, daß er zu einer Zeit, als die Iphigenie in Weimar bereits aufgeführt war und der Wilhelm Meister und Tasso zu werden begannen, unsere schöne Literatur in Gefahr des Verfalles sah, wofern sich nicht der Geschmack jenem einzigen Vorbilde wieder nähere.

Sind Radlof und Wolke, wie Jacob Grimm sagt, die Terroristen, so ist Adelung das ancien régime und, will man den Vergleich noch weiter treiben, Jacob Grimm's Grammatik die Charte der deutschen Sprachwissenschaft. Die dauernde Befreiung floß auch hier aus der Macht der allgemeinen Ideen.

Die Tiefe der Einsicht in das Wesen der Sprache, welche Herder bekundete konnte früher oder später für die Grammatik nicht ohne Frucht bleiben. Aber diese Zeit lag noch etwas fern. Nur die allgemeinen Fragen blieben damals auf dem Tapet. Die Frage nach dem Ursprung der Sprache, zu deren Lösung Herder manches Glückliche sagte, hörte nicht auf die fähigeren Köpfe zu beschäftigen. Wilhelm Schlegel zum Beispiel fand sich bewogen, sein Talent wissenschaftliche Gegenstände gemeinfaßlich darzustellen auch an diesem Probleme in Aufsätzen der Schiller'schen Horen zur Anwendung zu bringen. Selbst Adelung's Methode der Sprachbetrachtung hängt auf das Genaueste mit seinen philosophischen und culturhistorischen Voraussetzungen, insbesondere mit seiner Ansicht über den Ursprung der Sprache zusammen. K. Ph. Moritz unterzog die Sprache der psychologischen Betrachtung und gab den Herder'schen Anschauungen eine eigenthümliche Fortbildung, um deren willen die Fragmente des Schlegel'schen Athenäums ihn einen grammatischen Mystiker nennen. Dieselben Fragmente erklärten 1798: ehe nicht die Philosophen Grammatiker und die Grammatiker Philosophen werden, wird die Grammatik nicht was sie bei den Alten war, eine pragmatische Wissenschaft und ein Theil der Logik, noch überhaupt eine Wissenschaft werden. Dieser Grammatiker-Philosoph, welcher kommen sollte, war Tieck's Schwager, A. F. Bernhardi. Seine sprachwissenschaftlichen Ansichten sind die Anwendung der Identitätsphilosophie auf die Sprachwissenschaft. Die Sprache wird aus der Vernunft deducirt, und die Identität von Subject und Object, das geheime Band zwischen Sinnlichem und Uebersinnlichem bilden die philosophischen Grundanschauungen seiner Sprachlehre. Sie erschien zu Anfang unseres Jahrhunderts. Wilhelm Schlegel äußerte sich beistimmend, aber er verlangte wenigstens eine Ergänzung durch die specielle Grammatik der einzelnen Sprachen, und diese definirte er als die Charakteristik ihrer Individualität, und gelangte so zu dem Gedanken einer vergleichenden Grammatik, das ist: einer Zusammenstellung der Sprachen nach ihren gemeinschaftlichen und unterscheidenden Zügen.

Unmittelbaren Einfluß auf die wirkliche Reform der Grammatik hatten derartige Sprachbetrachtungen so wenig, wie das was Adelung und Vater im „Mithridates" durch Proben aller Sprachen der Erde leisteten, auf die Sprachvergleichung. Aber wenn Schlegel eine Charakteristik der Sprachen verlangte (und Herder hatte ja ganz ähnliche Gedanken und viel ausgeführter geäußert), so kann man dies als den ersten Schimmer des vollen Lichtes ansehen, das Wilhelm von Humboldt auf die Sprachwissenschaft fallen ließ. Seine tiefsinnigen Ahnungen und Aufschlüsse über die Natur der Sprache überhaupt nicht blos muß man bewundern. Man muß den Bruch hervorheben mit aller bisherigen Grammatik welchen er zuerst vollzog, indem er die (bei Adelung zwar schon auftauchende, aber fast ganz unfruchtbare) Idee einer Betrachtung der Sprache rein aus sich selbst aufstellte. Die grammatischen Kategorien der classischen Sprachen in welche man die anderen bisher zu pressen pflegte, hatten nun endlich ausgedient und bekamen den Abschied. Was Humboldt zuerst forderte, hat Jacob Grimm zuerst geleistet. Die Methode die Humboldt zuerst schilderte, hat Jacob Grimm zuerst gehandhabt.

Im Jahre 1812 erschien Humboldt's Ankündigung einer Schrift über die vaskische Sprache und Nation. Einer Monographie des vaskischen Volksstammes wie er sie nannte. Alle großen fruchtbaren Humboldt'schen Sprachansichten regen hier schon ihre Kräfte. Die Vereinigung des Sprach- und des Geschichtsstudiums, die erst recht förderlich werden könne, wenn man feste Grundsätze gewonnen hätte, um die Verwandtschaftsgrade der Sprachen zu bestimmen; die Völkercharakteristik als nothwendige Begleitung der Grammatik; die Antinomien im Wesen der Sprache; die Völker als Individuen betrachtet; die Sprache als Vermittlerin zwischen dem Menschen und der Natur,. dann zwischen einem und dem anderen Individuum: das Alles findet sich hier schon angedeutet. Jacob Grimm las es ohne Zweifel (er selbst arbeitete mit an Friedrich Schlegel's deutschem Museum worin die Ankündigung erschien), er bewunderte ohne Zweifel: aber er ward nicht entzündet, er fühlte sich nicht zur Nacheiferung angefeuert. Die Ankündigung enthielt jedoch auch eine Schilderung der wahren Methode für die Untersuchung und Zergliederung der Sprachen. Und daran hielt sich Jacob Grimm, diese wurde der Leitstern für seine Arbeiten.

In der Sprache beruht Alles auf Analogie, und ihr Bau ist bis in seine feinsten Theile hinein ein organischer Bau. Aber die Sprachbildung erleidet Störungen im Laufe der Geschichte durch Entlehnungen und Mischungen. Sie sucht das Fremde zu assimiliren, ohne daß es ihr vollständig gelänge, so daß die Analogie nun nicht mehr ganz durchgeht. Aber auch die vorhandene Analogie kann nicht immer erkannt werden: denn zum eigentlichen Wesen der Sprache dringt keine auch noch so vollständige Zergliederung. So besteht jede Sprache auf der einen Seite aus einer großen Menge analogisch gebildeter Reihen, auf der anderen aus Grundstoffen, von denen sich weiter keine Rechenschaft geben läßt. Diesen zwiefachen Bestandtheil der Sprache nun muß eine gelungene Zergliederung derselben vollständig und genau nachweisen, und jede Spur systematischer Regelmäßigkeit verfolgend, die Sprache nach allen Richtungen hin untersuchen. Darum ist ihr letztes Resultat auch ein zwiefaches: ein System mehr oder weniger allgemeiner und sicherer Regeln, Grundsätze und Analogien, der eigentliche Organismus der Sprache, und eine gleichsam unorganische Masse von nicht weiter zerlegbaren Sprachelementen.

Dies sind die Sätze, einfach und selbstverständlich wie sie scheinen, auf denen die Umwälzung in der Sprachbetrachtung beruht. Die Begriffe des Organischen und Unorganischen in eben dem Sinne, wie Humboldt sie aufstellte, gebraucht Jacob Grimm als die Grundkategorien seiner deutschen Grammatik.

Wir haben Jacob Grimm bisher fast nur unter dem Einflusse der Romantiker gesehen. Die romantische Rechtslehre und die romantische Mythologie gestalteten seine Bildung. Hier, an dem wichtigsten Punkte seines Lebens, wo er sich vorbereitete zu seiner größten That, greifen die Ideen des Classicismus entscheidend herein, deren Wirkung bei ihm sonst nur vereinzelt beobachtet werden kann. Und fortan wußte er, bei welchem Sprachforscher allein von umfassender Empirie getränkte philosophische Tiefe zu suchen sei. Als Humboldt's Schrift über Sprachstudium erschien, worin er außer der Untersuchung des Organismus der Sprachen auch die Untersuchung ihrer Angemessenheit zur Erreichung der Zwecke der Menschheit verlangte, schrieb Jacob Grimm an Lachmann (12. Mai 1823): Die lesen Sie ja, die beiden Richtungen der Sprache und des Sprachstudiums scheinen mir darin geistreich und vortrefflich entwickelt. So was kann mich trösten über das was meinen Arbeiten fehlt. Ich gehe wenigstens auf einem der guten Wege, der Geist der im herbeigeschafften Material schläft wird mit der Zeit schon erwachen oder erweckt werden. — Als er späterhin in seiner Grammatik über das Genus zu handeln hatte, schöpfte er die allgemeinen Bestimmungen aus Humboldt's lettre à M. Abel Rémusat. Und als er zwölf Jahre vor seinem Tode in der Berliner Akademie von dem Ursprung der Sprache redete, da trafen seine philosophischen Bemerkungen mit den Ansichten Humboldt's auf das überraschendste zusammen. Für Jacob Grimm waren solche allgemeine Gedanken niemals ein fester Punkt, von dem aus er nun wieder die Resultate der Empirie in Bewegung gesetzt hätte. Sie treten bei ihm nur als die höchste Sublimation der historischen Forschung auf. Aber daß er nicht speculativ gestimmt war, darin dürfen wir eher einen Vortheil erblicken. Denn die dauernden Erfolge gehörten damals dem erfahrungsmäßigen Erkennen: die Kartenhäuser der Speculation, welche die Welt bestaunte, sind zusammengestürzt. Die Meisterschaft der empirischen Forschung die Jacob Grimm erzogen hatte, die Lehre Savigny's, kam jetzt erst in ihm zu völligem Durchbruch. Es war ein Ausdruck dieses Verhältnisses, daß er Savigny seine deutsche Grammatik widmete. Und die Gabe war nicht zu gering. Die „deutsche Grammatik" ist für die Philologie noch von weit höherer Bedeutung, als Savigny's „Recht des Besitzes" für die Jurisprudenz.

Jacob Grimm beabsichtigte in diesem Buche zu zeigen, wie auch in der Grammatik die Unverletzlichkeit und Nothwendigkeit der Geschichte anerkannt werden müsse. Er äußert das Vollgefühl überlegener Kraft gegenüber denen, welche die Sprache wie etwas von heute betrachten, folglich den Ursprung und Fortgang ihrer mannigfaltigen Aeußerungen zu verstehen nicht im Stande seien, — welche bunte Verwirrung und Unzusammenhang sehen wo gerade, wenn man sich gewöhnt habe das nie still gestandene und nie still stehende wie es sich entwickelt ins Auge zu fassen, eine unendlich einfache, weise und tiefsinnige Austheilung der Lichter und Farben mehr und mehr erkannt werde. Räthselhafte Reste, die in der heutigen Sprache trümmerhaft und gleichsam versteinert stehen geblieben, hellen sich auf. Die Fortbildung des Aelteren zum Neueren wird von Stufe zu Stufe sichtbar. Noch höher hinauf liegt das Gothische, und der Blick hebt sich von da zu einem Aeltesten, in welchem die jetzt geschiedenen Sprachen, die verschwisterten Mundarten des Deutschen, eine einzige große Einheit ausmachten. Schon die bloße Betrachtung der heutigen Sprache und ihrer Bildung läßt es nothwendig erscheinen, das Niederdeutsche in seiner älteren und ältesten Gestaltung, in dem Altsächsischen, Angelsächsischen und Friesischen, mit herbeizuziehen: und daran schließt sich das Skandinavische ganz von selbst.

Alle diese Sprachen und Dialekte des großen germanischen Stammes setzte sich Jacob Grimm vor in seiner Grammatik zu umspannen. Keine einzige, meinte er, dürfe ohne Nachtheil des Ganzen außer Acht gelassen werden. Und der Erfolg hat diese Ansicht gerechfertigt.

Zu Anfang 1818 that Jacob Grimm der Grammatik zum ersten Male gegen Benecke Erwähnung. Zu Anfang 1819, Jacob Grimm war eben vier und dreißig Jahre alt geworden, erschien der erste Band.

Ungeheuere Massen des Stoffes waren bezwungen, ein überfließender Reichthum der Thatsachen in Gesetz und Regel gebracht. Einen dreifachen Stand der Sprache unterschied Jacob Grimm: einen alten, einen mittleren und neuen. Der jüngste war nur im Umriß gehalten, auf den alten fiel das meiste Gewicht. In leicht überschaubarer Gliederung erhob sich das Ganze. Erst die Declination, dann die Conjugation war je in Einem Abschnitte behandelt. Von Sprache zu Sprache schritt die Untersuchung vor, von Einzelheit zu Einzelheit. Aber eine Gesammtansicht aller Dialekte beschloß jeden Abschnitt und ging von da noch einmal in die einzelnen Sprachen hinein, um die Resultate in wenige Sätze zusammenzudrängen. Den Schluß bilden Vergleichungen aus fremden Sprachen, und als Kuppel wölbten sich darüber einige allgemeine Hauptsätze, die sich aus der Geschichte der deutschen Sprache, soweit sie nun aufgestellt war, ergaben.

Es fehlte nicht ganz an historischen Vorarbeiten bis dahin für die

Grammatik. Schon Eckhart erkannte, daß beinahe für jedes Jahrhundert des Mittelalters eine eigene Grammatik nöthig sei. Und Hickes für das Angelsächsische, Rask für das Altnordische, Junius, Fulda, Zahn für das Gothische, Ten Kate für das Niederländische hatte Jacob Grimm mit zum Theil sehr tüchtigen Leistungen dankbar zu nennen. Aber auch ihre Arbeiten machte er neu. Denn überall schöpfte er mit ungeheurem Fleiße aus den Quellen selbst. Und eröffnete neue Quellen, wie die Personen- und Ortsnamen zum Beispiel, welche unter den Aelteren schon bei Goldast und Schottel freilich sehr unvollkommene Pflege fanden. Wie früh Jacob Grimm auf ihre Wichtigkeit aufmerksam war, haben wir bereits gesehen. Auch Wilhelm Schlegel nannte sie das älteste Denkmal unserer Sprache sowie der Sitten und der Volksgesinnung, und hatte schon manche gute Einsicht in das Wesen ihrer Bildung. Jacob Grimm machte jetzt den ersten Versuch ihnen Aufschlüsse über die Sprachgeschichte abzugewinnen.

Jacob Grimm's Grammatik erschien als etwas absolut Neues, er wollte heraustreten, er trat heraus aus der Reihe aller bisherigen deutschen Sprachlehrer. Er betont ausdrücklich seinen Gegensatz gegen alle philosophische d. h. auf etymologischer Grundlage oder sonst nach Lösung allgemeiner Probleme strebende, und gegen alle kritische d. h. praktische und gesetzgebende Grammatik.

Der Eindruck auf die betheiligten Zeitgenossen war überwältigend. Jean Paul zum Beispiel, der sich sehr tief in die Radlof'schen und Wolke'schen Sprachmeistereien hatte verstricken lassen, war unerschöpflich an enthusiastischen und wunderlichen Bezeichnungen des Buches: Grimm's Meistergrammatik, dieses deutsche Sprachheroum, diese grammatische Polyglotta für Deutsche und ihre Völkervettern, Holländer, Schweden, Dänen, Briten, -- dieses heilige Reliquiarium der Zungenvorzeit, das uns dieser grammatische Riesengoliath gegen den er selbst nur ein Zwergdavid sei gebracht und gefüllt habe. Sach- und sprachkundige Recensenten würden die Sprach- und Sprachenfülle der Grammatik und das längste tiefste Studium der deutschen Sprachantike und die scharfen Blicke der Entscheidung mit dem rechten Lobe zu erkennen wissen. Hoch über Adelung stehe Grimm an Fülle des Wissens wie an Großsinn.

Jean Paul's Enthusiasmus wollte weniger besagen als das einstimmige Lob, welches frühere Gegner wie Freunde Jacob Grimm's seinem Werke ertheilten.

Wilhelm Schlegel schrieb an Wilhelm von Humboldt darüber, allerdings in etwas gönnerhaftem Tone: Ich schätze diese Arbeit so hoch wegen der rein historischen Behandlung und des unendlichen Fleißes im Einzelnen bei einer durchgeführten Idee im Ganzen. Grimm hat gezeigt, wie viel durch beharrliche Prüfung mit Fragmenten auszurichten ist. Ich werde es mir umsomehr zum angelegentlichen Geschäft machen dies anzuerkennen, weil ich früher wegen seiner Etymologien à la Kanne sehr hart mit ihm umgegangen bin.

Und Benecke schrieb an Jacob Grimm: Wenn man an den Verfasser denkt, so weiß man nicht, ob man mehr seinen Scharfsinn oder seinen Fleiß und seine Kenntnisse bewundern soll; und wenn man an den Gegenstand denkt, so wird man von Freude ergriffen, daß eine Sprache in der Welt ist, die für solche Untersuchungen gemacht ist, und daß diese Sprache die unsere ist.

Zugleich ließ sich Benecke in den Göttinger Gelehrten Anzeigen über das Buch aus wie folgt· Ehre dem Ehre gebührt! und dieser Grammatik, wie sie bescheiden sich nennt, gebührt sie. Gedanken, Anordnung und Ausführung zeigen so viel Scharfsinn, Ueberlegung und Gelehrsamkeit, daß jeder dem ein Urtheil zusteht sie für ein Meisterwerk erklären muß. Man sieht es der Arbeit an, daß sie mit Begeisterung und Liebe unternommen und mit nie ermüdendem Fleiße ausgeführt wurde. Alles ist verständig gedacht und verständlich gesagt. Der Verfasser ist seines Gegenstandes vollkommen mächtig. Sicher und ruhig wie er selbst fortschreitet, folgt ihm der Leser mit Leichtigkeit, freut sich des immer heller werdenden Lichtes, und erblickt endlich, wo er vorher nur eine verworrene Masse sah, eine Welt voll unbegreiflicher Ordnung. Was Zeit und Raum zu trennen schienen, fügt sich zur Einheit, und allenthalben verräth sich das Weben und Leben Eines wundervollen Geistes, der gleichförmig wirkt in der größten Mannigfaltigkeit und sparsam in der größten Fülle. — Wir möchten diese Grammatik eine Naturgeschichte der Sprache nennen, wenn unsere Leser uns den Gefallen thun wollten, das Wort Naturgeschichte in seiner eigentlichen und wahren Bedeutung zu nehmen. — Daß uns eine deutsche Grammatik noth that, haben wir alle gefühlt; daß unser Wunsch auf eine solche Art würde erfüllt werden, hat wohl keiner geahnt: denn keiner hat sich die Aufgabe in dem Umfange gedacht, den wir jetzt als nothwendige Bedingung anerkennen müssen.

Die erste Epoche altdeutscher Gelehrsamkeit war zu ausschließlich den ältesten Sprachperioden zugewandt und beschränkte sich in deren Betrachtung zu sehr auf den lexikalischen Gesichtspunkt. Die zweite Epoche war beinahe blos bedacht auf die Publication poetischer Denkmäler aus der blühendsten Zeit des Mittelalters. Altdeutsche Philologie welche auf den Namen einer Wissenschaft hätte Anspruch machen dürfen, und geregelte Thätigkeit in ihrem Dienste gab es noch nicht. War demnach für diese

Wissenschaft nun erst, mit Jacob Grimm's bewunderungswürdigem Werke, das Fundament gelegt? Ist das Jahr 1819 das Geburtsjahr der altdeutschen Philologie wie wir sie heute verstehen?

Wir glauben antworten zu müssen: nein. Das Buch war die erste bedeutende und große Erscheinung, das erste gewaltige Lebenszeichen der heutigen altdeutschen Philologie. Diese verdankte ihm, so hat man mit Recht gesagt, Gedeihen und sichere Kraft. Aber sie nimmt nicht mit ihm erst ihren Anfang. Will man auf ein bestimmtes einzelnes Jahr den Anfang setzen, so kann dies nur das Jahr 1816 sein, dasselbe Jahr in welchem die vergleichende Grammatik der indogermanischen Sprachen begründet wurde, — dasselbe Jahr in welchem die Psychologie eine neue wissenschaftliche Basis erhielt, — dasselbe Jahr in welchem mit der Auffindung des Gaius der römischen Rechtswissenschaft ein ganz ungeahnter Impuls gegeben wurde. 1816 erschien Benecke's Ausgabe des Bonerius: sie war der Anfang der wissenschaftlichen Lexikographie. 1816 erschien Lachmann's Abhandlung über die ursprüngliche Gestalt der Nibelunge Noth: sie war der Anfang der wissenschaftlichen Kritik in der altdeutschen Philologie. Die beiden Grimm, Lachmann, Benecke, diese vier Männer haben die altdeutsche Philologie begründet. Oder vielmehr der Genius der deutschen Nation durch sie.

Lachmann und Benecke sind die echten Mitarbeiter der Grimm. Alle ihre anderen gleichstrebenden Zeitgenossen können höchstens für Gesellen oder Lehrlinge gelten. Der betriebsamste unter ihnen war von der Hagen, der geschulteste war Docen.

Friedrich Heinrich von der Hagen ist das Urbild der heutigen altdeutschen Philologen für's große Publikum, nur weniger geschickt sich eine Clique zu organisiren, weniger gewandt sich mit dem Costüm echter Gelehrsamkeit zu drapiren, und deshalb weniger gefährlich. Ein literarischer Geschäftsmann im Großen, aber ohne den Fanatismus seines Gewerbes, und deshalb weniger bösartig. Er hatte die Sorte von Fleiß welche in Vielleserei und Vielgeschäftigkeit sich äußert. Er hatte die Sorte von Kenntnissen welche durch Vielleserei und Vielgeschäftigkeit erworben wird. Er war kein treuer Arbeiter im Kleinen und Einzelnen. Er war ein höchst ungetreuer Genoß im Ganzen der Wissenschaft: die bedeutendsten Resultate die neben ihm von Anderen gewonnen wurden affectirte er bis an sein Ende nicht zu kennen oder dünkte sich groß genug sie nicht beachten zu dürfen. Er war äußerst fruchtbar an Uebersetzungen und Bearbeitungen aller Art, und ging darin selbst über den Kreis der germanischen Literatur hinaus: den arabischen Märchen ließ er ebensowohl seine Oberflächlichkeit und Sorglosigkeit zu gute kommen wie dem Nibelungenliede und den altnordischen Saga's. So hat er denn in der Wissenschaft keine anderen Spuren zurückgelassen, als welche sich noch Niemand die leichte Mühe gab zu verwischen.

Bernhard Joseph Docen war ein Mann von großem Verstande und nicht gemeinem Scharfsinn, von tüchtigem Wissen und redlicher Gesinnung: aber ohne Ausdauer, Fleiß, Beharrlichkeit und Concentration. Er besaß Selbstverleugnung genug um in seinen Bemühungen auch die trockensten Materien nicht zu scheuen. Aber etwas Großes kam dabei nicht zu Stande, und selbst das Kleinste trat mit einer gewissen Prätension und in dem unangenehmen Putz eines sehr gezierten Stieles auf. Er hat niemals nach einem zusammenhangenden Plan eine umfassendere Arbeit unternommen, in der es sich um Erledigung einschneidender Fragen gehandelt hätte. Die Schätze der Münchener Bibliothek, deren Custos er war, hütete er wie nur je ein Geiziger die seinigen, indem er ihren Anblick behaglich für sich genoß, vor der Welt nur von Zeit zu Zeit einen seltenen Stein, aber auch manche bunte Glasscherbe in der Sonne funkeln ließ. Wo man ihm jetzt noch begegnet, wird man ihn stets mit Achtung begrüßen; aber man begegnet ihm selten, da er blos auf Seitenwegen zu finden ist.

Wie anders als die genannten steht Benecke da. Wie ist er ganz auf das specielle Fach seiner Begabung concentrirt. Und wie Ausgezeichnetes, Unübertroffenes, vielleicht Unübertreffliches gelingt ihm da. Selbstvergessenheit und Hingebung, strenges Sondern und vorsichtiges Binden: das ist der Charakter seiner Arbeiten. Und wo hätten ihm diese Eigenschaften besser zu statten kommen können, als auf dem Gebiete der Exegese und Lexikographie welches er sich erwählt? Jedes Wort der alten Sprache wird von ihm geprüft und verglichen mit dem heutigen, ob nicht ein verborgener Sinn, eine feine kaum merkliche Färbung der Bedeutung, eine engere oder weitere Grundanschauung darin zu entdecken sei. Jedes Denkmal der alten Poesie wird hineingestellt in die Zeit, an den Ort, in die Gesellschaft, in die Welt-, Lebens- und Kunstanschauung, aus der es hervorgegangen ist, nicht von deren Standpunkte aus wir es heute lesen. Diese streng historische Ansicht der Literaturdenkmäler hält Benecke überall fest. Er stellt sich damit in Gegensatz zur ästhetischen Betrachtungsweise. Die Aesthetik vergleicht die poetischen Producte unter einander und sucht sie in eine Stufenfolge zu bringen welche gegen das Absolute hin sich bewegt. Nur zu lange hatte man die deutsche Literatur lediglich mit ästhetischen Augen angesehen. Und daher kam es daß bald die Nibelungen gegen die Ilias, bald die Ilias gegen die Nibelungen zurückgesetzt wurde. Darüber hat schon Goethe im Diwan beherzigenswerthe Worte gesprochen: „Haben wir Deutsche nicht unseren herrlichen Nibelungen durch solche Vergleichung den größten Schaden gethan?" sagt er: „so höchst erfreulich sie sind wenn man sich in ihren Kreis recht einbürgert und Alles vertraulich und dankbar aufnimmt, so wunderlich erscheinen sie, wenn man sie nach einem Maaßstabe mißt, den man niemals bei ihnen anschlagen sollte." — Dies Einbürgern, dies vertraulich und dankbar Aufnehmen: dahin stand Benecke's Sinn.

Benecke's Zuhörer in Göttingen war Lachmann. Weil Benecke Jahr aus Jahr ein Vorlesungen über Gedichte des dreizehnten Jahrhunderts hielt, äußerte Lachmann selbst, fühlte ich mich gereizt altdeutsch zu lernen wie man englisch und italienisch lernt.

Lachmann wurde in Braunschweig geboren, er bildet mit Benecke das norddeutsche Element in jener Vierzahl von Gründern der altdeutschen Philologie. Und wenn man den Charakter der Rolle erwägt, der ihnen beiden einerseits und den Brüdern Grimm andererseits darin zufiel: so wird man nicht anstehen, in dem Grade von innerer Freiheit mit welcher sie den Objecten ihrer Forschung gegenüberstehen, in dem Grade des Einflusses welchen sie den dunklen Regungen unbeaufsichtigter Vorstellungsmassen auf ihre Erwägungen gestatten, die Eigenthümlichkeit des norddeutschen und süddeutschen Naturels wiederzuerkennen.

Lachmann war acht Jahre jünger als Jacob Grimm. Daraus erwuchs ihm der Vortheil, daß alle die ersten Arbeiten der Grimm, Görres, von der Hagen für ihn schon ein Gegebenes waren, zu dem er unbefangen und unbeirrt durch das Bestechende des Augenblicks und die mitreißende Strömung der Zeit, seine Stellung wählen konnte. Ueber diese Wahl aber war er um so weniger zweifelhaft und bewahrte sich um so leichter das volle Gleichgewicht besonnenen Urtheils, als er an das Altdeutsche herantrat ausgerüstet mit der ganzen bisherigen Erfahrung der classischen Philologie, deren Methode überdies um ein bedeutendes Stück weiterzubringen und in dem wichtigsten Punkte der Texteskritik erst auf die richtige Bahn zu führen gleich seiner frühesten Arbeit gelang. So erklärt sich daß es in dieser Zeit der gährenden Bildung nicht viele Gelehrte gegeben haben wird, welche so wenig in ihrem Leben zu bereuen und zurückzunehmen hatten wie Lachmann.

Lachmann ist ein Philolog in der engsten Bedeutung des Wortes, in der man nur die formale Philologie im Gegensatze zur realen oder materialen darunter versteht. Die letztere ist Jacob Grimm's Gebiet, in der ersteren herrscht Lachmann. Mit allen Kräften seines Wesens ist er darauf gerichtet; kein Gegenstand scheint ihm zu unwichtig um nicht mit der peinlichsten Sorgfalt, mit der achtsamsten Vorsicht behandelt zu werden; bei dem Alleräußerlichsten und Kleinsten beginnt seine Arbeit, bei den Buchstaben und der richtigen Schreibung, und steigt hinauf in die höchsten Geheimnisse des poetischen Schaffens: überall mit keinem anderen Zwecke als dem, irgend einem Schriftsteller oder Dichter denselben Dienst zu leisten, welchen der Restaurator dem Künstler leistet: seine Werke in solcher Gestalt der Auffassung Mitlebender darzubieten, wie sie aus seinem eigenen Geiste hervorgetreten sind. Die Richtung des Gemüthes auf eine derartige Thätigkeit kann nicht gedacht werden ohne grammatisches Interesse und ohne stilistisches oder poetisches Interesse. Jedes philologische Bemühen entfließt einer unreinen Quelle, das nicht aus diesen beiden sich nährt, wie jedes philologische Bemühen fruchtlos bleibt, das nicht mit der genauesten Kenntniß der Sprache und dem eindringendsten Verständnisse für Poesie verbunden ist und mit diesen Mitteln wirkt.

Das wußte Lachmann sehr wohl. Den Gedanken die gothischen Palimpseste aus Mailand zu holen, den er einen Augenblick gehegt hatte, gab er auf: denn, schrieb er, soll ich der ich gar keinen linguistischen Trieb oder Geschick habe, mich hinsetzen und gothisch studiren bis ich es selbst ohne Fehler schreiben kann? So viel hielt er für die Arbeit nöthig, so hohe Forderungen stellte er an sich selbst. Um die philologische Aneignung bemühte er sich nur bei den Sprachen, deren Denkmäler herauszugeben ihm am Herzen lag. Das waren im Kreise der germanischen Sprachen die mittelhochdeutsche und althochdeutsche. Lachmann war der größte Kenner des Althochdeutschen bis jetzt, und seine Ausgabe des Hildebrandsliedes bildet noch heute den Gipfel und das schwer erreichbare Muster des für das Althochdeutsche Geleisteten. Was sollen wir sonst noch sagen von allen mühsamen Forschungen, denen Lachmann sich unterzog in namenlosem Fleiße, um aller der Kenntnisse Herr zu werden, deren er für seine Zwecke bedurfte? Er hat die Wissenschaft der altdeutschen Metrik begründet nicht blos, sondern beinahe auch vollendet. Er hat für die Geschichte der altdeutschen Literatur und deren feste chronologische Einordnung mehr gethan als irgend ein anderer.

Bewunderungswürdiger als dies Alles aber ist sein Verständniß für Poesie und seine unmittelbare Nachempfindung der dichterischen Production. Darauf beruht sein Fortschritt über Friedrich August Wolf hinaus in der Betrachtung des Volksepos. Er hat das lebendigste Gefühl des Individuellen, für den Ton verschiedener Autoren die feinste Unterscheidungsgabe. Er steht in der ausgebildetsten Anschauung des Stoffes mit allen Einzelheiten und Verzweigungen, Beziehungen und Zusammenhängen. Es ist eine neue Methode des Lesens die er übt mit einer Spannung des Gemüthes und einer Versenkung in den Gegenstand, bei welcher die Stimmung des blos hingebenden Genusses gar nicht mehr aufkommt, so daß ihm das Lesen beinahe zu einem Nachproduciren wird. Wo daher Werke verschiedener Dichter zu einem scheinbar einzigen verbunden worden, da können, wofern nur die ursprünglichen Gedichte in ihrem Wesen nicht angetastet worden, alle Erweiterungen, Verkittungen und Verschränkungen seinem Scharfblicke das wahre Sachverhältniß nicht verschleiern. Dieses Scharfblickes erste Probe legte er in dem bereits erwähnten Habilitationsvortrage über die ursprüngliche Gestalt des Nibelungenliedes ab. Seine abschließende Aufstellung der zwanzig Nibelungenlieder aber und seine ähnliche Untersuchung der Lieder der Ilias, wovon er um 1821 die ersten Resultate vor Freunden laut werden ließ, sind der höchste Triumph der formalen Philologie.

Die kritische Meisterschaft im Großen bewährte sich im Kleinen an jeder Gestaltung eines Textes die aus Lachmann's Hand hervorging, an jeder Wahl der Leseart, an jeder Conjectur. „Er war zum Herausgeber geboren," sagt Jacob Grimm, „seines gleichen hat Deutschland in diesem Jahrhundert noch nicht gesehen." Nur durch das Vermögen sich ganz und gar in den Geist des Dichters hineinzuversetzen gelingt es, die einzelnen Aeußerungen dieses Geistes aus dem Schutte der Jahrhunderte fast in ihrer ersten Reinheit wieder hervorgehen zu lassen. Nur so ist es möglich die doppelte Gefahr zu vermeiden: dem Dichter etwas aufzudrängen was allein in dem Kopfe des modernen Kritikers entsprang, und dem Dichter das nicht zu nehmen wodurch die Unaufmerksamkeit und Willkür der Abschreiber seine Werke verfälscht und verunstaltet haben. Lachmann gelang es um so vollständiger, als in ganz ungewöhnlichem Maaße ihm die Gaben verliehen waren, die wir für die Grundbedingungen aller methodischen Forschung ansehen: der unbestechliche Wahrheitssinn und das Vermögen des Zweifels an sich selbst. Der Geist der Wahrheit öffnet und verschärft ihm den Blick für alle Abstufungen der Gewißheit und für die Möglichkeit an einem gegebenen Stoffe sie zu erreichen. Der Geist des Zweifels läßt ihn die ersten Beobachtungen unaufhörlich wieder vornehmen und prüfen, und macht ihn mißtrauisch gegen die Neigungen seines Gemüthes und legt ihm die Pflicht einer geistigen Selbstkasteiung auf, welche hinter der körperlichen der alten Asceten an Nachdruck und Schärfe nicht zurückblieb.

Die Härte gegen sich selbst berechtigt aber auch zur Strenge gegen andere. Sorgfältige Treue, Eifer für die Wahrheit und wider den Schein: dahin richtet sich unser wohl bewußtes Streben, schreibt Lachmann, und wenigstens gefühlt haben als das seinige muß dies wer sich zu uns rechnen will. Es ist ein aristokratischer Zug in Lachmann. Aber kein echter Gelehrter oder Dichter oder Künstler kann dieser Vornehmheit des Wesens entbehren ohne Schaden an seinem Heiligsten zu nehmen. Nur während sie der Eine um der Verträglichkeit des Lebens willen vielleicht stille in seiner Seele verschließt, glaubt der Andere sie scharf zur Schau tragen zu müssen um der Aufrichtigkeit willen. Wissenschaft und Kunst sind keine Güter, zu deren Erreichung Association und Organisation der Massen irgend etwas dienen können. Zu dulden und zu hegen wessen Gesinnung falsch und unecht befunden worden, blos weil er nach gewissen Richtungen hin vielleicht Brauchbares leistet, dazu liegt kein Grund vor. Wohl aber hat wer sich als einen rechten Priester des Wahren und Schönen fühlt, alle Ursache, seine Persönlichkeit vor jeder Berührung mit dem Unreinen zu schützen. Denn Gelehrte und Künstler wirken ebensosehr durch das was sie sind, wie durch das was sie thun.

Kein schöneres Schauspiel aber, als wenn edle Kräfte von hoher Selbständigkeit sich zu gemeinsamem Werke verbünden. Zwischen Benecke, Lachmann und den Grimm bestand solche Einhelligkeit der Forschung, das rückhaltloseste Geben, das dankbarste Empfangen. Benecke und Jacob Grimm wechselten seit 1819 ohne Unterlaß ausführliche Adversarien: Fragen und Gegenfragen werden gestellt, Bedenken geäußert, Controversen ausgefochten, über die gedruckten Arbeiten Bemerkungen ausgetauscht; was einer mehr weiß als der andere, theilt er mit; was ihnen beiden noch entgeht zu erlangen, unterstützen sie sich gegenseitig. Der Verkehr und die Freundschaft Lachmann's mit Jacob Grimm und Wilhelm Grimm beginnt ebenfalls im Jahre 1819 nach dem Erscheinen des ersten Bandes der Grammatik. Die Verschiedenheit ihrer Naturen wurde ihnen bald eben so klar wie die Nothwendigkeit des Zusammenwirkens. Sie hatten das volle Bewußtsein, daß sie allein, mit Benecke, auf dem richtigen Wege und im Stande seien, aus den Bestrebungen für das deutsche Alterthum eine Wissenschaft zu machen. Lassen Sie uns, schreibt Jacob Grimm an Lachmann (1. April 1820), auf diesem Wege fortfahren und bald wird ein philologisches Fundament entstehen, welches dem Publikum mehr Zutrauen einflößen soll, als das Geschwätz und die Halbwisserei, die bisher ihr Spiel mit der altdeutschen Literatur getrieben haben.

Ein sehr reger Briefwechsel begann. Zwischen Jacob und Lachmann wurde Grammatik und Metrik verhandelt, zwischen Wilhelm und Lachmann die altdeutsche Literaturgeschichte und insbesondere die deutsche Heldensage. Denn der Mann, der den Text des Lukrez in's Reine brachte ohne sich mit dem Epikuräismus zu beschäftigen, der den Text des Neuen Testaments bearbeitete ohne sich in die Geschichte des Urchristenthums einzulassen, empfand doch bei seinen Untersuchungen über das Nibelungenlied das Bedürfniß, über das Formelle hinaus auf die Sachen überzugehen. In gemeinschaftlichen Erörterungen stellten sie ihre Ansichten darüber fest.

Lachmann fühlte sich mit Wilhelm Grimm verwandter als mit Jacob. Der unermeßliche Reichthum und das Massenhafte ist so wenig Ihr als mein Fach, schreibt er ihm einmal, wir müssen das Jacob lassen. Aber ohne Neid, fügt er hinzu, kann es nicht abgehn, wo man sich einmal seiner Art zu nähern gezwungen ist. Einen anderen Unterschied berührt er einmal gegen Jacob mit den Worten: Ihre Weise ist anders als meine, Sie sind viel lehrhafter, bei mir heißt es discendo docemus; beide haben ihr Gutes, meine ist für den Mitforschenden schwerer, aber weniger überredend: am besten, beide stehen neben einander. Auch eine andere Eigenthümlichkeit, die man oft getadelt hat, berührt er wiederholt. Er könne nicht anders für den Druck schreiben als ein wenig vornehm und mit Deckung. Und als ihn Benecke mit dem englischen Philologen Porson verglich, mißbilligte er das, wenn Benecke dabei an Porson's widerlich vornehme, orakelmäßige Vorsichtigkeit denke. Diese sei wahrhaftig bei ihm nur scheinbar und gewöhnlich Unvermögen oder Ueberdruß das Bekannte noch zu sagen: „Gott besser's!" schließt er mit einem Stoßseufzer. Eine ausführlichere Selbstcharakteristik findet sich gleich in einem der ersten Briefe an Jacob, vom 22. April 1820, unmittelbar nach einer Reihe von scharfen Urtheilen über Fachgenossen: Was mich besonders hindert, ist ein fahriges Wesen, bei dem ich mich auf Alles mit Wuth stürze. Der erste Gedanke ist meistens gut, aber dann hängt sich allerlei Unrath an. Gehörig sammeln und excerpiren fällt mir auch schwer: so raffe ich aus dem Gedächtniß vieles zusammen, und das Beste ist fort. Mich weiter zu verbreiten, davon hält mich ab, daß ich die classische Philologie nicht ganz vernachlässigen will und gar noch (als außerordentlicher Professor in Königsberg) schöne Wissenschaften lehren soll, außerdem ein natürlicher Trieb, der an sich so schlecht nicht ist, Ein Ende fest und beharrlich anzufassen und nicht weiter zu gehn bis ich hier durch bin. Anderes wird mir mit Unrecht vorgeworfen. Daß ich mich erzürne über mich und andere, schadet mir nicht, denn ich bin sogar leichtsinnig genug es bald zu vergessen; und meine Freunde, das heißt die tüchtigen und ehrlichen, werden's mir zu gut halten bis ich anfange auch sie hinterm Rücken oder in's Angesicht zu schmähen. Das wird aber nie geschehen.

Wie Lachmann, so wird auch Jacob Grimm nicht müde, seine Art mit der des Freundes zu vergleichen und dessen eigenthümliche Vorzüge mit Wohlgefallen zu betrachten. Ich bewundere immer mehr, schreibt er ihm, die ausnehmende Genauigkeit und Strenge Ihrer Untersuchungen. Dergleichen habe ich nichts aufzuweisen. Und welchen Vortheil wissen

Sie aus allem zu ziehen, namentlich für die Beurtheilung der Echtheit der einzelnen Gedichte und der Mundarten. — Und als Lachmann's Ausgabe der Werke Wolfram's von Eschenbach erschienen war, meinte er: eine solche Arbeit glücklich vollbracht zu haben, müsse andere Freude und Beruhigung gewähren, als er bei seinen Büchern empfinden könne. Von diesen werde lange nichts mehr stehen, wenn noch Lachmann's Muster von Vielen nachgeahmt und von Wenigen erreicht bleiben werde. Bedenken, die er gegen Einzelheiten dieser Ausgabe äußerte, nahm er mit den Worten halb zurück: Allein ich traue Ihnen beim Herausgeben hier mehr Bedacht zu als mir beim Lesen, Sie werden für Alles gute und erwogene Gründe haben. — Bei der schönen Unmittelbarkeit, mit der Jacob Grimm sich stets zu geben wußte, darf es nicht Wunder nehmen, wenn zuweilen mitten in die gelehrten Berathungen der Ton des tiefsten und wahrsten Gefühls hereinbricht. Meine Eltern sind mir früh gestorben, schreibt er einmal, und ich habe auch sonst weniges in der Welt, zu dem ich über Berg und Thal reisen möchte, wie gerne ginge ich Ihnen nach so weit mich die Beine trügen. Als Lachmann im Jahre 1824 eine literarische Reise nach München und St. Gallen unternahm, wünschte Jacob Grimm ihn begleiten zu können und malte sich aus wie sie mit einander auf dem Bodensee schiffen würden. Aber was würden Sie an mir haben? setzt er hinzu: ich bin still, einseitig und oft traurig.

Die ersten Denkmäler des freundschaftlichen Zusammenwirkens zwischen Jacob Grimm und Lachmann sind des Letzteren „Auswahl aus den hochdeutschen Dichtern des dreizehnten Jahrhunderts“ und die zweite Auflage des ersten Bandes von Jacob Grimm's Grammatik. Jene freilich hatte Lachmann vor der Begründung dieser Freundschaft begonnen, aber als er in der Vorrede die Grundzüge einer mittelhochdeutschen Vocallehre vorlegte, konnte er sich bereits auf neue Entdeckungen Jacob Grimm's berufen, die ihm dieser mitgetheilt hatte und die ihm dabei zu gute gekommen waren. Die zweite Auflage des ersten Bandes der Grammatik erschien 1822: die erste Auflage war absichtlich klein gemacht worden und daher schon im nächsten Jahre nach dem Erscheinen vergriffen. Jacob Grimm schrieb seine neue Ausarbeitung, wie alle seine Bücher, leidenschaftlich, ohne Concept, oft ohne zu überlesen sogleich für den Druck, der im October 1820 begann, und war dem Setzer immer nur wenige Bogen voraus. Mitunter machte er noch die wichtigsten Entdeckungen wie vor dem Thorschluß. Die gedruckten Bogen erhielt Lachmann partienweise zugeschickt und seine Bemerkungen wurden nachgetragen. Jacob Grimm's Briefe drehen sich, wie begreiflich, in dieser Zeit ganz und gar um das, was ihm von Tag zu Tag, von Woche zu Woche in der Förderung seines Werkes gelang, um die Befürchtungen und Hoffnungen welche er damit verband. Wenn er sah wie viel einzelne Dinge noch unergründet waren, und wie vieles er dennoch in allgemeiner Fassung niederschreiben mußte, so bangte ihm vor der Fehlerhaftigkeit des Buches. Das beste werde sein, meint er, daß er sich ein Herz gefaßt hätte, so viel unfertiges Zeug in die Welt zu schreiben und auf seinen Namen zu nehmen. Da einmal Lachmann längere Zeit nicht schreibt, sorgt er, der Freund sei ihm böse geworden, weil er in der Grammatik so manches nicht besser gemacht habe. Je mehr aber der Band seiner Vollendung entgegen reifte, desto dauernder stellte auch Freude und Befriedigung sich ein, wozu Lachmann's Einstimmung und Beifall nicht wenig beitrugen. Treffend nennt Lachmann Jacob Grimm's Selbstvorwürfe ungerechte Klagen darüber daß er aus dem Nichts tief in die Wahrheit, aber noch nicht bis an's Ziel vorgedrungen sei. Und er stellt ihm vor, daß es gar kein gutes Buch gebe, das heißt keins das nicht der Verfasser, so wie er ist und noch in dieser Welt wird, besser könnte gemacht haben. Ohne vielfache Irrthümer gehe es einmal nicht ab, und deren Verbesserung könne man getrost neuen Auflagen oder den Nachfolgern überlassen. „Und wären Sie, bricht der heftige Mann aus, wären Sie unmittelbar nach Ihrer ersten Ausgabe der Grammatik gestorben; Schuft, wer nicht auch dann noch, wenn keine Seite mehr so wie sie ist gelten könnte, Ihren Namen mit dankbarer Verehrung genannt hätte! — Verzeihung! wenn mir's Ernst ist und an's Herz geht, kann ich nicht bedenken was etwa schicklich und anständig sein mag."

Jacob Grimm war sehr dankbar für solchen kräftigen Zuspruch. „Ihre Briefe trösten mich gewaltig, schreibt er; wenn ich denke, nun wird er mit allen Seiten deiner Arbeit unzufrieden sein, so kommt Ihr Brief worin ich lese, daß Sie sogar noch einzelnes in dem Buche fein bemerkt finden." Doch sei es ein vierschrötiges Gezimmer, dem einzelnes Gute nicht aus den Nöthen helfe, worin es stecke. Derartige Unmuthsäußerungen hindern ihn aber nicht mehr, die wahre Bedeutung des Werkes zu würdigen. „Es ist ein grammatisches Haus auf die Beine gekommen, erkennt er an, worin man nun einziehen und das man ausbauen kann. Es sind nun Geschäfte möglich und es steht mir vor, es werden bessere getrieben werden. Vermuthlich geht's der Masse des Publikums, wie ich an mir selbst genug erfahren habe, man verliert manchen guten Einfall und reibt seine Lust an einer Arbeit nach und nach auf, sobald man nicht unternimmt, sie wirklich anzufassen und zu fördern. Und wunderbar fühlt sich der Geist selbst durch fortschreitende Thätigkeit gefördert."

Die neue Auflage erschien in einem ganz neuen Gewande: mit lateinischen Lettern gedruckt und ohne große Buchstaben außer im Anfang des

Satzes und in Eigennamen. Jenes beruhte damals auf ganz äußerlichen Gründen. Auf dieses legte Jacob Grimm ebenfalls kein Gewicht: er wollte, wie er sagte, eigentlich blos zeigen, da er in der Thesis alle Sprachneuerungen erklärt hasse, daß er nicht so sehr Ultra sei, um nicht auch einmal einen liberalen Vorschlag zu machen, und auf die Abstellung einer im Wesen unserer Sprache durchaus nicht begründeten Pedanterei hinzuwirken.

Auch der ursprüngliche und in der ersten Auflage festgehaltene Plan war verändert. Eine Lehre von den Lauten der germanischen Sprachen, von deren Grundzügen ihm bei Abfassung der Flexionslehre schon manches Wesentliche feststand, hatte früher den zweiten Band beginnen sollen, wurde aber jetzt als erstes Buch an die Spitze des ganzen Werkes gestellt und mit der Flexionslehre als dem zweiten Buche zu dem ersten Bande vereinigt.

Schon die philosophischen Grammatiker, schon Moritz, schon Bernhardi, ja sogar Adelung, hatten — freilich in sehr verschiedenem Sinne — den einzelnen Buchstaben oder Lauten besondere Betrachtungen gewidmet. Kanne untersuchte den Lautwandel zwischen dem Griechischen und Deutschen in einem besonderen Schriftchen. Jacob Grimm's Behandlung der Laute und seine zahlreichen Entdeckungen auf diesem Gebiete konnten dennoch als etwas völlig neues, ungeahntes gelten. Denn die winzigen Beobachtungen, die ihm vorausgegangen waren, kamen neben seinem Reichthum, neben seinen vollständigen und allseitigen Aufschlüssen kaum in Betracht. Nun erst war der Boden völlig geebnet auf welchem der Wunderbau der Grammatik sich gesichert erheben konnte. Die kleinsten Theile waren durchsichtig geworden. Die Betrachtung durfte zu immer höheren Gegenden sich empor wagen, weil sie sicher war, nichts Wesentliches zurückgelassen zu haben. Der Mann der einst die poetischen Literaturen der Völker des ganzen Erdballs fast zu umspannen versuchen wollte, hatte es nothwendig gefunden, sich auf das Kleinste, auf den einzelnen einfachen Laut, der aus dem Munde quillt, einzuschränken. Wie der Geist im arabischen Märchen hatte er sich aus Riesengröße in den engsten Raum zusammengezogen. Aber er behielt die Macht sich wieder ausdehnen. Und er dehnte sich aus nach kurzer Zeit in die ganze Welt des Geistes, welche in unbewußtem Schaffen das deutsche Volk aus sich erzeugt hat.

Dürfen wir es wagen, die Aufmerksamkeit unserer Leser einen Augenblick auf diese Grimm'sche Lautlehre zu lenken, so ausschließlich der Gegenstand nur der fachmäßigen Wissenschaft anzugehören scheint? Wir wollen nur in einige Thäler der weiten belebten Landschaft hineinblicken und ihre allgemeinsten Umrisse festzuhalten suchen.

Ein Aggregat von Lauten wird durch den Accent erst zum lebendigen Wort. Accent aber, diese Seele des Wortes, ist Hervorhebung, helle Beleuchtung Einer Silbe — oder genau gesprochen, des Vocales Einer Silbe — vor den übrigen in Dunkel zurücktretenden. Und da hervorgehoben wird was am bedeutendsten scheint, so beruht die Setzung des Accents auf einer Ansicht von dem Werthe der Silben. Während nun die ursprünglichen Accentverhältnisse der europäischen Sprachen, welche aus dem Urstamme des Indogermanischen sich abzweigten, wahrscheinlich, wie im Indischen, alle die verschiedenen Ansichten, welche je nach verschiedenen Umständen beim Acte der Wortbildung sich geltend machen können, getreulich bewahrten: führte die germanische Sprache, als sie aus der Masse der übrigen europäischen sich losriß, ein neues Accentprincip ein, indem sie keine anderen Unterschiede des Silbenwerthes mehr anerkannte, als welche in den zwei verschiedenen Elementen, aus denen jedes Wort besteht, gefühlt werden. Diese Elemente sind das materiale und das formale. Jenes, aus wenigen zu Einer Silbe zusammengefaßten Lauten bestehend, das wir mit einem nicht ganz passenden Vergleiche uns die Wurzel zu nennen gewöhnt haben, als ob daraus das ganze Wort empor wüchse gleichsam, — tritt nach germanischer Sprachanschauung in einen Gegensatz des Werthes zu den Formelementen, den Ableitungen und Flexionen. Die Wurzelsilbe allein wird für so bedeutend gehalten, um auf die auszeichnende Betonung ihres Vocales Anspruch erheben zu können. Auf sie wird nun aller Glanz im Worte versammelt, Ableitungs- und Flexionssilbe müssen von dem ihrigen an sie abgeben und ihre Farbe in sie reflectiren, so daß der Vocal der Wurzelsilbe in eine gewisse Abhängigkeit von dem Vocale der folgenden Silbe geräth. Wenn wir „Engel" sagen, wo die alte Sprache angil, und „Kräfte" wo die alte Sprache krafti, so hat das i diese Wirkung hervorgebracht, indem es dem vorausgehenden a einen Beisatz von sich zufließen ließ. Aber der ganze Proceß, auf den wir hindeuten, ist nur eine Tendenz, welche lange nicht vollständig durchgeführt wurde. In dem gegebenen Lautmaterial schon stößt sie auf mechanischen Widerstand den sie nur theilweise überwinden kann. Consonanten behindern und lassen wie eine undurchsichtige Wand die Strahlen der Vocale nicht passiren. Einige Vocale sind ihrer Natur nach unempfindlich gegen einander wie chemische Grundstoffe ohne Affinität. Das helle i ist von allen der mächtigste und greift die übrigen fast ohne Ausnahme an. E und o kommen gar nicht in Betracht. Das dumpfe u übt nur in localer Beschränkung und auch da nur beschränkte Wirkung aus. Auch das a begnügt sich die trüben Vocale e und o in der Wurzelsilbe zu beschützen, indem diese gleichsam Brechnungen des i und u sind, deren reine Kraft nach der Richtung von a abgelenkt erscheint. So daß im Grunde nur das i jener Tendenz der Vocalreflexion in die Accentsilbe, wenn wir die Erscheinung so nennen dürfen, vollständig entspricht.

Während der deutsche Sprachgeist das materielle Element der Worte in der geschilderten Weise begünstigt, entzieht er den Formelementen seine Gunst immer sichtlicher. Schon im dreizehnten Jahrhunderte ist alle Pracht der tönenden Vocale aus ihnen verschwunden und hat dem farblosen e überall den Platz räumen müssen. Es sind, mit Jean Paul zu reden, dem herrlichen Althochdeutsch die vollen Baßsaiten abgeschnitten und die dünnen E-Quinten aufgeschraubt, so daß aus den köstlichen Formen herrono, tago, erdu, fisgo, guati die dünnstimmigen Herren, Tage, Erde, Fische, Güte wurden — und unsere Sprache, die reiche Klang-Singstimmen ihrer Jugend einbüßend, gleich einer alten Frau da kreischte und pfiff wo sie früher gesungen hatte.

Solche Zerstörung hat der veränderte Accent angerichtet in der deutschen Sprache. Dennoch aber kam aus der vorgermanischen Periode eine merkwürdige Erbschaft auf die germanische, eine Vocalveränderung, welche nur auf jenem älteren freieren Accente beruhte und, nachdem ihre eigentliche Existenzbedingung weggefallen war, eine selbsteigene Triebkraft, ein spontanes Wandlungsvermögen der germanischen Wurzel zu verrathen schien.

Unter den verschiedenen Vocalen nämlich walten bestimmte Gradunterschiede ihres Gewichtes ob. A zum Beispiel gilt der Sprache für schwerer als i und u. Und aus der ältesten Sprachperiode, in welcher die Worteinheit sehr gering und die Selbständigkeit der Lautelemente sehr groß war, sind gewissen Vocalen eigenthümliche Verstärkungsmittel ihres Gewichtes geblieben, welche sie wo es nöthig ist hervorholen können: vor i taucht ein a auf und verstärkt es zu ai, vor u das gleiche, so daß es zu au wird. Ruht nun der Accent auf der Wurzelsilbe, so erhält sie ihr größtes mögliches Gewicht. Ruht er auf einer anderen Silbe, so entzieht er der Wurzelsilbe mehr oder weniger von ihrem Gewichte. Auf diesen Unterschieden des Vocalgewichtes und auf der alten vorgermanischen Freiheit des Accentes, sich wie im Indischen auf allen Silben des Wortes je nach den wechselnden Formen herumbewegen zu dürfen, beruht der Vocalwechsel in manchen Classen der deutschen Verba. Wenn man einst sagte: ich singe, ich sang, wir sungen: so lösten die drei reinen ungetrübten Vocale in demselben Worte einander ab, ohne daß doch i und u eine andere Rolle dabei spielten, als die von gewichtloseren Repräsentanten des ursprünglichen a. Und wenn es in der älteren Sprache anstatt unseres einförmigeren: ich biege, bog, wir bogen — oder: ich reite, ritt, wir ritten — mit mannigfaltigerem Wechsel hieß: ich biuge, baug, wir bugen — oder: ich rite (mit gedehntem i), reit, wir riten (mit kurzem i): so waren dies nur die verschiedenen Metamorphosen, zu welchen die Vocale u und i in diesen Wörtern der ursprüngliche Accent zwang.

Fast alle diese Erscheinungen des Vocalwandels, bei deren Darstellung wir uns in ihre Motivirung etwas tiefer einzugehen erlaubten, als Jacob Grimm vielleicht gebilligt haben würde, waren von der früheren Grammatik nicht unbemerkt geblieben. Und Radlof wohl zuerst bezeichnete sie mit dem gemeinschaftlichen Namen Umlaut. Aber weder sah er die nächsten Gründe auch nur ein, noch wurde ihm klar daß hier zwei ganz verschiedene Erscheinungen vorlagen. Jene Wirkung des i auf vorangehende Vocale ist ziemlich jung in der Geschichte der germanischen Sprachen und im Gothischen noch gar nicht vorhanden. Jacob Grimm schränkte darauf die Bezeichnung des Umlauts ein, während er die Beziehung des a zu vorhergehendem e und o als eine „Brechung" von i und u auffaßte und so benannte. Jener uralte Vocalwechsel in der Conjugation aber erhielt von ihm den Namen Ablaut. Und nicht blos in der Conjugation beobachtete er ihn, sondern in der ganzen Wortbildung erkannte er ihn als thätig. Reihen verwandter Wörter, die sich leicht finden ließen, wie „die Binde, das Band, der Bund; die Beugung, der Baug (Armring), der Bug, der Bogen," trugen deutlich das waltende Gesetz an der Stirn. Und Jacob Grimm ging so weit, für alle derartige Formeln, wenn ihnen auch in den überlieferten und bekannten Sprachen ein Verbum nicht zur Seite stand, ein solches doch als ehemals vorhanden und nur für uns verloren zu statuiren. Denn überall schien ihm das Verbum das Erste und Ursprüngliche, das Nomen nur abgeleitet; das Lebendigere und Beweglichere älter als das mehr Ruhende und Starre.

Der beinahe leidenschaftliche Eifer, mit welchem Jacob Grimm alle Spuren des Ablautes verfolgte (er glaubte ihn später auch noch in der Declination der Substantiva wirksam zu erblicken), beruhte in seinen Anfängen auf einer ganz sinnlichen Empfindung, auf einer besonders günstigen Disposition seines Ohres für die Abwechselung verwandter Vocale oder der reinen einfachen Grundlaute a, i, u. Es ergötzte ihn einmal, aus den verschiedensten Sprachen Wörter zusammenzustellen, in welchen jene reinen Vocale in schöner Mannigfaltigkeit sich neben einander finden. Mit solchem Wohlklange schlagen diese Laute an sein Ohr, als ob ihnen ein geheimnißvoller bestrickender Zauber beiwohnte. Verwundert und nicht ohne Lächeln beobachten wir, wie er in seinen jüngeren Jahren ebenso aus den Farben sich drei erwählt, Schwarz, Weiß und Roth, die er als die reinen bezeichnet und deren Combination auf sein Auge einen ähnlichen, starken Reiz ausübt. Ja wir werden unwillkürlich daran erinnert, wie auch in moralischer Hinsicht Reinheit und Fleckenlosigkeit für ihn so sehr die höchsten Begriffe repräsentiren, daß er sie damals auf Verhältnisse anwendet, welche durchaus nichts damit zu thun haben. Je seltener wir für wissenschaftliche Entdeckungen eine Wurzel im tiefsten Grunde des menschlichen Gemüthes nachweisen können, wo sich Sinnliches und Geistiges wie zwei schlafende Kinder umschlungen halten, desto nothwendiger scheint es uns auf diese Möglichkeit, ob es gleich nur eine Möglichkeit ist, in dem vorliegenden Falle hinzudeuten.

Darum stoßen wir auf die Lehre vom Ablaut so früh bei Jacob Grimm. 1813 spricht er gelegentlich von dem Uebergange des Naturlautes in Menschensprache, wie er sich ausdrückt. Er meint damit Schallnachahmungen, wie die des Hauens mit dem Beil durch hikhak, der Mühle durch klippklapp. Das hat für ihn etwas Schauerliches, und er bewundert daran das reine Verhältniß der Umlaute: so nannte er den Ablaut noch. Er stellt neben den „Dualismus" klippklapp die „Trilogie" bimbambum, und sogleich denkt er dabei an Verba wie „springe, sprang, gesprungen." Das seien unsere vollkommensten Zeitwörter und der Vocalwechsel sei die trefflichste und weit älteste Formel deutscher Verbalbiegung. Bei derselben Meinung beharrte er mit Recht, als er tiefere Einsicht in das Wesen der Bildung gewonnen hatte. Und da sie ihm aus der Kraft und Stärke der Wurzel zu entspringen schien, so nannte er die Zeitwörter in denen sie herrschte die starken, und die anderen, welche dieser Kraft entbehrten und auf Zusammensetzung mit einem Hülfsworte sich angewiesen zeigten, nannte er schwache. Beide Classen an sich hatten die älteren Grammatiker bereits unterschieden: als gleichfließende und ungleichfließende Schottel, als richtige und unrichtige Gottsched, als regelmäßige und unregelmäßige Adelung. Aber die regelmäßigen waren Grimm's schwache und die unregelmäßigen Grimm's starke. Dagegen hatte schon Ten Kate (1723) die höhere Wichtigkeit der starken Conjugation erkannt und zum Eckstein seines Werkes gemacht. Darauf wies dann gelegentlich Wilhelm Schlegel hin, Rask erkannte im Altnordischen das richtige, Radlof erhob sich zu der gleichen Einsicht, und selbst Wolke behauptete, diese „Umbildeform," welche „Kraftkürtse, Mannigfaltigkeit und Wohllaut des Ausdrucks befördere" sei die „erstzeitige" gewesen. Erst Jacob Grimm aber brachte die starken Verba in Classen und dehnte den Gegensatz von stark und schwach auch auf die Substantivdeclination aus, indem er die gleichmäßigeren, abwechselungsärmeren Formen für die schwachen, die mannigfaltigeren und beweglicheren für die starken erklärte.

Alle im Vorstehenden berührten Ansichten, soweit sie nicht in der ersten Ausgabe der Grammatik schon niedergelegt waren, theilte Jacob Grimm an Lachmann im April 1820 mit. Ihre Fruchtbarkeit bewährte sich erst recht in der consequenten Durchführung durch alle vorhandenen Verba und Substantiva, durch alle deutschen Schwestersprachen, und in der überraschenden Ordnung die sich für eine Masse von Thatsachen daraus wie von selbst bot. Wurde nun Ernst gemacht mit einer allgemeinen Vergleichung, verfolgte man einzelne Worte durch alle Dialekte, so mußten die Entsprechungen und Gleichungen der Vocale sich bald ergeben. Wie viel Schwierigkeiten waren aber im Einzelnen zu lösen. Und wie glücklich hat Jacob Grimm viele, ja die meisten gelöst! Lachmann mochte anfangs Bedenken gehegt haben gegen die ungeheuere Ausbreitung der Arbeit. Nicht lange jedoch und er schrieb: Ich sehe immer mehr, es ist gut, daß Sie keine Mundart ganz ausschließen: aber wo Sie's alles hernehmen, weiß Gott.

An einer der folgenreichsten Neuigkeiten, welche die zweite Auflage der Grammatik brachte, hatte Lachmann sehr bedeutenden Antheil. Daß in unserer alten Sprache ein jetzt verschwundener Quantitätsunterschied der Vocale geherrscht habe, ist im Wesentlichen seine Entdeckung. Doch gab ihr Jacob Grimm erst die entscheidende Fassung, und zwar ohne Lachmann's Beistimmung anfänglich.

Nicht weniger als in der Vocallehre wurde Jacob Grimm vom Glücke begünstigt, da er den Consonantismus der germanischen Sprachen durchforschte. Eine äußerst wichtige Wandelung der Consonanten enthüllte sich ihm.

Wenn dem indischen dantas „der Zahn" und dem griechischen thyra „das Thor" im Gothischen tunthus und daur, im älteren Hochdeutsch zand und tor entspricht, so zeigt sich in dem Wandel des ursprünglichen d zu t und z welches aus th hervorgegangen, des ursprünglichen t zu th und d, des ursprünglichen th zu d und t eine bestimmte Regel der Lautumbildung, welche bei den übrigen sogenannten stummen Consonanten fast ganz in derselben Weise beobachtet werden kann. Daß dieses gesetzmäßige Verhalten der genannten Laute, durch welches die niederdeutschen und nordischen Sprachen gegen die urverwandten, die hochdeutsche gegen die niederdeutschen abgegrenzt werden, für die Begründung einer wissenschaftlichen Etymologie von der äußersten Bedeutung war, begreift sich leicht. Nähere Erörterung und ausführliche Darstellung des Vorganges finden unsere Leser in Max Müller's Lectures on the science of language, second series, worin eine eigene Vorlesung handelt von Grimm's Law. Denn ganz eigentlich Jacob Grimm's Gesetz ist dies Gesetz der Lautverschiebung wie er selbst es nannte. Zwar vorgearbeitet war auch hier.

Abgesehen von sporadischen Beobachtungen englischer und deutscher Grammatiker und Etymologen, unter welchen abermals Wilhelm Schlegel erwähnt werden kann, so hatte Kanne in seiner Schrift über die Verwandtschaft der griechischen und deutschen Sprache (1804) für ein paar Fälle die ganze Lautverschiebungsreihe angegeben und Rask im Jahre 1818 die völlig richtigen Lautgleichungen zwischen den classischen Sprachen und dem Nordischen aufgestellt. Aber erst Jacob Grimm, der übrigens nicht verhehlte daß er über das Verhältniß der europäischen Sprachen unter einander durch Rask beträchtlich gefördert worden sei, hat das Ganze in seiner Reinheit, den Stufengang eines zweimal in gleicher Weise vollzogenen Processes nachgewiesen. Und erst seit er es nachwies, ist es Gemeingut der Wissenschaft geworden. Am 25. November 1820 giebt er Lachmann die ersten Andeutungen darüber, am 1. April 1820 legt er ihm die ganze Entdeckung vor.

Nicht Alles was der erste Band der „deutschen Grammatik" enthielt ist nach dem heutigen Stande der Forschung so geblieben wie er damals es aufstellte. Den Vocalismus unterzog er 1841 selbst einer neuen Bearbeitung. Diesen und andere Punkte erörterte er noch später wiederholt. Auch darüber hat man sich zum Theil genöthigt gesehen hinauszuschreiten. Jacob Grimm hielt sich oft zu wenig den lebendigen tönenden Laut gegenwärtig und blieb mehrfach an dem Aeußerlichen des Buchstabens haften. Seine Lehre von der Lautverschiebung konnte durch die Anwendung der Physiologie darauf in ihrem Wesen um ein bedeutendes aufgehellt werden. Seine Lehre von dem Umlaut und der Brechung der Vocale scheint einer Modification zu bedürfen. Seine Lehre von der Declination und Conjugation hat durch die vergleichende Grammatik der indoeuropäischen Sprachen wesentliche Verbesserungen erhalten. Seine Lehre vom Ablaut ist auf demselben Wege umgestaltet, jedoch die Erscheinung noch nicht völlig aufgeklärt worden. Merkwürdigerweise sträubte sich Jacob Grimm, dem sonst kein Fortschritt fremd blieb, diese Fortschritte die schon bei seinen Lebzeiten gemacht wurden, anzuerkennen. Wie er seine größten Erfolge fast nur durch die Beschränkung auf die Welt der germanischen Sprachen erlangt hatte, so war ihm eine Neigung geblieben, den Blick auf dieselben festzuheften. Und mancherlei unnöthige Subtilitäten, die von anderer Seite aufgewendet wurden, mochten ihn darin bestärken. Ueberall wo die Erklärung irgend einer sprachlichen Erscheinung rein aus den germanischen Sprachen möglich schien — und wir haben im ersten Artikel gesehen wie früh er sich dafür einen Grundsatz gebildet hatte, — ging er über deren Kreis nicht hinaus. Und er hielt sich wohl noch öfter innerhalb desselben, als er durch seinen Grundsatz gezwungen gewesen wäre.

Das hinderte ihn jedoch keineswegs, auch fremden Sprachen sein lebhaftestes Interesse zuzuwenden.

Mit den slavischen Sprachen, zunächst mit dem Serbischen, beschäftigte er sich in Wien, ohne Zweifel durch Kopitar angeregt, sehr eifrig. Mit der Gewandtheit eines Sprachgewaltigen ergriff er das Serbische, wie Goethe sagte. Und wie Jacob Grimm den serbischen Liedern seine Theilnahme zum erstenmale bewies, das erwähnten wir schon. Daß er sie ihnen erhielt, als uns Frau Robinson mit der ersten Uebersetzung derselben beschenkte, dadurch gab er Goethe Gelegenheit zu dem bezeichnenden Worte, Grimm wisse eben so gut das allgemeine Organ zu schätzen wodurch wir uns mittheilen, als das dadurch Mitgetheilte. Noch 1824 übersetzte er aus Gefälligkeit für Wuk Stephanowitsch dessen kleine serbische Grammatik, indem er eine vortreffliche Einleitung hinzufügte. Und so erfüllte sich beinahe die Hoffnung die ein eifriger Slave 1816 aussprach, es werde sich an Jacob Grimm die „bisher ausnahmslose Erfahrung bestätigen, daß wer einmal etwas tiefer in das Slavische geblickt hat, dafür Enthusiast wird.“ Von den romanischen Sprachen kannte er längst die meisten und fügte gegen die Mitte der Zwanziger Jahre, als sich Gelegenheit bot, das ihm noch fehlende Provenzalische hinzu. Später noch reizte ihn das Finnische zu vollständiger Kenntnißnahme, und eine schöne Abhandlung über das finnische Epos war das erste Ergebniß dieses Studiums. Auch der hohe Werth der eben aufblühenden indischen Studien blieb ihm nicht verborgen. Daß die deutsche Grammatik einmal große Vortheile daraus ziehen würde, hoffte er zuversichtlich. Aber wenn er betrachtete was neben ihm von Anderen in dieser Richtung geleistet wurde, so kam er sich vor wie einer der sich ein Haus baut und zuweilen über die Bodentreppe läuft um durch die Luken zwischen die Nachbarsdächer zu schauen, immer jedoch gern wieder herabsteigt und unten wohnt wo geringere Aussicht ist.

Auch für Jacob Grimm kam noch die Zeit größerer Ausbreitung. Unterdessen verrichtete er im zweiten Bande der Grammatik, der 1826 erschien, an dem deutschen Wortschatze die Arbeit, welche unter allen Sprachen der Erde an der indischen zuerst und zwar durch die einheimischen Grammatiker vollzogen wurde. Er warf sich in die wirre, kaum übersehbare Menge der Worte und suchte die einfachen Elemente auf, aus deren Zusammenfügung sie entstanden ist. Wie die indischen Grammatiker stieg er in die Perioden unvordenklicher Sprachschöpfung hinauf und construirte sich ihr Bild, indem er gleichsame Aeste und Stämme abhieb und die einzelnen Wurzeln ausgrub, aus denen der ganze Wald erwuchs. Ueber siebenthalbhundert deutscher Wurzeln wies er nach, erforschte ihre Grundbedeutung, suchte allgemeine Regeln über ihre lautliche Gestalt zu gewinnen, zählte die vornehmsten Wörter auf, welche daraus abgeleitet wurden, und ging den Analogien in der Umwandelung der Bedeutungen nach, den Uebergängen in den Anschauungen der Sprache.

Doch wir können nicht fortfahren, in gleicher Ausführlichkeit wie beim ersten Bande den gesammten Inhalt von Jacob Grimm's Grammatik hier auszubreiten. Wie aber vermöchten wir in kleinerem Rahmen ein anschauliches Bild darzubieten? Oder wie dürften die leeren Capitelüberschriften es wagen, auch nur für die schwächsten Conturen dieses Bildes sich auszugeben?

Jacob Grimm's Betrachtung wendet sich von den Wurzeln hinweg zu den Mitteln, durch welche aus jenen die Wörter gebildet werden. Alle die zuwachsenden Elemente der Ableitung gehen an uns vorüber, ohne daß es freilich gelänge in ihren eigentlichen Sinn genügend einzudringen. Die einzelnen Laute sind die an sich stets gleichen Grundstoffe der Wurzeln und Wörter, auf denen sie beruhen wie die Naturkörper auf den chemischen Grundstoffen. Aber ihre wesentlichen Eigenschaften sind uns noch unbekannt. Wie sie in dem sprachgestaltenden Geiste zu den bezeichneten Gegenständen sich verhalten, die sie allein und in ihren Combinationen im Abbilde gleichsam zu wiederholen scheinen, das wissen wir nicht. Und jetzt so wenig wie damals wird die Lösung dieser Aufgabe als eine dringende empfunden.

Von den kleineren Lautcomplexen steigen wir im weiteren Verlaufe von Jacob Grimm's Darstellung zu immer größeren empor. Auf das einfache Wort in Wurzel und Ableitung folgt das zusammengesetzte. Die scheinbar unübersehliche Masse gliedert sich nach höchst einfachen und doch ganz neuen Gesichtspunkten. Wir erhalten damit einen Führer an die Hand der uns leicht und bequem durch die Menge hindurch leitet. Die allgemeinsten Regeln aufzudecken, wonach der deutsche Sprachgeist Wörter an Wörter kittet und zu Einheiten verschmelzt, blieb wie so vieles Jacob Grimm vorbehalten. Aber wenn es blos um diese Regeln sich handelte, so war die Untersuchung bald zu Ende und nur wenige Beispiele oder der zwecklose Versuch einen Reichthum bei Heller und Pfennig zu berechnen den wir jeden Augenblick zu vermehren im Stande sind, konnte sich daran schließen. Hier jedoch suchte nicht ein kalt sichtender Verstand das Lebendige zu skeletisiren, sondern es widerstrahlte die ganze in Sprache gefaßte Welt von Anschauungen auf dem Spiegel einer feinen Empfindung für das Charakteristische und das Verwandte und einer rasch ordnenden Phantasie. Da fanden sich innerhalb der großen Formationsunterschiede noch unzählige Gruppenbilder in denen vorwaltende Züge der sprachlichen

Entwickelung sich kundgaben. Und sie eröffneten nicht selten überraschende Einblicke in das geheimnißvolle Weben des ältesten nationalen Geistes.

Der gesammte Wortschatz der germanischen Sprachen sollte im dritten Buche der Grammatik, dessen erste drei Capitel wir soeben überflogen, unter dem Gesichtspunkte seiner Entstehung und Ausbildung durchmessen werden. Auch der dritte Band, 1831 erschienen, war noch ganz dieser Aufgabe gewidmet. Die kleineren Theile der Rede, welche die leisen Beziehungen der Worte unter einander und der Sätze auf einander und zum Sprechenden vermitteln, wurden ein jeder einzeln vorgenommen und geprüft. Alle Verhältnisse, für welche die Sprache sich in eigenen Worten besondere Bezeichnungsmittel geschaffen hat, wie die Verneinung, dann die Frage und Antwort, kamen hier vorläufig zur Behandlung, und bilden so den Uebergang zum vierten Buche, zur Syntax, worin der Gebrauch ersichtlich wird, den die Sprache von all dem Materiale zu machen weiß, das die drei ersten Bücher uns kennen lehrten, — worin die Kräfte welche wir erst in Ruhe und Unthätigkeit betrachtet, nun in der Bewegung ihrer lebendigen Wirksamkeit vor uns auftreten.

Die Syntax beginnt im vierten Bande des ganzen Werkes, der 1837 herauskam. Den Schluß hat Jacob Grimm nicht geschrieben. Als zu Ende der dreißiger Jahre sein Verleger ihm die Wahl frei stellte, ob er das Werk zu seiner Vollendung bringen oder eine neue Ausgabe des bereits Erschienenen unternehmen wollte, entschied er sich für das letztere. So blieb die Grammatik ein Torso.

Wenn wir nun die gesammte Gestalt dieser Schöpfung überblicken, sollen wir sagen, daß sie ganz unvergleichlich sei, daß kein anderes Volk ihr etwas Aehnliches an die Seite zu stellen habe? Gewiß, wenn irgendwo, so wäre hier der stolze Ausdruck berechtigt. Aber hat es nicht etwas Beschämendes, und sollen wir fort und fort daran erinnern, daß sich unsere Ansprüche auf Geltung unter den Nationen hauptsächlich auf Bücher gründen?

Das aber dürfen wir sagen, daß Jacob Grimm's Grammatik ein Buch ist wie bis dahin kaum eines gedacht, wie viel weniger eines unternommen worden war. Der deutsche Sprachgeist selbst lebt und waltet darin. Wir erkennen seine frische und ursprüngliche Kraft, wir erkennen die Einbußen welche die raschhinwandelnden Jahre an ihm verschuldet haben. Ueber der Derbheit und Wucht seiner Züge haben sich Narben und Falten gelagert. Keiner hat so tief in sein Innerstes geblickt wie Jacob Grimm, keiner so viel von seiner Heimlichkeit erlauscht. Dennoch aber wie selten entfaltet eine reiche Individualität einem einzelnen Beschauer ihr ganzes Wesen. Wie vieles ist auch vor Jacob Grimm noch verborgen geblieben. Wie vieles hat er in falscher Beleuchtung gesehen.

In zwei Richtungen der Forschung stellt sich uns Jacob Grimm's Verdienst bei der Grammatik vor allem dar. In beiden Richtungen finden wir ihn ohne die volle Energie des Strebens nach dem letzten Ziel. Die eine ist die historische Betrachtungsweise, die andere ist das Eingehen auf den materiellen Gehalt der Sprache.

Auf dem Satze von der ursprünglichen Einheit aller germanischen Sprachen ruht das ganze Gebäude unserer Sprachgeschichte. Diese Einheit so scharf und bestimmt zu construiren als möglich ist ihre erste Pflicht. Dann soll der Gang, in welchem die Unterschiede sich einschlichen nach und nach in die alte Gemeinsamkeit, offenbar werden. Die Gruppen der Völker und Sprachen soll die Forschung ergründen welche das erste Resultat der Differenzirung waren, und wie sie selbst wieder ferner sich spalteten. Jacob Grimm's Bemühen aber scheint manchmal auf die Vergleichung mehr zu gehen als auf die geschichtliche Entwickelung. Und seine Vorstellungen von der Ursprache entlehnt er allzu ausschließlich dem Gothischen. Obwohl er theoretisch nicht zweifelte, dieses sei nur die älteste und ähnlichste Tochter der verlorenen Mutter, so vermissen wir doch in seiner Praxis die consequente Anwendung hievon.

Noch weniger vollständig ist das zweite hervorgehobene Princip seiner Sprachbetrachtung durchgeführt. Den materiellen Gehalt der Sprache vorzulegen hatte man bisher dem Wörterbuche überlassen. Jacob Grimm erkannte die grammatische Natur auch dieses Stoffes, und die Lehre von der Wortbildung, sowie gewisse Partien der Syntax gaben Gelegenheit ihn herbeizuziehen. Dabei sind große Wortreihen und Gedankengruppen übergangen. Aber das ist ein Mangel der mit den besten Eigenschaften des Buches auf das Genaueste zusammenhängt.

Das Steife, Trockene, Regelrechte und Geradlinige ist abgethan darin. Die Grammatik hat aufgehört Sprachlehre zu sein. Sie will keine Gesetze mehr geben, sie will umgekehrt zu lernen suchen aus dem Sprechen derer zumeist die am wenigsten von Sprachgesetzen wissen. Die Rede des gemeinen Mannes steht ihr höher als Alles was drei Jahrhunderte gelehrter Bemühung in unsere Schriftsprache hineingeschulmeistert haben. Jeder Deutsche der sein Deutsch schlecht und recht weiß gilt ihr als eine selbsteigene Grammatik, mit der sie nicht in Concurrenz zu treten wagt, welche sie höchstens treu und bescheiden nachzubilden versuchen möchte. Nicht blos woran sich Vorschriften über das Thun und Lassen sprechender Menschen knüpfen ließen, sondern die ganze Breite sprachlicher Thatsachen, jeder Wortgebrauch, jede Redewendung darf in sie einströmen.

Die frühere Grammatik ist eine kindische Bildnerei, wobei Kürbisse auf Holzstäbe gepflanzt Menschen bedeuten sollen. Jacob Grimm modellirt als vollendeter Künstler Gestalten worin die Natur sich selbst wiedererkennen muß. Aber er arbeitet rasch und Manier ist die Folge so hastigen Schaffens. Lieblingsformen und Lieblingsstellungen drängen sich vor, und die Naturwahrheit oder der innewohnende Gedanke seines Gegenstandes leidet darunter. Die allgemeinen Richtungslinien sind nicht immer sicher, scharf und deutlich genug gezogen. Die grammatischen Kategorien, nicht von vorne herein hinlänglich durchdacht, gehen in einander über. Unhaltbare und gewagte Einfälle mischen sich ein, er selbst wußte das ganz gut, es sei einmal seine Art so zu arbeiten, sagte er, ohne die er auch andere Vortheile entbehren müßte. Zahlreiche Widerrufe und Nachträge, daraus entspringend, beförderten nicht die Klarheit des Planes, wohl aber die Unmittelbarkeit der Wirkung und das Hervortreten der darstellenden Persönlichkeit hinter den dargestellten Sachen. So trägt er auch seine persönliche Vorliebe und Abneigung in die Auswahl der zu behandelnden Objecte hinein. Gleichmäßige Erschöpfung des Stoffes ist nicht sein Ziel. Sorgfältig wird nur Einiges ausgeführt, Manches blos begonnen und angedeutet, Vieles gar nicht in Angriff genommen.

Was sich ihm zumeist in den Vordergrund schob, sein Hauptinteresse auf sich und von anderen Dingen abzog, war das Poetische und das Alterthümliche.

Wo das poetische Vermögen der Sprache auf seinem Gipfel erscheint, da macht sie auf Jacob Grimm's Phantasie den stärksten Eindruck; die größte Anzahl von Thatsachen ordnet sich ihm in analoge Reihen; das Bedürfniß stellt sich ein, der Sprache nachzufühlen und in überherrschenden Vorstellungen die Gründe ihrer Erscheinungen aufzuspüren.

Darum halten wir die Lehre vom grammatischen Geschlecht für den Höhepunkt von Jacob Grimm's Buche.

„Was ist ungereimter," hatte Adelung einst gefragt, „als leblosen Dingen ein Geschlecht zu geben, abstracte Begriffe als Personen eines gewissen Geschlechtes anzusehen?" Jacob Grimm fand den allgemeinen Grund der Erscheinung mit Wilhelm von Humboldt in dem „Einbildungsvermögen" der Sprache. Dann sucht er selbständig auf den verborgenen Wegen der Volksphantasie zu wandeln, indem er sie durch erweisliche mythologische Vorstellungen erhellt die in ihrem letzten Grunde zusammenfallen mit den Vorstellungen aus welchen die Genusbezeichnung entsprang. Er betrachtet den ganzen Schatz sinnlicher Benennungen in übersichtliche Gruppen geordnet, und untersucht bei jeder Gruppe wie die Eigenschaften der männlichen und weiblichen Natur von dem Sprachgeiste an leblosen

Objekten wiedergefunden und diese darnach als männliche und weibliche Wesen oder als solche die keines von beiden seien, unterschieden werden konnten. Die Sprache wandelt die ganze Natur gleichsam in Person um. Jacob Grimm sucht diesen Personen in's Herz zu sehen, um ihre Charaktere wie sie von der Sprache angeschaut wurden an's Licht zu stellen.

Gleich entschiedenes Streben, die höchsten Aufgaben der Sprachbetrachtung zu lösen, finden wir nicht häufig bei Jacob Grimm. Selten zieht er die Blumen mit der Wurzel aus, allzuoft pflückt er sie über der Erde nur oder reißt blos die Blüthen ab. Bei der Genuslehre beruhte auf poetischem Sinn und auf poetischer Nachempfindung die Lösung ganz und gar. Ueberall aber wo poetisches Verständniß nicht ausreichte, wo mühsame gedankenmäßige Erörterung und Erwägung logischer und psychologischer Momente allein zum Ziel führen konnte, da ergreift ihn nicht einmal das Verlangen, den webenden Sprachgeist bei seinem Geschäfte zu belauschen. Er betrachtet das Gewebe, beschreibt uns die Zeichnung: wie die Fäden geschlungen wurden kümmert ihn nicht.

Wir erkennen romantische Beschränkung in dieser Einseitigkeit. Wir erkennen romantische Beschränkung auch in der Neigung für das Alterthümliche, das vor der ruhelosen Bewegung des geschichtlichen Fortschrittes scheinbar unbewegt sich ausbreitet.

Darauf ruhen Jacob Grimm's liebevollste Blicke. Er versenkt sich in die Anschauungen und Worte in welche die kunstlose Phantasie der ältesten Germanen ihre einfache und dennoch reiche Welt gefaßt hat. Er schließt eine Zeit vor uns auf, in welcher Kriege und Schlachten, Siege und Ruhm die einzigen Vorstellungen waren, an denen eine Menschenseele sich erhob und erbaute. Der unaufhaltsame Kämpfer und Rufer in der Schlacht, der streitende, siegende Held ist das Ideal des germanischen Mannes. Die Walküre, auch sie streitbar und kampfesmuthig, aber von dem wundersamen Glanze räthselvoller Zauberweisheit umflossen, ist das Ideal des germanischen Weibes. Diese germanischen Lebensideale aber waren das rothe Blut das alle Adern unserer ältesten Poesie durchrollte. Die berauschenden Düfte, mit denen ihre Schöpfungen die Herzen der Mitlebenden bezwangen, bestanden in ihren kleinsten Theilen aus den Vorstellungen und Begriffen jenes idealen Gedankenkreises. Aus solchem Stoffe waren alle Gewänder gewoben, aller Schmuck und alle Zier geformt, womit die Poesie die Dinge der Außen- und Innenwelt in ihrem Reiche hoffähig machte. Diese Vorstellungen und Begriffe nun führt uns aus den ältesten Gedichten sämmtlicher germanischen Stämme Jacob Grimm in der Wortbildungslehre, in dem Capitel der Zusammensetzung besonders, beinahe vollständig vor. Wir lernen die poetischen Beiwörter kennen, die an jedes hervortretende Object sich hängen wie funkelnder Morgenthau an jedes Blatt und Hälmchen. Die zahllosen Synonyma breiten sich vor uns aus, mit welchen der alte Dichter seine Gegenstände hervorhebt und einschärft, als ob der einfache Ton nicht genügte, sondern ein vollklingender Accord ihn vertreten müßte. Wenigstens häufige Beispiele erhalten wir von der unübersehlichen Masse der altdeutschen Personennamen, womit jedem einzelnen Menschen der Stempel aufgedrückt wurde als einem Mitgliede dieser kampfesfrohen Welt. Kurz, die Weltanschauung der germanischen Urzeit und den Stil der Poesie, worin sie sich ausprägt, läßt Jacob Grimm uns erscheinen. Nicht in einem Gesammtüberblicke zwar, aber so daß die zerstreuten Züge leicht in Ein Bild dem Leser zusammenfließen.

Niemand vor Jacob Grimm, der in solcher Weise den Lebensinhalt einer ganzen Epoche zum Gegenstande der Grammatik gemacht hätte. Oder hat jemals die griechische Grammatik etwa auch nur die epischen Formeln beim Homer zu ordnen und aufzuzählen für ihre Pflicht gehalten? Aber auch Jacob Grimm dringt nur eine verhältnißmäßig kleine Strecke weit vor in dem neu geöffneten Schacht. Er begünstigt in der ganzen Entwickelungsgeschichte unserer Sprache den Anfangsmoment ausschließlich, ohne daß ein innerer Grund dafür sich geltend machen ließe. Was hat der geistige Gehalt jener Zeit vor der staufischen Periode, vor dem Reformations- und vor dem Revolutionszeitalter voraus? Was hat der Stil der urgermanischen Poesie vor dem Stile Wolfram's von Eschenbach, Luther's, Goethe's voraus? Was haben die feststehenden Bezeichnungsweisen des germanischen Epos vor den philosophischen Terminologien der Mystiker, Jacob Böhme's, Christian Wolff's, Hegel's voraus?

Kein Zweifel, entweder muß dies Alles in die Grammatik mit aufgenommen werden, oder es dürfen weder das alte Epos, weder Wolfram, weder Luther, weder Goethe mit der sprachlichen Seite ihrer Individualitäten darin eintreten. Und wir bedenken uns keinen Augenblick Jacob Grimm vollkommen Recht zu geben, daß er die Thore der Grammatik nach dieser Richtung hin öffnete. Wir glauben uns aber zu der Folgerung berechtigt: die Grammatik soll eine Geschichte des geistigen Lebens sein, insoweit dieses in die Sprache sich hineinschlägt. Sie muß daher ihren Gang gleich einer historischen Darstellung nehmen, von Epoche zu Epoche den ganzen Sprachstand schildernd, wie auch eine Geschichte der Poesie die periodenweise chronologische Folge und nicht die Dichtungsgattungen zum Eintheilungsgrunde nehmen wird. Sie muß den gesammten Wortschatz in ihre Behandlung einbeziehen. Sie muß die letzten geistigen Gründe für alle sprachlichen Erscheinungen aufsuchen.

Wir haben gesehen, worin Jacob Grimm diesem Begriffe der Grammatik sich nähert. Wir haben gesehen, worin er ihm fern bleibt. Ihn für das letztere zu tadeln, kommt uns dabei nicht in den Sinn. Die Aufgabe die wir bezeichneten ist ungeheuer. Ein gewöhnlicher Mensch dem sie in ihrer ganzen Größe aufgegangen wäre, würde davor zurückgeschreckt sein: und die Schranken der vorgrimmischen Grammatik wären undurchbrochen geblieben. Ihn führte seine Genialität darüber hinaus ihm selbst unbewußt. Alle die unterscheidenden Züge seiner Betrachtungsweise der Poesie und ihrer Geschichte, die wir im ersten Artikel zusammengestellt, konnten auf die Sprache angewendet kein anderes Resultat ergeben. Er folgt den feststehenden Trieben seines wissenschaftlichen Interesses, kein Zügel eines Systems oder vorher bemessenen Schemas hindert ihn daran. Und die Vorliebe für das Naturgewachsene, Unbewußtgeschaffene gegenüber dem Künstlichen, Individuellen; das Bedürfniß nach der Gesammtanschauung des Lebens dessen einzelne Aeußerungen ihn beschäftigen; der Glaube an die Alles durchdringende Macht der Poesie in der ältesten Zeit — sind solche Triebe denen er sich überläßt.

Auch der oberste Gesichtspunkt unter welchem sich ihm die Geschichte der Poesie darstellte, die Unterscheidung der Naturpoesie und Kunstpoesie und der allmähliche Uebergang von jener zu dieser, die Fülle und Beweglichkeit des Epos auf der einen Seite und die geistige Kraft des Dramas auf der anderen — fand seine Analogie in der Sprache. Und das leibliche Sinken und geistige Aufsteigen derselben ist der überall wiederkehrende Grundgedanke von Jacob Grimm's Grammatik. Ein Gedanke der ganz ebenso, nur nicht mit denselben Worten und zum Theil noch mehr in's Einzelne ausgeführt, auch bei Wilhelm von Humboldt erscheint.

Eine progressive Berechnung fast ließe sich anstellen, sagt Jacob Grimm, über den Untergang der ursprünglichen sinnlichen Vollendung der Sprache, wenn man ihre heutige Beschaffenheit mit älteren und immer älteren Zuständen vergleicht. Die wachsende Cultur der Sprache sucht allmählich ihre Natur aufzuheben. Die alte Sprache ist leiblich, sinnlich, voll Unschuld. Die neue arbeitet darauf hin, geistiger, abgezogener zu werden, sie sieht in den Worten Schein und Zweideutigkeit, denen sie auf alle Weise ausweichen möchte. Jene hat großen Reichthum an Wörtern und drückt selbst bloße Wendungen mit andern Wurzeln aus; alle ihre Wurzeln haben Glieder und Gelenke, die der mannigfaltigsten Bewegung gehorchen; durch ihre Zusammensetzungen dringt noch der innere Sinn. Diese giebt eine Wurzel nach der andern hin, ihr Ausdruck wird schärfer, bewußter, bestimmter. Sie umschreibt und meint mit dem unumwundenen

Worte anzustoßen, gleich als schäme sie sich der Nacktheit. Ihre Mittel erscheinen von außen; die Ableitungen vermindern sich, die Zusammensetzungen nehmen zu; und wieder diejenigen Zusammensetzungen sterben immer mehr aus, in denen ein Glied nur die sinnliche Deutlichkeit des anderen erhöht, wie solche die heutige Volkssprache noch mit dem alten Epos theilt; dagegen diejenigen reißen immer mehr ein, in welchen ein Glied schon den ganz abstracten Begriff der Eigenschaft oder Art enthält. Der alten Sprache sind die Flexionen ebenso wichtig wie die Wurzeln, auch die Flexionen lebten einst wirklich wie diese. In der neuen Sprache hingegen wird der Idee, folglich der Wurzel, entschiedenes Uebergewicht gegeben und von der Flexion nur das Wesentlichste gelassen, bis sie sich allmählich völlig abnutzt. Die alte Syntax zeichnet sich aus durch natürliche Mannigfaltigkeit bei härteren Uebergängen, die neue durch logische Bestimmtheit und reichere Füllung. Man kann die innerliche Stärke der alten Sprache mit dem scharfen Gesicht, Gehör, Geruch der Wilden, ja unserer Hirten und Jäger, die einfach in der Natur leben, vergleichen. Dafür werden die Verstandesbegriffe der neuen Sprache zunehmend klarer und deutlicher. Die geistigen Bedeutungen der Wörter erscheinen im Laufe der Geschichte erst und treten neben die sinnlichen hin oder verdrängen sie, ohne daß freilich weder diese rohleiblich noch jene dürrverständig zu nennen wären. Beide hielt vielmehr ein gemeinsamer Zug verbunden: das Sinnliche wuchs zuerst, in ihm schlummerten die Begriffe und wachten auf nach und nach.

Jacob Grimm hat in diesen Sätzen eine unbezweifelbare Wahrheit gefunden, welche keine auch noch so ausgebreitete, auch noch so ergebnißreiche Darstellung der gesammten Geschichte der germanischen Sprachen wird umstoßen können. So reiht sich an die zahlreichen speciellen Entdeckungen die wir Jacob Grimm in der Grammatik verdanken noch dieser allgemeine Satz, sein bleibender Beitrag zu jedem künftigen Neubau.

Alle einzelnen gefundenen Wahrheiten aber, wie wichtig, wie großartig, wie folgenreich sie seien, scheinen uns wenig zu bedeuten gegenüber der Umwandlung des Begriffes der Grammatik. Würden alle Einzelfünde zu nichte, von ihnen hängt Jacob Grimm's Größe nicht ab. Uns scheint er am größten worin er am meisten gefehlt: denn damit streut er Samen der Zukunft aus. Die Fehler die wir meinen sind seine Unterlassungen. Es sind die Gegenden die er niemals gesehen, weil sie jenseits der Wände seiner Individualität lagen. Aber alles Menschliche seufzt in den Fesseln der endlichen Begrenztheit. Was ohne Grenzen über dem Menschlichen und Irdischen thront ist das Ideal. Nur an dem Ideal der Grammatik gemessen zeigt uns Grimm's Werk auch seine Mängel. Aus ihm selbst aber haben wir das Ideal erst gewonnen. Die Hauptpunkte sind darin schon gegeben, durch welche die Gestalt bestimmt wird. Wir zogen die Linien nur, um die Punkte zu verbinden.

Jacob Grimm hat dergestalt den Wegzeiger aufgerichtet, wodurch die Straße des Fortschrittes über ihn hinaus gewiesen wurde. Aber wer hat sich bedeuten lassen? Wenn man aufrichtig sein will, so kann man nicht leugnen, daß die größten Seiten des Grimm'schen Werkes so gut wie ohne Wirkung geblieben sind: die Grammatik in dem Sinne wie er sie wollte existirt bei uns nicht als gepflegte Wissenschaft, sein Buch hat keine legitime und ebenbürtige Nachkommenschaft gehabt. Fragt man die überwiegende Mehrzahl der Fachgenossen nach den grammatischen Hauptleistungen Jacob Grimm's, so wird man die Begriffe Umlaut, Ablaut, Brechung und Lautverschiebung sicherlich zuerst und vielleicht allein vernehmen. Die geistige Seite der Sprache ist von den altdeutschen Philologen fast ganz vernachlässigt werden. Das grammatische Interesse geht in der Regel nicht weiter, als die praktischen Bedürfnisse der Wortvergleichung und der Texteskritik. Diese führen aber wenig über die Lautlehre hinaus. Auf dem Gebiete der Lautlehre herrscht große Rührigkeit, zahllose Beobachtungen werden gemacht, genaue Zusammenstellungen angefertigt. Man kann sich das Bewußtsein die Wissenschaft gefördert zu haben nicht wohlfeiler erwerben als durch Arbeiten dieser Art. „Lies mit den Augen des Körpers, die Augen des Geistes seien vom Schlafe umfangen:" das ist das einfache Recept wonach sie zu stande kommen. Doch der Götzendienst des Buchstaben bestraft sich von selbst. Auch auf diesem Gebiete rühren die wahren Förderungen, alle einigermaßen erschöpfenden Betrachtungen nur von denen her, die wie Jacob Grimm nicht in solchen Dingen aufgehen.

Jacob Grimm wußte sehr gut und klagte darüber daß der Wirkung seines ersten Bandes die der folgenden bei weitem nicht gleichkam, daß diese wohl ihm noch größeren Ruhm, der Wissenschaft aber keine nachstrebenden Jünger zubrachten. Sein Bruder und Lachmann zwar nahmen sie mit derselben, ja mit gesteigerter Bewunderung auf, wie den ersten. Vom vierten Band schreibt Lachmann an Jacob: ich bin wirklich noch ganz in der Bewunderung und im Lernen zum Theil ganz neuer Sachen, so daß ich gar nicht dazu komme etwas zu vermissen. Und an Wilhelm: Grammatik kann man schon stückweise lesen, und das thue ich denn auch, unter uns gesagt mit beständigem Staunen, wenn ich dagegen die zarten Bißchen betrachte die unser einer zu stande bringt. Ebenso Wilhelm an Lachmann: ich freue mich über den vierten Theil der Grammatik, weil man wie Robinson bei jedem Tritt auf unbekannte Dinge stößt, was eine

Art behaglicher Verwunderung erregt. Aber Fortsetzer und Nachfolger sind Lachmann und Wilhelm Grimm nie für Jacob gewesen, sondern neben ihm und parallel ihm lenkten sie ihre eigenen Fahrzeuge, und nur gelegentlich konnten sie ihm helfen, seine schwerere Ladung fortzubringen. Warum aber sonst sich keine Nachfolger fanden? Was Jacob Grimm in der Syntax geschaffen, steht so hoch wie seine Lautlehre, aber es ist nicht weitergeführt worden wie diese: was Jacob Grimm darin unvollendet gelassen, ist unvollendet geblieben. War es Bescheidenheit was unsere Gelehrten bisher abhielt, die Ergänzung zu versuchen? Oder war es Trägheit, die sich nicht selbst ihre Bahn brechen mag? Jemand soll sich erboten haben, die mittelhochdeutsche Syntax vollständig auszuarbeiten, wenn ihm nur Jacob Grimm die Capitelüberschriften dazu geben wollte. Theilen so viele Andern diese Gesinnung ohne daß sie naiv genug wären sie auszusprechen?

Hoffentlich dürfen wir alle diese Fragen verneinen, und uns auf die allgemeine historische Erfahrung berufen, daß selten ein großer Mann mit allen Seiten seines Wesens schon auf die Zeitgenossen wirkt. Kein wahrhaft bedeutender Impuls aber jemals, der ganz verloren ginge und nicht früher oder später doch zur Geltung käme. Für ihn selbst freilich, der sein Leben weniger Früchte tragen sieht als er erwarten durfte, mögen sich manche schmerzliche Empfindungen daran knüpfen. Für die Ueberlebenden aber, welche des Abgeschiedenen erneuerte und neugewendete Wirkung aus dem Grabe herauf beobachten können, scheint der Gedanke eher Trost und Erhebung einzuschließen.

Die Arbeit an der deutschen Grammatik zieht sich durch Jacob Grimm's beste und reichste Mannesjahre, von seinem zweiunddreißigsten Lebensjahre etwa bis zu seinem fünfundfünfzigsten, und bildet für diese Zeit den festen Hintergrund seiner gesammten Thätigkeit, wie die Geschichte der Poesie oder die Erforschung der Sagen für die Zeit seiner aufstrebenden gährenden Jugend. Der erste und zweite Band sind noch ganz in seiner Casseler Bibliotheksstellung geschrieben. Der dritte machte halbgedruckt die Uebersiedelung nach Göttingen mit. Der vierte ist wenige Tage vor dem hundertjährigen Jubiläum der Universität Göttingen abgeschlossen, wenige Wochen vor dem Ereignisse das Jacob Grimm für immer von Göttingen vertrieb. Die neue Ausgabe des ersten Bandes endlich wurde wieder in Cassel ausgearbeitet, dem stillen Asyl in das sich der Vertriebene zurückzog, und kaum ein halbes Jahr früher beendigt, als er von neuem seine Heimat verließ, um in Berlin endlich zur Ruhe zu gelangen.

Eine ungerechte Zurücksetzung im Dienst war die Ursache welche Jacob und Wilhelm Grimm bewog, ihre Anstellung an der Casseler Bibliothek aufzugeben. Der erste Bibliothekar war Anfang 1829 gestorben, und sie durften erwarten, daß Jacob in seine Stelle aufrücken, Wilhelm aber Jacob's Stelle erhalten würde. Sie sahen sich jedoch in ihren Hoffnungen getäuscht und die mehr als zwanzigjährige Dauer ihres Dienstes ebensowenig berücksichtigt wie ihren persönlichen Werth. Jede Aussicht auf künftige Beförderung war ihnen hierdurch benommen und die Hoffnung der steten Nahrungssorgen endlich ledig zu werden, mußten sie fahren lassen. Das Verhältniß zu ihrem neuen Vorgesetzten überdies schien kein günstiges und angenehmes werden zu können. Alles dies vereinigte sich, um ihnen eine Veränderung ihrer Lage wünschenswerth zu machen, und bestimmte sie die Gelegenheit welche sich dazu bot nicht unbenutzt zu lassen. Schon im Sommer 1829 waren ihnen ehrenvolle und sehr annehmbare Anträge nach Göttingen gemacht worden. Auf diese gingen sie ein und traten mit Neujahr 1830 ihre neuen Stellen an: Jacob als Professor und Bibliothekar, Wilhelm als Unterbibliothekar, wozu er die außerordentliche Professur bald erhielt.

Allem was sie bis dahin gewünscht, allen Plänen die sie für ihr Leben jemals gehegt, war die Veränderung ihres Aufenthaltes und ihres Berufes entgegen. Wir wissen mit welcher reinen und uneigennützigen Liebe sie an ihrem Geburtslande hingen und aus wie edlen Motiven sie frühere Anerbietungen unbedenklich abgelehnt hatten. Ihr Haus war jetzt eben erst recht behaglich eingerichtet. Wilhelm hatte im Mai 1825 geheirathet, und es gründete sich auf alte unverbrüchliche Uebereinkunft, daß die Brüder mit einander wohnen blieben und alle ihre Habe zusammenwarfen. Ihre Bibliotheksgeschäfte waren nicht anstrengend, einige bureaukratische Quälereien konnte man zur Noth willig dulden. Eine durch die Gewohnheit langer Jahre befestigte Art des Daseins, welche an den höchsten Zwecken des Lebens gemessen ausreichende Befriedigung bot, sollte nun mit einem male hingegeben und eine andere unbekannte von zweifelhaftem Werth dafür eingetauscht werden. Die Brüder gehörten zu jenen Naturen welche an alle Einzelheiten ihrer Umgebung, an die blauen Berge in der Ferne wie an das Laub das ihre Fenster überschattet, mit den innersten Kräften ihres Gemüthes sich klammern. Und alles was sie liebes hatten unter den Menschen, unter Todten wie unter Lebenden, wollte sie in Cassel halten. Ihre Mutter war in Cassel begraben. Und die Geschwister hatten niemals aufgehört sich als Eine Familie zu betrachten, zusammengehörig und verbunden als ob die Mutter noch lebte.

Dagegen nun Göttingen. Freilich Benecke war da, ein alter bewährter Freund. Und bald ergaben sich unter den übrigen zu Dahlmann nähere Beziehungen. Aber bis sie recht heimisch wurden, das dauerte lange. „Die hiesige Lebensart will noch nicht recht schmecken, obwohl sie auch erst fünf Wochen lang versucht worden ist," schrieb Jacob im Februar 1830; „in Cassel war vom Kurfürsten abgesehn Alles für unsere Natur und Arbeiten günstiger." Ja sogar Reue kam ihn in manchen Augenblicken an: es sei ein dummer Streich gewesen von Cassel wegzugehn, äußerte er einige Monate später. Und noch nach Jahren machte sich ein vielleicht vorübergehendes Mißbehagen in den Worten Luft: es sieht mich hier fremd an aus allen Gassen und ich möchte manchmal auf und davon.

Es gab manches was diese Mißstimmung erklärt. Die Gegend war mit der Casseler nicht zu vergleichen. In der Bibliothek waren die drei Casseler Amtsstunden zu sechsen erhöht. Auch in den Amtsstunden war man in Cassel ziemlich sein eigener Herr gewesen. Hier gab es Katalog zu schreiben, Aufsicht zu führen, das Ausleihe-Geschäft zu besorgen, lauter geistlose Arbeit, beschwerlich und innerlich nicht fördernd. Dazu die Professur. Jacob Grimm war fünfundvierzig Jahr alt, als er nach Göttingen kam, da lernt sich das Vortragen so leicht nicht mehr. Alle freie Zeit die ihm von der Bibliothek blieb schien durch die Vorbereitung für seine Collegien aufgebraucht werden zu müssen. Und es mag lange gedauert haben bis ihn sichtbare Erfolge für die aufgewandte Mühe entschädigten. Seine ersten Erfahrungen waren wenig erfreulich. Den Zuhörern, schien es ihm, gefiel nur was sie auch bei anderen zu hören bekamen. Und was er für besser hielt, dabei glaubte er sie gleichgültig zu sehen.

Der schwerste Schlag aber drohte Jacob Grimm in der ersten Göttinger Zeit an demjenigen zu treffen, den er wie nichts sonst in der Welt liebte.

Wilhelm fiel in eine schwere Krankheit. Man hielt sein Leben für ernstlich bedroht. Der Gedanke legte sich beängstigend auf Jacob's Seele: wenn er ihn verlieren müßte? wie sollte er es ertragen? würde nicht sein Leben von da ab in beständiger Trauer und Sehnsucht verfließen? Er saß an Wilhelm's Tische, auf seinem Stuhle, betrachtete seine Schriften und Bücher. Mit unbeschreiblicher Rührung sah er die beiden ersten Bände der Grammatik auf das sauberste ausgezogen. Es war ihm als wenn er das Buch bloß für den Bruder geschrieben hätte und es gar nicht fertig schreiben könnte, wenn der ihm genommen würde. — Nach Wochen banger Sorge trat Besserung ein und allmählich, doch sehr langsam erholte sich Wilhelm. Noch lange, nachdem er körperlich wiederhergestellt war, blieb sein Geist umdüstert. Aber auch das überwand die Zeit, und Arbeitslust und Arbeitskraft kehrten zurück.

Zugleich gestaltete sich in ihren Amtsverhältnissen Vieles angenehmer. Unter den Zuhörern zeigten sich manche eifrige und strebende. Die Bibliotheksgeschäfte sollten Jacob Grimm ganz erlassen und Wilhelm zum ordentlichen Professor befördert werden. Die Zahl der näher befreundeten Collegen vermehrte sich. Und Jacob Grimm's literarische Production hatte viel besseren Fortgang gehabt, als er anfänglich fürchten mußte. Die Vorlesungen erwiesen sich eher als eine Förderung, denn als eine Hemmung der vielseitigsten Thätigkeit.

Doch wie lange die Befriedigung eines wohlgeordneten Lebens dauern soll, das hängt selten von menschlichem Wollen und von menschlichem Werthe ab. Es kommt vor daß die Wandelungen der öffentlichen Dinge unversehens auch die Privatexistenzen ergreifen und beschädigen.

Jenseits des Meeres sank ein Gekrönter in's Grab, und in einem deutschen Lande fuhr der brutale Wille eines Einzelnen in den beschworenen Rechtszustand seines Staates, wie der Blitz in ein wohlgegründetes Haus. Da zeigten sich die Menschen: schwach und muthlos die Mehrzahl, fest und tapfer wenige. Man sah wie leicht Eide gebrochen werden, und wie schwer gehalten. Die Gewissenhaftigkeit galt als Staatsverbrechen, den Muth der Wahrheit brachte militärische Eskorte über die Grenze. Eine deutsche Universität war plötzlich einiger ihrer edelsten Glieder, mehrere Gelehrte ihrer festen Lebensstellung beraubt, und eine hohe Persönlichkeit gewöhnte sich durch geistreiche Vergleichungen zwischen Professoren und Balletmädchen ihre Tischgespräche zu würzen. Die deutsche Nation aber schlug ein neues Blatt in dem Ehrenbuche ihrer Geschichte auf und schrieb darauf: die Göttinger Sieben.

Es war im September 1838 daß Jacob und Wilhelm Grimm nach fast zwölfmonatlicher Trennung in dem Hause ihres Bruders Ludwig zu Cassel sich wieder vereinigten. Denn Wilhelm war nur seines Amtes entsetzt, Jacob auch sofort des Landes verwiesen worden.

Sie hatten Anfangs an einer baldigen Wiederanstellung außerhalb Hannovers nicht gezweifelt. Allein die Aussichten wurden hoffnungsloser und hoffnungsloser, und erwiesen sich schließlich ganz trügerisch.

Erst der Regierungswechsel in Preußen brachte ihnen eine neue ehrenvolle Stellung. Sie wurden 1840 als Mitglieder der Akademie der Wissenschaften nach Berlin berufen. Sie hatten manche Vorurtheile gegen Berlin zu überwinden, zum Theil früh eingesogene. Aber es zeigte sich bald daß ihnen nichts mehr den Aufenthalt dort ernstlich verleidete.

Jacob Grimm hat einmal in seiner Jugend ein recht scharfes Wort gegen Akademien fallen lassen: der Begriff der Akademien sei ein nichtiger, weil es ihnen an gemüthlicher Gemeinschaft und Betriebsamkeit mangele.

Jetzt wußte er ganz anders davon zu reden und ihre Vorzüge in ein helles und glänzendes Licht zu setzen. Er verglich sie mit den Klöstern, den Hauptsitzen der mittelalterlichen Wissenschaft, deren Mauern Mönche aufnahmen, die dort in Geselligkeit ihrer inneren Pflicht ernster und strenger oblagen, als sie außerhalb im Gewühle der Welt gekonnt hätten. So war ja in gewissem Sinne ein Wunsch ihm in Erfüllung gegangen, den er noch vor der Berufung äußerte: hätten wir Protestanten, schrieb er, die Sitte des klösterlichen Lebens ohne anderen Mönchsdienst, so brächte ich darin gerne vor dem Andrang der Leute meine übrigen Tage die sich leicht umspannen lassen geborgen zu.

Von Berlin war er, abgesehen von kurzen Reisen nach Italien und Skandinavien, dauernd nicht mehr abwesend. 1848 entsendete ihn Mühlheim an der Ruhr in's Frankfurter Parlament. Er saß im Centrum der Paulskirche. Parteiversammlungen aber soll er nie besucht haben. Die Grundkräfte seines Gemüthes waren zu innig in einander verschlungen, um die reine Absonderung dessen zuzulassen was allein in der Politik Leben hat und gestalten kann. Er benutzt sprachliche Argumente zur Entscheidung politischer Streitfragen. Seine Ansichten über die ältesten Stammverwandtschaften der Germanen will er zur Richtschnur für Bestrebungen der Gegenwart machen. Etwas von der Poesie die ihn aus unserem alten Recht anwehte möchte er den Grundrechten einhauchen. Die Poesie seines eigenen Lebens, das Andenken der Mutter, die Liebe zu den Blumen, begleitet ihn auf die Tribüne. Zur öffentlichen Rede fehlt ihm eine unentbehrliche Vorbedingung, die Empfindung des Publikums. Alle seine Werke sind im Grunde Monologe, und was dem Leser schon eher zugemuthet werden darf, sich in den Sinn des Autors mit liebevoller Schmiegsamkeit zu versenken, darauf hat der öffentliche Redner vor einer großen aufhorchenden Versammlung keinen Anspruch. Jacob Grimm übersah das, er glaubt bereits genug gesagt zu haben, wenn der Zuhörer meint, seine eigentlichen Gründe sollen noch kommen.

Auch im Gothaer Parlament finden wir Jacob Grimm. Aber in den Jahren der Reaction ging mit seinen politischen Ansichten eine bedeutende Umwandlung vor. Eine briefliche Aeußerung aus dem Jahre 1858, zu welcher die Rede über das Alter eine Parallelstelle liefert, mag davon Zeugniß ablegen. „Wie oft,“ schreibt er, „muß einem das traurige Schicksal unsers Vaterlandes in den Sinn kommen und auf das Herz fallen und das Leben verbittern. Es ist an gar keine Rettung zu denken, wenn sie nicht durch große Gefahren und Umwälzungen herbeigeführt wird. Es kann nur durch rücksichtslose Gewalt geholfen werden. Je älter ich werde, desto demokratischer gesinnt bin ich. Säße ich nochmals in einer Nationalversammlung, ich würde viel mehr mit Uhland, Schoder stimmen, denn die Verfassung in das Geleise der bestehenden Verhältnisse zu zwängen, kann zu keinem Heil führen. Wir hängen an unsern vielen Errungenschaften und fürchten uns vor rohem Ausbruch der Gewalt, doch wie klein ist unser Stolz, wenn ihm keine Größe des Vaterlands im Hintergrunde steht. In den Wissenschaften ist etwas unvertilgbares, sie werden nach jedem Stillstand neu und desto kräftiger ausschlagen."

Die letzten Lebensjahre Jacob Grimm's zu schildern, fühlen wir uns nicht berufen. Die Rede über das Alter ist in manchem Betracht eine Selbstschilderung, sie giebt ein treues Abbild der Gemüthsstimmung des Greises. Und das Nachwort Herman Grimm's zur Rede auf Wilhelm (S. 178—187 der vorliegenden „Reden und Abhandlungen") liefert den Commentar dazu, ein warm empfundenes Porträt im strengen Profil.

Von der Uebersiedelung nach Berlin datiren wir die letzte Epoche in Jacob Grimm's Leben und in der Entwickelung seines gelehrten Charakters. Drei solcher Perioden kann man unterscheiden. Wir nennen sie die vorgrammatische bis 1819, die grammatische bis 1840 und die nachgrammatische. In der ersten ist die vorwiegende und charakteristische Form der Production neben Stoffsammlungen die von Einem Punkte aus in's Weite sich dehnende Untersuchung. In der zweiten das eine ganze wissenschaftliche Disciplin umfassende Buch. In der dritten die akademische Abhandlung und wieder die weitausgebreitete Untersuchung, wenn auch im Rahmen größerer Werke auftretend. In der ersten sucht er sich inmitten gleichstrebender Genossen seine eigenthümliche Stellung, in der zweiten tritt er aus ihrer Reihe heraus und schafft als ein Unabhängiger und Selbständiger Neues, in der dritten sucht er die Arbeiten Anderer oder seine eigenen zu überbieten, zusammenzufassen, zu vervollkommnen. Die erste Epoche ist die vorbereitende, die zweite die gründende, die dritte die ausbauende. Die späteste wie die früheste Zeit sieht ihn mit dem Bruder zu gemeinschaftlicher Arbeit verbunden: in der mittleren hat er für den ganzen Umfang seiner Thätigkeit keinen Ebenbürtigen. Das Wörterbuch ist das große Erzeugniß der letzten und die Geschichte der deutschen Sprache daneben. Die Märchen und die Sagen sind die bleibenden Erträgnisse der frühesten, während jene ersten Untersuchungen wie vertretene Schuhe bei Seite geworfen wurden. In der mittleren zeigt er sich am glänzendsten, mit der concentrirtesten Kraft begabt und doch am vielseitigsten. Und wieder in ihr ist die Göttinger Zeit mit den unmittelbar vorangehenden Jahren der eigentliche Brennpunkt, in welchem alle zerstreuten Strahlen zum hellsten Lichte zusammengebunden erscheinen. Die Rechtsalterthümer

(1828), der Reinhart Fuchs (1834), die Mythologie (1835) fallen hierher. Durch die ganze Epoche aber zieht sich, in Cassel beginnend, in Cassel endigend, die Grammatik.

Wir haben uns bei der Grammatik mit der eingehenden Aufmerksamkeit verweilt welche Jacob Grimm's größte Leistung uns zu verlangen schien. Wir müssen in um so rascherem Schritte an den andern Hauptwerken vorübereilen und können der Unzahl seiner übrigen größeren oder kleineren Arbeiten auch nicht einen flüchtigen Blick gönnen. Sie alle verfolgen mit der einzigen Ausnahme des Wörterbuches ein gemeinsames Ziel.

An dem Anfange jeder Nationalgeschichte steht das was man den Naturzustand dieser Nation nennen kann. Das geistige Leben gelangt nicht in einzelnen großen Persönlichkeiten zu seinem reinsten, edelsten, vollkommensten Ausdrucke. Die hervorragendsten Erzeugnisse des Geistes beruhen auf einem Zusammenwirken so vieler Individuen, daß weder der Antheil der einzelnen festgestellt noch überhaupt Anspruch darauf irgend einem Einzelnen zugestanden werden kann. Die Summe der individuellen Seelen erscheint wie Eine in sich geschlossene Volksseele und jene geistigen Producte wie eine unbewußte Absonderung derselben. Sie werden nicht empfunden als ein selbstgeschaffenes Werk, sondern als heilige unvordenkliche Ueberlieferung. Die Sprache, die Religion, die Sage, die Poesie, das Recht, die Sitte tragen gleichmäßig den angegebenen Charakter.

Wir haben wiederholt darauf hingewiesen, wie bedeutungsvoll die Unterscheidung zwischen diesen ältesten Zuständen und dem, was man in allgemeiner Entgegensetzung Cultur nennen mag, in Jacob Grimm's wissenschaftlichen Anschauungen sich bewährte. Wir haben gezeigt wie er in der Grammatik den sprachlichen Naturzuständen eine weit ausführlichere und liebevollere Behandlung widmete als den späteren Zeiten, denen nach dem Plane des Werkes gleiche Berücksichtigung gebührte. Seine deutschen Rechtsalterthümer und deutsche Mythologie und Abhandlungen zur Sittenkunde sind hingegen von vorneherein hauptsächlich oder ausschließlich auf die Erforschung des Naturzustandes angelegt. Sein Reinhard Fuchs will Producte der Cultur ihrem Ursprunge nach gleichfalls in jene Epoche des unbewußten Schaffens zurückverweisen. Seine „Geschichte der deutschen Sprache" sucht von Seiten der Ethnographie und vergleichenden Sprachwissenschaft das Bild der deutschen Urzeit oder Vorzeit zu vervollständigen. Das „deutsche Wörterbuch" im Gegensatze zu allem was vorangegangen soll lediglich die Zeiten unserer ausgebildetesten Cultur in dem Spiegel der Sprache betrachten.

Die Naturbeschaffenheit des Rechtes unterzog Savigny 1814 einer Betrachtung.

Wie Jacob Grimm die Poesie definirt hatte als das Leben selbst gefaßt in Reinheit und gehalten im Zauber der Sprache, so lehrte Savigny: das Recht hat kein Dasein für sich, sein Wesen vielmehr ist das Leben der Menschen selbst, von einer besonderen Seite angesehen. Recht und Verfassung sind wie Sitte und Sprache nur einzelne Kräfte und Thätigkeiten eines Volkes, in der Natur untrennbar verbunden und nur unserer Betrachtung als besondere Eigenschaften erscheinend. Was sie zu einem Ganzen verknüpft, ist die gemeinsame Ueberzeugung des Volkes, das gleiche Gefühl innerer Nothwendigkeit, welches alle Gedanken an zufällige und willkürliche Entstehung ausschließt. Und insofern gehören die Regeln des Privatrechts selbst zu den Gegenständen des Volksglaubens. Sie sind aus einem klaren Bewußtsein der Zustände und Verhältnisse des Lebens hervorgegangen. Und ihr körperliches Dasein, die Form in der sie festgehalten werden, bedarf der sinnlichen Anschaulichkeit, bedarf des Ernstes und der Würde welche ihrer inneren Bedeutsamkeit entspricht. Das sind die symbolischen Handlungen deren ausgedehnten Gebrauch wir bei den germanischen Stämmen ebensowohl wie bei den altitalischen überall finden wo Rechtsverhältnisse entstehen oder untergehen sollen. Sie sind die eigentliche Grammatik des Rechtes in seiner ältesten Periode, wo es noch nicht durch die Jurisprudenz, sondern allein durch Sitte und Volksglauben erzeugt wird.

Wir wissen nicht, ob diese Ansichten Savigny's schon zu der Zeit feststanden, als Jacob Grimm in Marburg sein Zuhörer war; auch nicht, ob Jacob Grimm durch den Gang seiner sonstigen Arbeiten vom altdeutschen Recht bisher fern geblieben; und wenn nicht, ob der Gesichtspunkt unter dem er es betrachtete von dem Savigny'schen wesentlich verschieden war: das aber ist unzweifelhaft, daß der Aufsatz den er 1816 über die Poesie im Recht schrieb ganz und gar wie ein Versuch erscheint, Savigny's allgemeine Sätze an dem altdeutschen Rechte zu exemplifiziren.

Erinnern wir uns, welche Bedeutung für Jacob Grimm in seiner ersten Periode dem Begriffe der Poesie beiwohnte, so werden wir es begreiflich finden, daß er den Kern von Savigny's Lehre über die Jugendzeit des Rechtes in den Ausdruck fassen konnte: das Recht ist poetisch.

Poesie und Recht, sagt er, sind aus Einem Bette mit einander aufgestanden. Wie das alte Epos besteht das alte Recht aus einer unausscheidlichen Mischung himmlischer und irdischer Stoffe. Die Richter verwalteten Volksgut wie die Sänger deren keinem das Lied gehörte. Beide hängen mit den Sitten und Festen des Volkes enge zusammen. Beide berühren sich in der Sprache, welche vielen ihrer hauptsächlichen Begriffe dieselben Worte zutheilt. Die Satzungen des Rechtes bewegten sich ursprünglich in den Formen und dem Stile der Poesie. Und was poetischen Gehalt anlangt, ist es nicht klare und lautere Poesie, wenn zum Beispiel die Bedingungen aufgezählt werden sollen, unter denen das Erbe eines vaterlosen Kindes angegriffen werden darf, und die Gesetze der Friesen eine ihrer Bestimmungen darüber beginnen wie folgt: „Wenn das Kind ist stocknackt oder hauslos und dann die düstere Nacht und der eiskalte Winter über die Zäune scheint: so eilen alle Menschen in ihren Hof und in ihr Haus, und das wilde Thier sucht den hohlen Baum und der Berge Schlüfte, drin sein Leben zu fristen: da weint das unmündige Kind und beklagt seine nackten Glieder und jammert, daß es kein Obdach habe, daß sein Vater der ihm helfen sollte, gegen den kalten Winter und gegen den heißen Hunger, so tief und in Dunkel ruht, unter Eichenholz und Erde mit vier Nägeln verschlossen und bedeckt." Und so weiter.

Jacob Grimm führt seinen Nachweis ferner an dem Inhalt und den Symbolen der rechtlichen Bestimmungen selbst und an dem sittlichen Charakter des altdeutschen Rechtes, den er in Schutz nimmt und hoch erhebt. Der Reichthum an Thatsachen welche unter den Gesichtspunkt seines Aufsatzes fallen ist so groß, ja unermeßlich, daß er sich überall auf Vorlegung erwählter Beispiele beschränken und auf weitere künftige Ausführung vertrösten muß.

Die Ausführung gaben die deutschen Rechtsalterthümer die 1828 erschienen.

Die Antiquitates iuris Germanici bildeten ein Object der juristischen Forschung schon im achtzehnten Jahrhunderte. Heineccius, Grupen, Dreyer, Haltaus, Bodmann, Kindlinger nennt Jacob Grimm selbst als seine Vorgänger. Aber wie himmelweit verschieden war der Bienenfleiß ihrer mühseligen Gelehrsamkeit von dem combinatorischen Gestaltungsvermögen Jacob Grimm's. Wie himmelweit verschieden der Sinn in welchem sie ihre weitschichtigen Sammlungen unternahmen von dem Sinne in welchem Jacob Grimm seine Rechtsalterthümer schrieb. Aber ist es nöthig daran zu erinnern, daß Peinlichkeit, Geschmacklosigkeit, Verworrenheit, Aufklärungsdünkel aus der Behandlung einer Wissenschaft verschwanden, sobald Jacob Grimm sich ihrer annahm? Der ganze Umfang des Gebietes war nur aus unzulänglichem Quellenvorrath bearbeitet worden. Werthvolles war nur geleistet, wo man sich auf Herbeischaffung von Material beschränkte oder verständiger Fleiß sich bescheidene Grenzen zog. Vor allem jedoch: Alterthümer und Geschichte flossen zusammen, und weil die Aufgaben beider nicht strenge geschieden waren, so wurde keine von beiden erfüllt.

Mit Unrecht hat man den Rechtsalterthümern vorgeworfen, daß trotz der Versicherung Jacob Grimm's, er gehe überall geschichtlich zu Werke, dennoch eine wirkliche historische Behandlung nicht durchgeführt sei: auf die allmähliche Umbildung der Institutionen werde nicht gehörig geachtet, auf die Ereignisse der politischen Geschichte nicht eingegangen, welche doch einen so wesentlichen Einfluß auf die Entwickelung des öffentlichen Rechtes nahmen. Was wollen solche Einwendungen besagen? Soll Jacob Grimm getadelt werden daß er deutsche Rechtsalterthümer und nicht eine deutsche Rechtsgeschichte geschrieben hat? Oder will man die Berechtigung dieser Scheidung überhaupt bestreiten? Dann müßte wenigstens der Gegenstand der Rechtsalterthümer in die Rechtsgeschichte mit aufgenommen sein. Der Wissenschaft des deutschen Rechtes, wie sie für unsere Zeit Eichhorn begründete, fehlte gänzlich das Bewußtsein des Mangels, welchem Jacob Grimm durch sein Buch abhalf.

Er hat sich seine Aufgabe strenge begrenzt. Er will ausschließlich das Alte betrachten und das Alte aus sich selbst, höchstens hilfsweise aus dem Jüngeren erklären. Ja er geht in der Beschränkung noch weiter. Er will nur Materialien vorlegen für das sinnliche Element des altdeutschen Rechts. Nur Materialien. Was konnte auch füglich anderes zuerst geschehen, als daß Massen von Thatsachen geordnet und an einander gereiht wurden, wie sie sich gegenseitig am leichtesten erhellten. Denn wie sollte die Entstehung des Körpers erforscht, wie seine Gründe in der menschlichen Natur aufgesucht werden, wenn die Seele des Rechts, die den Körper sich anbildet, nicht gleichmäßig in der Behandlung berücksichtigt wird? Und daß sich Jacob Grimm auf das sinnliche, körperliche Element beschränkte, das lag in der Consequenz des besonderen Charakters seines Rechtsstudiums. Nichts anderes war gemeint mit dem sinnlichen Elemente als was Savigny so bezeichnete, was er selbst früher das Poetische nannte: das Anschauliche und Sichtbare, die Sitten und Gebräuche, die symbolischen Handlungen, die alte reichquellende Sprache des Rechts, kurz das ganze lebendige Spiel in die Sinne fallender Formen, das in der alten Zeit aus dem Ueberschusse der betrachtenden und gestaltenden Geistesthätigkeit des Menschen über die den nächsten Lebensbedürfnissen gewidmeten Verstandesoperationen entspringt.

Dies Alles, sofern es den sämmtlichen Rechtsgebieten gemeinsam, stellt die Einleitung zusammen in Einem Bilde. Dann zertheilt sich die Betrachtung, und wir durchwandeln Standesrecht, Familien- und Erbrecht, Sachen- und Obligationenrecht, Strafrecht und Proceß. Wir sehen in das Haus und auf den Markt. „Wir sehen über dem steinernen Richterstuhl die blühende Linde," sagte Uhland von dem Buche.

Es folgt aus dem Plane des Werkes von selbst, daß die Verfassung so gut wie außerhalb des Kreises seiner Forschung fiel. Gelegentliche Andeutungen sind mehr um der Füllung der Darstellung, als um ihrer selbst willen eingestreut. Wo von der höchsten Würde im Staate die Rede ist, erfahren wir nichts vom Kaiserthum. Wo er vom Adel spricht, läßt er die Entwickelung des Reichsfürsten- und Ritterstandes bei Seite. Wo er den Stand der Freien behandelt, lehnt er die Betrachtung der städtischen Verfassung und des Bürgerthums von sich ab. Doch sind dies spätere Bildungen, für die man in den ältesten Zuständen nicht einmal Keime vorfindet. Aber auch die älteste Verfassung bildet keineswegs einen Vorwurf eigener Untersuchung: die Rechte des Königs, die Rechte der Volksversammlung, die Eintheilung und Gliederung des Volkes werden nur beiläufig berührt, nicht erörtert, weil daran nichts von Poesie hängt.

Das reichste Material für Jacob Grimm's Hauptabsichten boten nicht die offiziellen juristischen Quellen, aus denen man vorzugsweise bis dahin Aufklärung über das älteste deutsche Recht gesucht hatte. Die symbolischen Handlungen werden darin meist vorausgesetzt und selten in erwünschter Anschaulichkeit beschrieben, da sie im Bewußtsein des ganzes Volkes lebten. Die poetischen Formeln der Rechtssprache gingen verloren in den theils lateinischen, theils von gelehrten und gebildeten Männern angefertigten Aufzeichnungen. Jacob Grimm wendete sich daher an die ungelehrten autonomen Rechtsaufzeichnungen der Bauern, die uns in den sogenannten Weisthümern erhalten sind, an die im Volke umlaufenden und in der Literatur zerstreuten Rechtssprichwörter und an die Werke der Poesie, in denen beiläufig juristische Handlungen geschildert werden. Was von den letzteren ihm zugänglich war, wird beinahe vollständig ausgenutzt sein, während aus den reichen Aufschlüssen der Fastnachtsspiele zum Beispiel ihm noch wenig Vortheil erwuchs.

Die Weisthümer dagegen führte recht eigentlich er ein in die juristische Quellenliteratur, obgleich er an Kindlinger eine Art Vorgänger darin hatte. Die Weisthümer dürfen die Hauptquelle genannt werden, aus welcher die Rechtsalterthümer sich Belehrung holten. Leider lag Jacob Grimm ein so geringer Theil derselben erst vor, als er das Buch abfaßte, daß er an M. Michelet in Paris (der in seinen Origines du droit français die Rechtsalterthümer zum Theil übersetzte) mehrere Jahre später schreiben konnte, der reiche und wichtige Inhalt dieser Rechtsdenkmäler sei ihm damals so gut wie gar nicht bekannt gewesen. Und als ihm fast unmittelbar nach Vollendung des Buches eine Fülle neuen Stoffes zufloß, war ihm das für den Augenblick zwar sehr ärgerlich, doch tröstete er sich bald: hätte er das Buch nicht so wie es sei gleich fertig geschrieben, so würde er es nie geschrieben haben. Um den Mangel späterhin leichter ersetzen zu können, unternahm er eine eigene Sammlung der Weisthümer, von welcher drei Bände rasch hinter einander, ein vierter kurz vor seinem Tode herauskam, ein fünfter demnächst aus seinem Nachlasse erscheinen wird. Diese Sammlung abzuschließen, die Sammlung der überaus zahlreichen österreichischen Weisthümer welche jetzt im Werke ist zu erleben und die Fülle der Ergebnisse die er daraus gezogen haben würde noch dem wissenschaftlichen Publikum vorzulegen war ihm nicht beschieden.

Die Weisthümer spielten in den Rechtsalterthümern eine ähnliche Rolle wie schon in seinen frühesten Untersuchungen über Mythologie und Geschichte der Poesie die Volkslieder, Kinderlieder, Märchen und Sagen — eine weit größere als in der Grammatik die Formen und Wörter der heutigen Volksdialekte. Den Zuständen des heutigen Landvolkes Aufschlüsse über die ältesten germanischen Zustände abzugewinnen, dazu hatte, im Einzelnen und im Ganzen allerdings vielfach irrend, Möser den Weg gewiesen. Und Jacob Grimm erklärte es selbst einmal für den charakteristischen Grundsatz seiner Methode, die Volkstradition zur Erläuterung der schriftlichen Denkmäler zu gebrauchen. Die ältesten Weisthümer sind aber nicht älter als das dreizehnte Jahrhundert und die größte Zahl derselben stammt erst aus dem vierzehnten und fünfzehnten. Dennoch läßt Jacob Grimm sie für die ältesten Zustände beweisen und hält ihre Nachrichten mit denen des Tacitus zusammen. In den meisten Fällen gewiß mit Recht, manchmal vielleicht allzuschnell combinirend.

Aber sollte ihn sein allseitiger Combinationsdrang auch irre geführt haben hin und wieder, so beruhten doch darauf zugleich die Anfänge einer vergleichenden Rechtswissenschaft, welche überall in dem Buche hervortreten und zu den Grundabsichten desselben gehören. Einer vergleichenden Rechtswissenschaft nicht in dem Sinne einer von philosophischen Kategorien ausgehenden Systematik, die sich aus den Rechten aller Zeiten und Völker mit empirischem Material zu bereichern und dadurch mit dem Scheine eines empirischen und vorurtheilslosen Verfahrens zu bekleiden sucht: sondern einer vergleichenden Rechtswissenschaft in dem historischen Sinne, in dem wir von vergleichender Grammatik sprechen. Der engere Kreis der germanischen Rechte wurde mit ausdrücklicher, schon 1816 erklärter Bestimmung Savigny's in die Betrachtung mit einbezogen, vielleicht auch hier zuweilen ohne hinlänglich energische Erfassung der genauen Gestalt des Altgemeinsamen, wie in der Grammatik. Der weitere Kreis der urverwandten Völker und ihrer Rechte wurde gleichfalls durchzogen und verhältnißmäßig reiche Beute heimgebracht, so daß sich altrömischer, griechischer, indischer, keltischer Rechtsbrauch unmittelbar neben germanischen stellte.

Fest angesiedelt in dem romantischen Dämmer der alten farbenreichen Institutionen, wie wir Jacob Grimm kennen, darf es uns Wunder nehmen, daß darüber die Gegenwart manchmal zu kurz kam? Die Nothwendigkeit des Lebens, welche Knappheit und straffen Gang der Geschäfte auferlegt, empfand er wenig und trauerte beinah um die langsame Ausführlichkeit der alten symbolischen Handlungen. Darin gewann es das Aesthetische etwas zu leicht über ihn. Er beklagte die unterbrochene Entwickelung des Heimischen rein aus sich selbst. Hätte das Christenthum, hätte das römische Recht nicht störend eingegriffen, so würden wir, meint er, den wahren Werth der sinnlichen und sittlichen Grundlage des deutschen Rechts erst beurtheilen können. Ein edler demokratischer Zug der Theilnahme für die unteren Volksklassen sogar, welcher durch das ganze Werk sich hinzieht, konnte beitragen, solche Neigungen in ihm zu bestärken. Angesichts des Zustandes heutiger Fabrikarbeiter erhält die alte Hörigkeit und Knechtschaft von ihm ein gewisses Lob. Angesichts unserer Gefängnisse erscheinen ihm die alten verstümmelnden Leibesstrafen beinahe milde. Jener Mangel an entschieden modernem Rechtsbewußtsein, den die historische Schule von Möser geerbt hat, tritt wieder hervor. Doch hierüber mag man denken wie man wolle, darin wenigstens kann man ihm nicht Unrecht geben, daß die geistige Verdumpfung und Beschränktheit unserer Bauern wesentlich dem römischen Rechte zur Last fällt, das sie von allen öffentlichen Geschäften ausschloß. Und die Vorwürfe welche er der Praxis macht, sie habe den vaterländischen Stoff zu verachten angefangen, die fremden Formen aber nicht vollständig begreifen können und sei dadurch in Erschlaffung und nüchternes Gesetzgeben gerathen, — diese Vorwürfe sind gewiß wohl begründet. In den Irrthum derer aber ist Jacob Grimm trotzdem nie gefallen, welche nationaldeutsches und römisches Recht als Volksrecht und Juristenrecht einander entgegensetzen und dieses um jenes Willen aus dem deutschen Rechtsleben wo möglich hinaus verweisen möchten. Es erschien ihm das als ein ungeheurer und fast so unerträglicher Purismus, wie wenn ein Engländer den Gedanken durchführen wollte, daß es noch möglich sei, die romanischen Wörter aus dem Englischen zu drängen und blos die Wörter deutschen Ursprungs zu behalten.

Die leitenden Gesichtspunkte wirkten in den Rechtsalterthümern auf die Art der Darstellung ein. Wir begegnen keinen scharfen juristischen Begriffen, aber der lebendigsten Anschauung von den Sachen. Der Ausdruck weicht von dem Hergebrachten durchaus ab. An die Stelle kahler Kategorien sind einleuchtende sinnliche Bezeichnungen getreten. Während die Rechtswissenschaft sonst auf den prüfenden Verstand wirkt, strenge Unterscheidungen liebt, durch Reihen von Erwägungen hindurch zu genau begrenzten Resultaten gelangt und die Befriedigung einer wahren Gymnastik des Geistes zu gewähren versteht: nimmt sie unter Jacob Grimm's Händen ganz die Phantasie gefangen und veranschaulicht ihr wie durch Bruchstücke eines Gedichtes das innere Seelenleben des Geistes, aus welchem es geflossen, des Geistes des deutschen Volkes.

Die Wirkung der Rechtsalterthümer im Publikum war lange nicht so groß, als dieses sorgfältig und behutsam ausgeführte Werk verdient hätte. Eichhorn recensirte es in den Göttinger Gelehrten Anzeigen. Aber im Grunde hob er nichts daran hervor, als den Vortheil, welchen dem Verfasser die Beherrschung der alten Sprache gewährte, einen Vortheil den er mit Recht höher anschlug als die genaueste Einsicht in heutige Rechtsverhältnisse wie sie die Praxis an die Hand giebt. „Merkwürdig ist mir, schrieb bald darnach Jacob Grimm an Lachmann, daß Männer wie Eichhorn nicht mehr darüber und dawider zu sagen wissen: ein Beweis wie dies Fach noch bestellt ist und woher sich auch das Lob erklärt, das mir die Germanisten halb wider Willen ertheilen. Tadeln will ich mein Buch schon selbst am schärfsten, dadurch daß ich bei einer Umarbeitung wenig bestehen lassen werde.“ Zu der Umarbeitung kam es nicht und so wie das Buch damals abgefaßt wurde, muß es seine Bestimmung noch heute zu erfüllen suchen.

Es hat im Allgemeinen geringe Nachfolge gefunden. Die Erforschung des sinnlichen Elementes im Recht hat fast keine namhaften Fortschritte gemacht. Die Weisthümer beginnt man als Rechtsquellen erst seit wenigen Jahren gehörig auszunutzen. In Bezug auf die Vergleichung sämmtlicher germanischer Rechte war bis vor kurzem der einzige Wilda zu nennen, obgleich allerdings die nordischen und angelsächsischen Rechte eigene Gesammtdarstellungen erhielten. Die Vergleichung außerhalb der engeren germanischen Verwandtschaft feiert unseres Wissens gänzlich. Und auch die Berücksichtigung der alten Sprache bei Erforschung der alten Rechtsverhältnisse ist lange nicht so durchgedrungen wie sie sollte. Zwar sind gewisse Nester haarsträubender und willkürlicher Etymologien bis auf wenige glücklich ausgenommen. Aber die, man sollte meinen, selbstverständliche Einsicht hat sich noch nicht Bahn brechen können, daß in das alte Recht keine Begriffe hineingetragen werden dürfen, wofür der alten Sprache die Worte fehlen.

Jacob Grimm hoffte durch die Rechtsalterthümer nicht allein die Aufmerksamkeit der Juristen, sondern auch anderer Alterthumsforscher zu gewinnen, die ihre Bemühungen der Sprache, der Poesie und der Geschichte unserer Vorfahren zugewendet haben. Das ist ihm wohl gelungen.

Doch war der Impuls auch für diese nicht mächtig genug, um sie zur Nacheiferung zu reizen. Die Philologen und Alterthumsforscher waren nach der üblichen strengen Arbeitstheilung unserer Wissenschaft gar zaghaft, auf das rechtliche Gebiet sich zu wagen. Und leider schienen einige Versuche die dennoch gemacht wurden jene schädliche und irrige Trennung zu bestätigen.

Für Jacob Grimm selbst waren die Rechtsalterthümer, abgesehen von dem was er gelegentlich in der Grammatik nach der gleichen Richtung hin leistete, der erste Schritt zur Erfüllung der Forderung die er einst an die deutsche Geschichtschreibung stellte: sie müsse das deutsche Leben uns wieder lebendig machen und es nach allen Seiten hin gründlich erforschen. Und überall wies der nun durchmessene Kreis von Gegenständen auf einen noch weiteren. Die großen jährlichen Feste beim Wechsel der Jahreszeiten würdigte er als Gerichts- und Volksversammlungen, der Blick schweifte unwillkürlich auf ihre religiöse Bedeutung hinüber. Viele rechtliche Symbole waren zugleich Symbole des Cultus. Viele rechtliche Satzungen beruhten auf religiösem Grunde. Und ferner: der Unterschied der Stände prägte in ihrer Tracht sich aus, die Lehre vom Eigenthum und dessen Erwerbung leitete auf die agrarischen Verhältnisse. So war es begreiflich daß bei Ausarbeitung der Rechtsalterthümer der Wunsch sich einstellte, dem er in der Vorrede Worte lieh, diese Anfänge zu verfolgen und in besonderen Werken oder Abhandlungen zu verarbeiten was er zur Geschichte des heidnischen Glaubens, der Feste, Trachten, Bauart und Ackerbestellung der Deutschen gesammelt hatte.

Von allen diesen Vorsätzen kam nur der erste zur Ausführung. Jacob Grimm's „deutsche Mythologie" behandelte den heidnischen Glauben unserer heidnischen Vorfahren. Sie erschien 1835 und in zweiter stark vermehrter Ausgabe 1844.

Zusammenhängende Nachrichten über die Religion der alten Deutschen sind nicht auf uns gekommen. Aus den spärlichen Notizen der römischen und griechischen Schriftsteller und der mittelalterlichen Quellenschriften lassen sich nur mangelhafte Vorstellungen schöpfen. Aber heidnische Ueberbleibsel im heutigen Volksglauben treten hinzu. Und die hinlänglich bekannte Religion unserer skandinavischen Stammverwandten zeigt uns oftmals die wohlerhaltenen Statuen, wo uns in Deutschland nur verstreute Gliedmaßen geblieben sind. Schon Johann Georg Eckhart hat durch verständiges Rechnen mit den gegebenen Factoren Einiges glücklich gefunden. Nach ihm aber wollte höchstens fruchtlose und unkritische Gelehrsamkeit auf diesem Boden sich anbauen. Die rohanfassende, blind zerstörende Kritik suchte auch das wenige Feststehende niederzureißen. Die Echtheit der Quellen, aus denen unsere Kenntniß der skandinavischen Religion stammt, wurde ein viel behandeltes und vielbestrittenes Thema. Manche Einsichten gewann man unterdessen wie zufällig. Rühs, der hervorragendste Vertreter der hyperkritischen Richtung in unserem Jahrhundert, bemerkte doch, daß das Heidenthum als Aberglaube im deutschen Christenthum fortdauere und daß die Bekehrer die christlichen Lehren an die heidnischen Vorstellungen anschmiegten. Was vor Rühs Görres und Kanne für die deutsche Mythologie thaten, ist nicht verschieden von dem was ihre mythologischen Bestrebungen überhaupt bedeuteten. Und wie Jacob Grimm von den unleugbaren Reizen ihrer Betrachtungsweise sich bestricken ließ, welche sich mit Ergebnissen schmeichelte wo sie kaum noch die Anfänge einer Untersuchung aufweisen konnte, haben wir bereits gesehen. Als dann mit Creuzer's großem Werke das in den Orient einmündende Mythologisiren seinen Zenith erreichte, und Voß den Kampf gegen dasselbe eröffnete, wurde Mythologie und ihre Methode ein Gegenstand erneuerten Nachdenkens und ernster Prüfung für Jacob Grimm. Ueber Voß und Creuzer wird in dem Briefwechsel mit Lachmann stark hin und her verhandelt. Lachmann stellt sich ganz auf Vossens Seite, Jacob Grimm will seinen Ansichten nur theilweise Berechtigung zugestehen. Das Wahrnehmen derselben unerborgten märchenhaften Züge in dem Volksglauben aller Gegenden ist ihm ein Hauptgrund wider die Vossische Manier. Er verachtet ihm zu sehr alles Nichtgriechische, das an sich ebenso schön und gut sei. Wie Jacob Grimm es bei eigenen mythologischen Arbeiten zu halten gedachte, zeigt, so unbestimmt sie klingt, eine Aeußerung aus dem Sommer 1820. Mit der Zeit müssen die Mythen auch ordentlich wie die Sprachformen gestellt und untersucht werden, sagt er. Dann werde größere Freude dabei sein. Und an den Volkssagen und Märchen sei doch mancherlei Lehrreiches haften geblieben. Er wollte, so viel sieht man, einen dem besonnenen grammatischen analogen Weg einschlagen, und den Volksüberlieferungen war dabei eine Rolle zugedacht. Darin liegt eine Umkehr und das Aufgeben der früheren Tendenzen. Das bestätigt er bald noch deutlicher, indem er schreibt: In den historischen Wissenschaften wechseln zwei Richtungen ab, die sich gegenseitig steuern, die Neigung: streng zu beobachten mit der andern: frei zusammen zu verbinden. Jede gewährt ihren Vortheil und jede leidet an den Unvollkommenheiten aller menschlichen Arbeiten. In der Mythologie mag es die rechte Stunde sein, wieder auf Beschränkung zu bringen.

Inzwischen wuchs fort und fort Kanne'sches und Creuzer'sches Unkraut im altdeutschen Weizen. Eine Schrift von der Hagen's aus dem Jahre 1819, welche unter anderen lieblichen Dingen auch mit der heiligen Allianz und ihrem zu erwartenden Segen sich zu schaffen machte, deutete die Nibelungensage reinmythisch aus, und erkannte darin mit Kanne'schem Tief- oder Schiefsinn, der hier nur aus dem Pantheistischen in's Christliche übersetzt erschien, — die Schöpfung und den Sündenfall. Dunkle Erinnerung der „Offenbarung" wurde überall gesucht, und natürlich gefunden. Der gehörnte Siegfried soll aus einem Siegfried mit Hörnern, dieser aus einem Siegfried in Stiergestalt entstanden sein. Und dessen Mord soll mit anderen Stiermorden verschiedener Religionen den ersten Brudermord bedeuten, der auf den Sündenfall folgte. Der Berg Atlas und König Attila, der Himalaja und unser Himmel müssen sich identifiziren, unschuldige altdeutsche Interjectionen mit zweifelhaften ägyptischen Mythen und Symbolen des Brahmanismus combiniren lassen. Kurz die Mythendeutung erscheint auf einer solchen Höhe, daß zu den luftigen Regionen derjenigen, welche gleichzeitig in den Nibelungen einen chemischen oder astronomischen oder moralischen Inhalt zu finden glaubten, nur noch Ein Schritt war.

Mit mehr Gelehrsamkeit und mehr Methode wandelte Franz Joseph Mone in Creuzer's Spuren. Die Sagen von Ortnit, Tristan, den Nibelungen wurden unter seiner Berührung zu dünnen Nebelstreifen verflüchtigt, welche an dem mythologischen Himmel sich hinzogen. In Phrygien, Persien, Aegypten zündete er die Fackeln an, womit er das germanische Heidenthum erhellen wollte. Und seine etymologische Kunst stand leider noch nicht höher als um die Nibelungen von Nebeljungen abstammen zu lassen.

Doch erwarb sich Mone Anfangs der zwanziger Jahre das Verdienst einer ersten zusammenfassenden Bearbeitung sowohl der skandinavischen als der altdeutschen Religion in seiner Geschichte des Heidenthums im nördlichen Europa (1822 und 1823), welche aber was ihren Inhalt anlangt keinen sonderlichen Fortschritt gegen seine früheren Schriften bekundete. Er zeigt eine merkwürdige Geschicklichkeit, sich selbst alle Thüren zu verriegeln, durch welche man zu großen Resultaten gelangen konnte. Die methodischen Grundsätze, die er sich bildet, durch einen Schein von verständiger Consequenz oft bestechend, eskamotiren ihm zuweilen die einfache Wahrheit, die er schon in der Hand hält.

Er spricht die Absicht aus, den altdeutschen Glauben geschichtlich zu verfolgen. Er sucht die Zeiträume, welche durch die Einschnitte der Völkerwanderung wie der Bekehrung gebildet werden, zu scheiden. Er will die Religionen der verschiedenen deutschen Stämme einer besonderen Behandlung unterziehen. Die Vergleichung soll erst eintreten, wenn die Glieder der Vergleichung für sich feststehen. Das war gewiß sehr löblich und verständig, aber bei weitem verfrüht. Und seine Resultate zeigen, daß er sich den Blick für die Einheit und das Gemeinsame dadurch verdunkelte.

Mone behandelt die deutsche Mythologie wie er etwa die griechische hätte behandeln können. Da durfte er das Material als bekannt voraussetzen und brauchte nur beizubringen was ihm zur Beurtheilung und Erklärung zu Gebote stand. Durch ein solches Verfahren würden Götter und Heroen an dem Glanze ihrer Erscheinung nichts eingebüßt haben. Den deutschen Göttern dagegen mußte der Glanz und die Fülle, die individuelle Bestimmtheit der Erscheinung in dem Bewußtsein des Publikums erst verliehen werden. Für Mone aber hatte die einzelne Thatsache geringen Werth. Worauf es ihm allein ankam, das waren gewisse allgemeine Anschauungen des Göttlichen, welche er den Thatsachen nicht abnahm, sondern unterschob. Er sucht allerwärts System. Die Glaubenslehren über Schöpfung, Leben und Ende der Welt, deren skandinavische Gestalt er im wesentlichen auch für die deutsche hält, sind ihm deshalb besonders wichtig. Ein Princip des Dualismus und daneben ein durchgehendes Princip göttlicher Dreiheit will er gefunden haben. Und in der Annahme von Mysterien erreicht seine entstellende und willkürlich deutende Auffassung ihren Gipfel. Trotzdem muß man anerkennen, daß durch Mone die Sammlung, Sichtung und Aufklärung des Stoffes um einige Schritte vorwärts gebracht wurde, und daß Jacob Grimm für die Mythologie an ihm einen ungleich bedeutenderen Vorgänger hatte, als etwa an Radlof für die Grammatik.

Die Hauptsache, das ist klar, mußte dennoch Jacob Grimm selbst thun. Von unten auf fängt er an, ganze Lasten neuen Quellenmaterials werden herbeigeführt. Märchen und Sagen liegen ihm bereit. Dazu fügt er eine ausgebreitete Sammlung von Aberglauben, einheimischem und fremdem, altem und neuem, von letzterem bei 1200 Nummern. Die wichtigen Stammtafeln der Angelsachsen, in welchen Götter als Ahnherren irdischer Könige auftreten, stellte er in ihren verschiedenen Fassungen auf ähnliche Weise neben einander. Es war wie ein Urkundenbuch das er sich gestaltete.

Wahrscheinlich hatte die Mythologie seit seinen ersten Arbeiten der Mythenvergleichung nicht aufgehört ein Augenmerk der Lectüre für ihn zu bilden. Unter den früheren Leistungen lag wenigstens in „Irmenstraße und Irmensäule" ein guter Grund. Die Einleitung zu den irischen Elfenmärchen (1826) war eine weitere Vorarbeit zu seiner deutschen Mythologie. Der Entschluß, die letztere zu schreiben, stammt aus dem Jahre 1832. Er habe etwas über deutsche Mythologie vor, kündigt er Lachmann den 18. Juli 1832 an, „diesmal aber im Gegensatze zur nordischen und diese ausschließend." Diesmal, das heißt abweichend von der Grammatik und den Rechtsalterthümern, wo das Nordische gleichberechtigt mit herangezogen war. Den 6. März 1833 „trägt er sich mit der Mythologie stark herum." Den 17. Januar 1834 muß er die angefangene Syntax liegen lassen, „um die noch ganz ungeschriebene Mythologie zu schreiben, deren Druck anfangen soll." Und schon Ende Juli desselben Jahres übersendet er Lachmann die ersten Aushängebogen, im October 1835 den Schluß mit den Worten: Ich bin zufrieden, wenn das Buch einiges Gute und Neue enthält, was angewachsen ist und weiter fortwachsen kann. Meine Beharrlichkeit einen vorgenommenen Stoff durchzuarbeiten, mag einige Vortheile, aber auch Gefahr bringen. Es geht zwar nicht leicht etwas verloren, aber ungehöriges kann auch herbeigezwängt worden sein. Das Ganze überschaue ich gewöhnlich erst am Schluß, und wie die Dinge jetzt stehen scheint es mir wenigstens nicht zur Unzeit, daß ich hervorgetreten bin: ex ingenio suo quisque demat vel addat fidem.

Jacob Grimm's Beharrlichkeit wurde durch einen schönen Erfolg gekrönt, und die Nachtheile welche er fürchtete trugen eher zur Vermehrung der Wirkung bei. Der Eindruck des Buches war sehr groß. Es war als ob die alten Götter noch einmal von ihrem früheren Reiche Besitz ergreifen wollten. Der einäugige Wodan, der Rothbart Donar, Frau Holda und Frau Berchta, Schwanjungfrauen und Waldfrauen, Nixen, Kobolde, Elfen, Zwerge und Riesen, alle kamen wie eine abenteuerliche Maskenschaar gezogen. Aber es war vorbei mit der alten Herrlichkeit. Nach wie vor wurden sie kaum mehr als Gespenster geduldet. Nur in den Studirstuben der Gelehrten und im Gefolge des Pegasus konnten sie momentan noch einen anderen Beruf erfüllen, aber einen verschiedenen in beiden Fällen. Der erste Gelehrte, den sie mit ihrem Zauber umspannen, nachdem Jacob Grimm sie heraufbeschworen, war Johann Wilhelm Wolf. Und ihn berückten sie so völlig, daß er für alle anderweitige Thätigkeit verloren, der altdeutschen Mythologie ausschließlich lebte. Dagegen der Dichter bei dem sie zuerst sich einfanden und der ihnen Gastfreundschaft heuchelte, hatte mit ihnen seinen Scherz. Mondbeglänzte Zaubernacht allein ist die Decoration, in der sie auftreten; tückisch läßt Heine plötzlich das helle Tageslicht auf sie fallen, und sie erblassen und versinken.

Die phantastischen Erscheinungen trieben nicht lange ihr Wesen. Die Einbildungskraft der Gelehrten ist jetzt weniger beherrscht von ihnen, sie sind in ihre Grabhügel zurückgekehrt, und Jacob Grimm's Mythologie liefert die Denksteine darauf.

Diesem Buche pflegt man, halb befangen noch in jenem ersten Eindruck, unter allen Werken Jacob Grimm's den obersten Platz einzuräumen und ihm ein unbedingtes Lob zu ertheilen. Man wird uns gestatten müssen, darin etwas anderer Meinung zu sein.

Die Mythologie, sagt man, sei eine freie Schöpfung des poetischen Geistes, darum könne nur das Talent poetischen Nachempfindens und Anempfindens darin zu Resultaten gelangen. In der Grammatik und den Rechtsalterthümern sei der feine poetische Tastsinn Jacob Grimm's nur nebenbei zur Geltung gekommen, in der Mythologie sei er das eigentliche und berechtigte Organ der wissenschaftlichen Forschung. Das läßt sich hören, wo es sich um Erklärung der Mythen, um Erfassung ihres ursprünglichen Gehaltes handelt. Aber ausdrücklich lehnt Jacob Grimm es ab, hierauf einzugehen, wie er es mit Recht ablehnt, ein System in der deutschen Mythologie zu suchen und aufzustellen. Er polemisirt gegen die philosophische, physische, astronomische Deutung, und nicht minder gegen die historische, welche in den alten Gottheiten nur vergötterte Menschen sehen will: sie stören ihm das poetische Wohlgefallen an den mythischen Gestalten. Er meint daß sittliche und andere menschliche Motive hinzukommen müssen, um etwas entstehen zu lassen, was im Geiste der Menschen lebendig sei. Diese Ansicht spricht er aus, aber ist wenig bemüht, in den einzelnen Fällen die verschiedenen Elemente der Mythenbildung nun, wie man erwartet, thatsächlich aufzuweisen. Und wo er dennoch gelegentlich nach der Bedeutung forscht, begnügt er sich mit sehr allgemeinen Vorstellungen und zeigt die unverkennbare Neigung, das blos Geistige für das Ursprüngliche und die Naturbedeutung für das Secundäre zu halten. Der Urbegriff Wodan's zum Beispiel scheint ihm der des weisen, allmächtigen, alldurchdringenden Wesens, und daneben erst habe das Bild des wilden, ungestümen, heftigen sich hervorgedrängt. Der Glaube überhaupt entspringt nach seiner Ansicht in der geheimnißreichen Fülle übersinnlicher Ideen, welche die Stoffe der Natur sich unterwirft.

Hoch über den Dingen zu schweben, wo das Einzelne zu kleinen Punkten einschwindet fast, ist nicht Jacob Grimm's Sache. Er hält sich in der Nähe, wo die Linien sichtbar aus einander fließen, alle Glieder deutlich gesondert erscheinen und in seinem Geiste sich ordnen. Die Einfachheit dieser Ordnung, die großen Züge, in denen seine Darstellung sich vollendet, die reizende Unbekümmertheit ihres bequemen Ganges, der bedeutende Eindruck, den sie mit den leichtesten Mitteln hervorbringt, indem sie den aufmerksamen Leser in Spannung und leise anschwellende Bewegung versetzt: dies alles bekundet wie sehr Grimm ein Künstler ist. Und die Fähigkeit wohlgegliederter, natürlich abgewickelter Darstellung hat gewiß die Bewunderung für die „deutsche Mythologie" zum nicht geringen Theile mit angefacht.

Die Einleitung entrollt ein großes Bild, wie das Christenthum sich ausbreitet über Europa und wie das Heidenthum allmählich, Schritt vor Schritt weichend, seiner siegreichen Macht unterliegt. Der verschiedene Charakter beider Religionen wird gegenüber gestellt in den Umrissen. Die Mittel der Bekehrung erfahren wir, und wodurch sie erleichtert, wodurch sie erschwert wurde, was sie zerstörte, was vor ihr sich rettete und was sie schonte. Das Verhältniß des Erhaltenen zu dem Verlorenen, der nordischen Religion zu der deutschen, giebt uns eine Ahnung dessen, was im Buche selbst unser wartet und eine Andeutung der Methode durch die es entstand. Die göttliche Welt, die der Mensch außer sich hinaussetzt, bildet den Höhepunkt, welchem die Untersuchung zustrebt. Und sie senkt sich allmählich dann wieder herab, indem sie die bescheidensten Moose aufsammelt, mit denen jene Idealwelt das Leben geschmückt hat.

Eigenschaften die wir schon kennen, bezeichnen die Untersuchung: die analogische Betrachtung des geistigen Inhalts der Nation mit seiner Form, der Sprache; die Verwerthung der Wörter zur Aufklärung der Sachen.

Durch Auseinandersetzungen über die allgemeine Benennung der Gottheit, über Opfer, Tempel und Priester bahnt sich Jacob Grimm den Weg zur Beantwortung der Frage, welche damals noch aufgeworfen werden mußte und die er unbedenklich bejahen konnte: ob es einen deutschen Götterhimmel gegeben habe? Er entwickelt das des näheren und führt den Beweis, geleitet dann nach der Reihe die Gottheiten und niedrigeren mythischen Wesen an uns vorüber. Er wendet sich darauf zur Natur und schildert ihre mythische Gestaltung und Verehrung, welche von der stillen Größe der Elemente ausgeht und deren unmittelbarer Gewalt über das menschliche Gemüth, von dem Glauben an die Lebendigkeit und Persönlichkeit aller Thiere und Pflanzen, von der Erhabenheit des Himmels und seiner Gestirne, von den großen Wechselzuständen des gesammten Naturlebens in Tag und Nacht, in Sommer und Winter.

Ueber das Alles brausen die großen Geschicke der Welt hin, ihre Zerstörung durch Wasser am Anfange der Geschichte, ihre Zerstörung durch Feuer am Ende der Geschichte.

Dahinter steigen die Schicksale des einzelnen Menschenlebens in den mannichfaltigen Bildern auf, die der mythenschaffende Geist davon entworfen hat. Die Seelen blühen als Blumen aus Gräbern empor, entweichen als Vögel aus dem Munde der Sterbenden, werden von einem räthselhaften Fährmann über einen breiten Strom in's Todtenreich übergesetzt. Oder der Tod kommt als Bote der Gottheit und führt ihr die scheidende Seele zu. Oder die Abgeschiedenen irren als Gespenster ruhelos umher oder rauschen unter des wilden Jägers Führung im wüthenden Heere durch die Nacht. Und die großen geliebten Männer auf der Höhe des Lebens, Karl der Große, Friedrich Barbarossa, unterliegen dem Tod nicht, sondern werden in Berge entrückt und versinken in schweren Schlaf.

Der hellen Menschenwelt stellt das dunkle Gebiet ihres Widersachers sich entgegen: Mephisto und sein Anhang, Hexen, Zauberer, bösartige Krankheiten, die ganze Summe des Uebels der Welt und die Mittel dem einbrechenden zu wehren oder Glück und Heil sich zu sichern und den Mächten welche das Leben regieren vorwitzig in die Karten zu schielen.

So ist das Buch. Die Vorrede giebt einen Gesammtbegriff desselben. Dazu werden einige Linien über das Germanische hinausgehender Vergleichung gezogen, welche jetzt längst durch andere ersetzt sind, nachdem die Entwickelung des indischen Glaubens sich dergestalt enthüllt hat, daß das Wesen aller Religion daran studirt werden muß. Wir sehen ferner den Abstand zwischen Jacob Grimm's Arbeit und den Bestrebungen seiner Vorgänger, wie er selbst ihn auffaßt. Und in das Verhältniß der Resultate seiner Forschung zu dem gegebenen Stoffe eröffnet er uns Einblicke.

Dieses Verhältniß ist nicht überall fest gegründet, nicht überall klar und bestimmt. Wie viel kann man wissen von der altdeutschen Mythologie? Daß Jacob Grimm diese Haupt- und Grundfrage auf welche Alles ankam nicht so resignirt beantwortete, wie man nach unserer Ansicht muß, — daß plötzlich ein unermeßlicher Reichthum gesehen wurde, wo man bis dahin nur dürftige Armuth gekannt hatte, — auch darauf beruht, wie uns scheint, die berauschende Wirkung von Jacob Grimm's deutscher Mythologie zum Theil. Die nüchterne Prüfung der Quellen, die trockene Aufstellung dessen was sicher erforschbar, die sorgfältige Abtrennung des Zweifelhaften, die vollständige Aufzählung alles dessen was uns entgeht, wenn wir die breite Fülle der nordischen Religionslehre vergleichen, — würde kein so lebendiges, anregendes, poetisches Buch gegeben haben. Es weist uns aber der Stoff selbst auf die Schranken und Grenzen fort und fort hin. Bald zeigt sich daß uns nur die Götter, ihre Namen, Wirkungsweise, Attribute glaubhaft, [illegible]er doch vielfach lückenhaft, überliefert oder erschließbar sind. Ferner in den großen Festen an der Wende der Jahreszeiten finden wir eine unzweifelhafte Erbschaft des Heidenthums. Und die allgemeinsten Züge des Cultus lassen sich erkennen. Aber die Göttergeschichten fehlen gänzlich. Wir sehen die göttlichen Gestalten nur ruhend, nicht in Action, nur einzeln, nicht gegen und mit einander wirkend.

Jacob Grimm hat theoretisch den Satz gefunden schon in seiner ersten Periode, durch welche wir diese scheinbare Lücke unserer Kenntniß auszufüllen in den Stand gesetzt werden: in dem Epos ist Mythisches und Historisches, göttliche und menschliche Geschichte in eins gewachsen. Wenn es gelingt beide Theile zu sondern, so erwächst der Mythologie der reichste und reinste Gewinn. Der erste der das ernsthaft versuchte war Lachmann. Er analysirte die Nibelungendichtung in diesem Sinne, 1829, in demselben Jahre in welchem Wilhelm Grimm's „deutsche Heldensage" den Grund legte zu einer Entwickelungsgeschichte des deutschen Volksepos.

Jacob Grimm stimmte Lachmann's Verfahren durchaus bei, und schrieb ihm, als er jene Untersuchung erhielt: „Ihre Abhandlung liefert eine scharfsinnige Deutung des epischen Elements, indem Sie das Historische und das Göttliche von den beiden entgegengesetzten Punkten her ausscheiden; und ich wüßte nicht wie man anders verfahren sollte, der Weg ist der einzig richtige." Gleichwohl hat er selbst ihn nicht eingeschlagen. Er nahm weder die Resultate der Lachmann'schen Nibelungenforschung in die Mythologie auf, noch unterzog er die übrigen nationalepischen Stoffe einer ähnlichen Analyse: höchstens daß er den einen oder den anderen Punkt obenhin berührte. Aber erst wenn an den Sagen von Gudrun, Ortnit und Wolfdietrich, Orendel, Luarin, Ecke die Analyse vollzogen sein wird, wie sie zum Theil schon begonnen hat, erst dann werden wir die werthvollsten Reste unserer Urväterreligion eigentlich kennen und der griechischen Mythologie etwas zu vergleichen, den Schein römischer Mythenarmuth und Poesielosigkeit, den schon die nordische Religion widerlegt, in unserem Alterthume zerstört haben.

Wenn dergestalt Grimm's Mythologie von der einen Seite weniger Thatsachen aufweist als sie aufweisen konnte, so bietet sie auf der andern Seite mehr als die strenge Kritik in ihren Bereich zulassen durfte.

Wir wollen nur in Kürze andeuten was wir meinen. Eine Reihe von Quellen sind als mythische Fundgruben betrachtet und benutzt, deren Anrecht auf diese Bedeutung mindestens sehr zweifelhaft ist. Bei den Märchen fällt alle Brauchbarkeit für die Mythologie durch die schon in unserem ersten Artikel berührte Entdeckung des fremden Ursprungs hinweg. Auch in die Sagen hat viel Auswärtiges ohne Zweifel sich eingeschlichen, und nur die äußerste Vorsicht wird ihnen sicheren Gewinn entlocken können. Die Dichtung des dreizehnten Jahrhunderts gleichfalls wird die mythische Ausbeute, die sie Jacob Grimm zu gewähren schien, der künftigen Forschung wohl verweigern: und Personificationen des Ideals oder der Poesie werden nicht mehr für Nachklänge Wodan's oder der nordischen Saga gelten können. Wie vieles endlich christlicher Mythologie zugewiesen werden müsse von dem was Jacob Grimm als deutsch und heidnisch in Anspruch nahm, das hat sich schon wiederholt bei neueren Untersuchungen gezeigt und wird vielleicht noch in mehreren Fällen sich ergeben.

Nur selten geschieht es, daß großen Männern Genossen oder Schüler an die Seite treten, welche ihre Leistungen gerade dort corrigiren wo sie der Correctur dringend bedürfen, und gerade dort fortsetzen wo das Ende gelassen ist, an welches geknüpft werden kann. Weit öfter tritt das Umgekehrte ein, und das Schicksal der deutschen Mythologie ist dafür ein Beleg. Gerade die Schwächen des Buches erwiesen sich als das Fortzeugende und zur Nacheiferung Anspornende. Märchen und Sagen schienen jetzt plötzlich überaus wichtig, nicht als Aeußerungen des Volksgemüthes blos und als echte Poesie, sondern als Fußspuren enteilender Götter, deren Form man behutsam abzeichnen und mit der äußersten Sorgfalt untersuchen müsse. Endlose Sammlungen von Märchen und Sagen begannen. Auch wurden werthvolle Funde alter verbliebener Götterdienste bei solchen Gelegenheiten wirklich gemacht. Aber allzuviel Ueberflüssiges lief meist mit unter. Unzählige Variationen ein und derselben Geschichte wurden unermüdlich immer von neuem aufgeschrieben und veröffentlicht. Und mehr als dies: dem Mangel belebter Mythen, den man richtig empfand, sollten die Märchen und Sagen abhelfen. Wo ein Jäger zur Vertheidigung einem Löwen die Faust in den Rachen stößt, da erinnerte man sich des nordischen Kriegsgottes Tyr, der dem Fenriswolfe die Hand zum Pfand in den Rachen legt. Wo streng behütete Frauen entführt werden, konnte kein Zweifel sein, daß hinter dem Entführer der Gott Freyr, hinter der Entführten das schöne Riesenmädchen Gerda sich berge. Wo irgend Riesen getödtet werden, witterte man den Donnergott. Was rothe Farbe trägt in der Welt, wurde gleichfalls dringend verdächtig in geheimnißvollem Zusammenhange mit dem rothbärtigen Donnerer zu stehen. Und der Esel, welcher auf zwiefachem Wege Gold speit, mußte natürlich von Wodan dem Spender des Reichthums abstammen, obwohl er ursprünglich eine harmlose italienische Novellenfigur ist.

In den letzten Jahren ist der Eifer der kühnen Entdecker etwas erkaltet, und die vordringliche Freude hat einer gewissen Ernüchterung Platz gemacht. Daß die deutsche Mythologie auf eine falsche Bahn gerathen sei, darf heute ohne Scheu behauptet werden. Und zu bedauern bleibt nur daß man hinzufügen muß: Jacob Grimm hat die Bahn gewiesen.

Ein ähnlicher Irrthum wie in der mythologischen Würdigung der deutschen Poesie des Mittelalters beherrschte Jacob Grimm auch in der Beurtheilung der Gedichte von Reinhart Fuchs.

Das Buch, welches diesen Titel führt und ein Jahr vor der Mythologie erschien (1834), war Jacob Grimm unter allen seinen Werken das liebste, und dessen Abfassung hatte ihm das reinste Vergnügen gewährt. Er nahm damit einen längst gehegten Plan wieder auf, den er einst in Gemeinschaft mit Wilhelm auszuführen beabsichtigte, und im Jahre 1812 bereits ankündigte. Damals war sein Absehen auf eine Sammlung aller Gedichte dieses Kreises gerichtet. Jetzt hatten Andere einen Theil der Arbeit ihm vorweggenommen: Meon gab den französischen roman du renard heraus, Mone den lateinischen Reinardus. Der letztere wurde der eigentliche Anstoß zu Jacob Grimm's Buch. Denn Mone stellte, eine unglückliche Hypothese Eckhart's erneuernd, die Ansicht auf: es seien hinter den Haupt- und sogar den Nebenpersonen der Fabel, dem Reinhart, Isegrimm u. s. w. historische Personen des neunten Jahrhunderts versteckt, und das Ganze eine Satire auf Zustände und Ereignisse jener Zeit. Das lief Allem was Jacob Grimm über dieses Thema seit jeher gedacht hatte, durchaus entgegen. Der Mone'sche Reinardus machte daher in ihm (so schrieb er an Lachmann den 1. August 1832) die alte Lust wieder rege, was er zu dieser Thierfabel gesammelt habe in Ordnung zu bringen und herauszugeben. Dann am 5. September 1832 setzte er dem Freunde den Grundgedanken auseinander den er in dem Buche durchführen wollte. Und am 19. December 1833 unterzeichnete er bereits die Vorrede.

Der Haupttheil des Buches, Editionen mittelhochdeutscher, mittelniederländischer und lateinischer Gedichte, bewies was Jacob Grimm selbst unverholen aussprach, daß nach der Seite der Texteskritik hin weder seine besondere Freude ging noch seine besondere Befähigung lag. Texte herauszugeben, schreibt er einmal, dazu werde ich wohl wenig taugen, ich bin entweder zu leicht zufrieden mit den Lesarten, die ich finde, oder habe zu wenig Respect davor.

In den literarhistorischen Abhandlungen der sehr ausgedehnten Einleitung zeigte sich, wie ebenfalls Jacob Grimm selbst fühlte und aussprach, nicht die ganze Schärfe und Eindringlichkeit der Betrachtung, welche etwa Lachmann an solche Objecte gewendet haben würde. Der Grundgedanke und wesentlichste Gesichtspunkt der Einleitung aber, um dessen Sicherstellung es Jacob Grimm vor Allem zu thun war, stammte seinem ganzen Umfange und seiner ganzen Bedeutung nach aus Grimm's erster Epoche, und trägt unverkennbar den Stempel ihres Geistes. Eine Schöpfung bewußter Kunstthätigkeit wurde als ein Product der bewußtlos schaffenden Naturkraft des Geistes angesehen, und grauer unvordenklicher Ueberlieferung zugeschrieben, was vor den Augen der bezeugten Geschichte in seiner Entstehung und Ausbildung offen lag.

Die ältesten Gedichte vom Wolf und Fuchs sind nicht älter als das zehnte Jahrhundert. Sie sind von Klostergeistlichen verfaßt und stammen aus Flandern und Lothringen. Ihre Nachahmung und Erweiterung, die Ausbreitung der poetischen Gattung welche sie begründeten, erstreckt sich während des Mittelalters von dort aus nicht weiter als auf Nordfrankreich. Eine einzige Thierfabel wird bei Gothen und Baiern schon in viel älterer Zeit erzählt, aber grade bei ihr ist die Entlehnung aus griechischer Fabel nicht nur möglich, sondern wenn man die Chronologie ihres Auftretens verfolgt und ihrer Umwandlung nachgeht, aus mehr als einem Grunde höchst wahrscheinlich. Der alte skandinavische Norden, sonst der treueste Hüter der alten Schätze gemeinsamer nationaler Poesie, weiß nichts von Reinhart und Isengrimm. Das neuere Skandinavien theilt seine Thiermärchen mit den gar nicht verwandten Völkern der Lappen, Finnen und Esthen.

Der feindliche Gegensatz zwischen Fuchs und Wolf war in griechischen Fabeln schon gegeben, von denen sich lateinische Bearbeitungen früh im Mittelalter verbreiteten. Ihn ergriffen die Verfasser jener mittelalterlichen Gedichte und bildeten ihn mit großem Behagen weiter aus. In der ältesten Behandlung desselben tragen die Thiere noch keine Namen, dann erhält wenigstens der Wolf den bedeutungsvollen, seiner Natur angemessenen Namen Isengrimm und den übrigen werden beliebige Menschennamen zugetheilt. Der Wolf ist ursprünglich der eigentliche Held der Fabel, in ihm parodiren die Mönche ihren eignen Stand.

Zu dem aus äsopischen Stoffen mit einem Zusatze von allegorischer Satire componirten Grundstocke flossen indische Thierfabeln, mit andern novellistischen Producten in die abendländische Literatur einströmend, hinzu. Die geschulte Gewandtheit der lateinischen Klosterdichter, die geschickte Kunstübung der nordfranzösischen Poeten verlieh der Dichtung jenen reizenden epischen Ueberfluß, welcher in Jacob Grimm's Augen ihr einen so hohen Vorrang vor der äsopischen Fabel verlieh, und welchem ihre Einführung aus der französischen in die deutsche und niederländische Nationalliteratur verdankt wird.

Für Jacob Grimm aber knüpfte sich an jenen Vorrang der epischen Kunstvollendung die Idee eines Vorranges von Alterthümlichkeit und Ursprünglichkeit. An bestimmte Erfindung soll nicht dabei zu denken sein. Seit unvordenklicher Zeit soll ein Kreis von Sagen, der sich um Fuchs und Wolf als seinen Mittelpunkt drehte, bestanden und ein echtes Epos ausgemacht haben. Die Uebereinstimmung indischer, griechischer und deutscher Fabeln soll auf der Urverwandtschaft dieser Völker beruhen. Gedanken, Handlungen, Sprache der Menschen soll die Vorzeit den Thieren geliehen haben, weil sie wirklichen Glauben an so etwas nährte. Sehr schön suchte Jacob Grimm schon 1812 den Grund dazu in der menschlichen Seele auf, ohne uns dadurch die Behauptung selbst, die er aufstellt, im mindesten wahrscheinlich machen zu können. „Es ist doch immer, schrieb er, ein ganz eigenes räthselhaftes Ding um das Treiben der Thierwelt. Vielleicht gibt es wenige einfache, sinnende Menschen, die nicht manchmal an dem gleichsam menschlichen Denken, Thun und Recht der anderen Geschöpfe, die sie umgeben, nicht gezweifelt, und sie zu verderben oder zu schädigen für etwas sträfliches gehalten hätten. Es ist als brauchten wir nur von der Wurzel die dazu gehört genossen zu haben, um was die Vögel allen anderen unhörbar unter einander ja von unseren eigenen Schicksalen redeten, auf einmal deutlich zu vernehmen." Sehr schön weiß Jacob Grimm auch den Eindruck zu analysiren den das Thiergedicht auf uns macht, den Reiz hervorzuheben den die seltsame Mischung menschlicher und thierischer Geltung, menschlicher und thierischer Sinnesart ausübt, und das fortschreitende Detail und die menschliche Gemüthlichkeit zu preisen, wodurch die Fabel vom Reinhart Fuchs die Königin aller übrigen wird, wie er sagt, und sich weit erhebt über die manchmal gründliche, gewöhnlich allzu kurze äsopische Erzählung oder gar des Phädrus „dürre Dürftigkeit und Magerkeit, worauf kein einziges Auge von Poesie schwimmt." Aber selbst auf diesem allgemeinsten Standpunkte entbehrt Jacob Grimm ganz und gar des Gefühls für die durchgehende Ironie der Stimmung, mit welcher die Dichter der Reinhartfabeln ihren Gebilden gegenüber stehen. Eines Gefühls das ohne Zweifel seine Untersuchung von vornherein wie eine geheime Witterung auf andere und wie wir überzeugt sind richtigere Fährten geleitet haben würde.

Beinahe anderthalb Jahrzehende nach dem „Reinhart Fuchs," 1848, erschien Jacob Grimm's „Geschichte der deutschen Sprache," ganz unverwandt dem Gegenstande nach, aber durch ein ähnliches Ueberwiegen des romantischen Geistes charakterisirt. Der Erfolg des Werkes war ein ungemein rascher und großer. Jacob Grimm selbst hing an dem Buche wie an dem Reinhart und der Mythologie: hatte er doch so vieles darin zur Sprache bringen können, worüber es ihm vergnüglich war zu denken und zu reden; war es doch so angelegt daß er sich in freiem Fluge niederlassen konnte wo es ihm beliebte.

Die Aufgabe des Buches begrenzte er sich nicht scharf, wenn er seine Absicht erklärte, tiefer als bis dahin geschehen war die Geschichte aller germanischen Völker aus dem Quelle unserer Sprache zu tränken. Es war eine Sammlung von Abhandlungen, ohne sichtbaren Plan, ohne anderes Band und andere Gemeinsamkeit als die wie zufällig von einem zum anderen überleitenden Gedanken: so daß man den Inhalt desselben am richtigsten bezeichnen möchte als einen Nachtrag solcher Untersuchungen und Betrachtungen, wie sie in der Grammatik theils noch nicht angestellt werden konnten nach dem damaligen Stande der Wissenschaft, theils vorläufig zur Seite liegen bleiben mußten um der Größe der damals gesetzten Aufgabe willen.

Abgesehen von der Unzahl feiner und sinniger Bemerkungen, Vergleichungen und Winke, welche durch das Werk hin sich fanden, war dessen wichtigste Leistung wohl der Versuch, diejenigen germanischen Sprachen zu charakterisiren, von welchen uns zusammenhangende Schriftdenkmäler nicht erhalten sind: die Sprache der Langobarden, der salischen Franken, der Vandalen, und so weiter.

Fast alles andere entsprang mehr aus Bedürfnissen der Forschung und gelehrten Thätigkeit, welche er innerlich hegte, als daß er in eine allgemein gefühlte Lücke der Wissenschaft mit dem Buche hineingetreten wäre. Gewisse Lieblingsgedanken wollte er mit größerem Nachdrucke aussprechen, als er bis dahin gekonnt hatte. Mit gewissen kräftiger gewordenen Richtungen seiner Wissenschaft und der verwandten wollte er sich auseinandersetzen.

Wie die Bodmer'schen Ausgaben, um die fünfziger Jahre des vorigen Jahrhunderts, eine Reihe von Männern zur Nacheiferung anregten, wie deren Leistungen in den achtziger Jahren den Romantikern willkommenes Material boten, wie die Anregung der Romantiker im Anfange unseres Jahrhunderts auf Jacob Grimm wirkte: so hatten Jacob Grimm's eigene Fundamentalwerke wieder auf Jüngere und Gleichaltrige erweckende Kraft geübt. Neue Mitarbeiter stellten sich ein, aus denen allmählich eine ganze Schule sich bildete. Die ältesten etwa Schmeller und Graff, der eigenthümlichste und selbständigste Zeuß. Seine Werke wurden neugründend für die Fächer die sie behandelten, wie die Werke der Benecke, Lachmann, Grimm. Er wurde 1837 den ältesten germanischen Völkerverhältnissen was Wilhelm Grimm der Heldensage war. Er wurde 1853 den keltischen Sprachen was Jacob Grimm den germanischen war. Wie Jacob Grimm auf ihn gewirkt hatte, so wirkte er auf Jacob Grimm zurück: die alte germanische Ethnographie trat in den Kreis seines Interesses und er legte seine Ansichten darüber in der Geschichte der deutschen Sprache nieder. Aber kaum einzelne wirkliche Förderungen wird man dabei entdecken, welche, sollte man meinen, nicht ausbleiben konnten, als die Arbeiten des Vorgängers durch diesen reichen Geist hindurchgingen. Wenigstens den einzigen wesentlichen Fortschritt, der über Zeuß hinaus zu machen blieb, die strenge Quellenkritik, die Verfolgung der überlieferten Nachrichten bis auf ihren ersten Ursprung und die Abwägung ihres verschiedenen Werthes, hat er nicht gemacht.

Andererseits waren die vergleichenden Sprachstudien zu einer hohen selbständigen, aber durch Jacob Grimm's eigene Leistungen auf germanischem Gebiete nicht wenig beeinflußten Blüthe gelangt. William Jones war der erste der auf den Zusammenhang vieler europäischen mit der indischen Sprache hinwies. Was er und andere Engländer darüber und über Indien im Allgemeinen erforscht hatten, das drängte Friedrich Schlegel 1808 in wenige kurze und klare, sehr ansprechende Kapitel. Die Methode der Vergleichung war aber noch in einem gar kindlichen Zustande, aus welchem erst Franz Bopp 1816 sie herauszuheben begann. Daß auf grammatischem Gebiete der Beweis der alten Zusammengehörigkeit geführt werden müsse, das war Schlegel und Humboldt schon nicht entgangen. Bopp aber, Grimm's Landsmann, führte ihn wirklich. Dem Grammatiker Bopp gesellte sich zu Anfang der dreißiger Jahre ein kühner, geistreicher, glänzender Etymolog in August Friedrich Pott. Dessen „etymologische Forschungen" waren eine Saat die bald üppig ins Kraut schoß. Noch war die große Unsicherheit, die in vielem blieb, für Manche ein unwiderstehlicher Reiz. Immer wieder ziehen die dunkelsten Partien unseres Lebens und unserer Geschichte mit ihrem Räthselwesen die fragende Seele an.

Jacob Grimm schrieb 1819: „Wird man sparsamer und fester die Verhältnisse der einzelnen Sprachen ergründen und stufenweise zu allgemeineren Vergleichungen fortschreiten: so ist zu erwarten, daß bei der großen Menge unseren Forschungen offener Materialien einmal Entdeckungen zu Stande gebracht werden können, neben denen an Sicherheit, Neuheit und Reiz etwa nur die der vergleichenden Anatomie in der Naturgeschichte stehen." In der That sah man bald daß durch Etymologie noch etwas weit Höheres zu erreichen sei, als die Befriedigung an der gelungenen Combination und an der Aufstellung der ursprünglichen Bedeutung. Wörter bedeuten Sachen. Wo ein Volk das Wort hat, hat es auch die Sache. Wenn alle europäischen und arischen Völker den ganzen Hausstand des Hirten und Jägers mit denselben Worten benennen, so erlaubt uns dies einen Schluß auf die Culturstufe, auf der sie sich befanden. Wie man Landschaften entworfen hat aus den früheren Bildungsepochen unserer Erde, so konnte man nun daran denken, wie eine Idylle das Leben der indoeuropäischen Urväter zu schildern. Man hatte den Eindruck, als wenn plötzlich die ältesten ägyptischen Mumien von Leben durchströmt würden, sich erhöben und zu reden anfingen von dem was sie Jahrtausende vor Christo gethan und gesehen.

Auch mit dieser Wissenschaft nun setzte sich Jacob Grimm auseinander. Er revidirte seine grammatischen Ansichten, modificirte sie theils aus Eigenem, theils mit Rücksicht auf die Sprachvergleichung. Er behandelte die allgemeinen Zusammenhänge. Er machte darauf aufmerksam, was man seit Rask vernachlässigt hatte, daß zwischen den slavischen und germanischen Sprachen noch ein näheres Verhältniß obwalte, als zwischen den germanischen und den übrigen indoeuropäischen. Er brachte viel Schönes und Neues über die gemeinschaftlichen Züge der Urverwandtschaft bei. Und vielleicht hat durch nichts das Buch so tief gewirkt, als gerade durch diese Seite seines Inhaltes.

Um jede Wissenschaft lagert sich bald ein gewisser Dunstkreis, gebildet aus den Schriften der Männer die für die Hauptpfleger dieser Wissenschaft gelten, aus welchem die mittlere Begabung und die dumpfhinschreitende Gewöhnlichkeit keinen herausführenden Pfad kennt. Für den Troß von Jacob Grimm's Fachgenossen war die große Einheit der indoeuropäischen Sprachen ein unentdecktes Land, das Grimm's Geschichte der deutschen Sprache für sie neu entdecken mußte. Und andererseits wurde hier dem Historiker das culturhistorische Material der Sprachvergleichung sowohl wie die sprachlichen Beleuchtungen der Geschichte zum ersten Male energisch zugeführt. Mystisirende Rechtshistoriker konnten sich nun das Vergnügen machen, in ethnographischen Abschnitten auch mit Grimm's Namen und mit seinen geistreichen aber zum Theil sehr unsicheren Erklärungen alter deutscher Völkernamen zu prunken. Universal- und Nationalgeschichtschreiber brauchten nun nicht mehr nach den entlegenen Fundorten von Programmen und indischen Fachzeitschriften zu pilgern, sondern konnten aus der Geschichte der deutschen Sprache viel bequemer die Gelehrsamkeit ihrer obligaten Einleitungsparagraphen über das indogermanische Urvolk sich holen. Deutsche Grammatiker wußten nun in allgemeinen Vorbemerkungen von tiefsinnigen Vocalparallelismen im Ablaut und der Declination zu sagen. Und so fanden in dem Buche Viele etwas das ihnen überraschende Perspectiven eröffnete. Der Beifall war natürlich, und er war, wenn man es beim Lichte besieht, gerechtfertigt. Nur darf man das Werk nicht unter dem Gesichtspunkte der übrigen Grimm'schen Leistungen betrachten: es war durchaus keine grundlegende, neue Gebiete der Forschung erschließende Arbeit; es war ein zusammenfassendes, man möchte fast sagen ein popularisirendes Werk.

Gewiß aber lag es nicht eigentlich in Jacob Grimm's Absicht, ein solches zu liefern. Er hatte seine besonderen Motive, verfolgte ein ferneres ihm eigenthümliches Ziel, das als der Kern seines Werkes dem Leser sich unschwer enthüllte. Dieser Kern aber — es ist zu bekannt, als daß wir einen Vorwurf befürchten müßten, indem wir es aussprechen — war ein Irrthum. Ein edler, ein patriotischer Irrthum. Aber ein Irrthum. Er glaubte die germanische Geschichte um einige Jahrhunderte über ihren Anfang hinaus verlängern zu können, indem er die Einerleiheit der thrakischen Stämme der Geten und Dacier mit den Gothen und Dänen zu erweisen suchte, sogar in weiterer Combination noch die asiatischen Massageten und Dahen mit hineinzog. Daß ihm dieser Nachweis mißlungen, darüber herrscht wohl unter den competenten Beurtheilern nunmehr Eine Stimme. Aber die Geschichte der deutschen Sprache kommt von den verschiedensten Seiten immer wieder auf den Gedanken zurück, und in der Vorrede gesteht er es offen ein, daß derselbe die Veranlassung zu dem Buche gab. Es ist geschrieben, um eine unglaubliche Hypothese auf allen erdenkbaren Wegen glaublich zu machen.

Eine Geschichte der deutschen Sprache im eigentlichen Sinne lieferte Jacob Grimm damit also nicht. Das war viel eher seine Grammatik. Aber auch in einem anderen Sinne noch konnte eine Geschichte der deutschen Sprache gefaßt werden, und auch in diesem Sinne wollte sie Jacob Grimm unternehmen. Er wünschte die Regel der neuhochdeutschen, das heißt der ganz in unsere Gegenwart gerückten deutschen Sprache vollständig und überall auf die Geschichte gestützt hinzustellen. Eine solche Geschichte der deutschen Sprache kann nicht wohl von vornherein in Jacob Grimm's Gesichtskreis gelegen haben. Aber sie trat in denselben ohne Zweifel auf Veranlassung des deutschen Wörterbuches, welchem vom Beginne der fünfziger Jahre an Jacob Grimm's beste Kräfte gewidmet wurden.

Unter allen Grimm'schen Arbeiten ist das Wörterbuch jetzt wahrscheinlich die bekannteste und in den weitesten Kreisen verbreitet. Deshalb glauben wir uns etwas kürzer darüber fassen zu dürfen. Wir müßten Jacob Grimm's eigene Vorrede ausziehen, wollten wir die Einrichtung und den Plan desselben beschreiben. Dort ist auch erzählt, wie der Entschluß dazu ganz auf äußerer Veranlassung beruhte, wie der Plan nicht in ihm von selbst gekeimt war, sondern an ihn herangebracht wurde: ohne die Göttinger Vertreibung hätten wir das deutsche Wörterbuch nicht bekommen. Es war die Form in welcher am würdigsten für die äußere Lebensstellung der Brüder gesorgt werden konnte, die von einer deutschen Regierung zerstört, von keiner der übrigen noch wieder aufgebaut worden war.

In einem am 24. August 1838 begonnenen, am 31. August geschlossenen Briefe schreibt Jacob Grimm darüber ausführlich an Lachmann. Der Plan des deutschen Wörterbuchs sei ihm anfangs sehr störend vorgekommen, er trete so vielen anderen Arbeiten dazwischen. Aber er werde ihm jetzt lieber. Wir haben, sagt er, den ernsten Willen und Lust dazu gefaßt. Dabei wollen wir bleiben und uns die Welt so viel nur möglich weiter gar nicht anfechten lassen. Das Wörterbuch kann uns Stütze und Unabhängigkeit gewähren und kommt die Arbeit in Gang und Gelingen, so entsage ich jeder noch so ehrenvollen Anstellung und widme dem Werke alle meine Kräfte.

Es ist anziehend zu sehen, wie das Bild des Werkes, wenn es vollendet wäre, damals, wo der erste Gedanke daran erst aufsproßte, vor Jacob Grimm's Geiste sich darstellte: was es wirken sollte, wie es ein Maaßstab werden würde, die Sprachkraft jedes einzelnen Schriftstellers daran zu messen.

Alle Wörter des sechzehnten, siebzehnten, achtzehnten Jahrhunderts sollen aufgenommen werden. Es sind jetzt schon, fährt er fort, Ausdrücke und Bedeutungen außer Gebrauch, die noch bei Lessing und Wieland galten, geschweige frühere. Aber, ich meine, alle Wörter von Schönheit und Kraft seit Luther's Zeit dürfen zur rechten Stunde wieder hervorgeholt und neu angewandt werden. Das soll als Erfolg und Wirkung des Wörterbuchs bedacht werden, daß die Schriftsteller daraus den Reichthum der vollkommen anwendbaren Sprache ersehen und lernen. Viele neuere Schriftsteller, z. B. Schiller (nicht Goethe, auch Lessing nicht) erscheinen mir in gewissem Betracht und abgesehen von ihren neuen Erfindungen, wortarm und unserer Sprache nicht recht mächtig. Das gilt auch von einem gedankenreichen Autor wie Jean Paul, der sich so ziemlich mit den gewöhnlichen Wörtern behilft. Neubackene Ausdrücke, wie bei Schiller, Voß, Klopstock in Menge, sind weit mehr Zusammensetzungen und Ableitungen als seltene Simplicia oder seltene Bedeutungen. So wird sich auch bei den Schlegel und Tieck kaum viel darbieten was nicht schon die Conversation hätte. Ist einmal der übrige Wortstoff beisammen, so könnte man sogar noch Uhland, Rückert, Platen durchlaufen und würde aus ihnen wenig zuzusetzen haben. Aber das siebzehnte und sechszehnte Jahrhundert liefern ungeheuer viel: sogar ungenießbare Autoren, die nie wieder gelesen werden, wie Lohenstein, können sehr gute Wörter haben und brauchbare Redensarten, worauf hauptsächlich zu achten ist. Luther und Fischart sollen für's sechszehnte Jahrhundert die Hauptautoren sein, bei dem letzteren müsse man scheiden zwischen dem was er der Sprache zumuthe und dem in ihr bereits vorhandenen, worüber er auch mächtig herrsche. Aus Dialekten solle nur aufgenommen werden was ein Schriftsteller gebrauche, zum Beispiel aus dem Schlesischen was Opitz und Logau haben. Doch aber nicht alle Hans Sachsischen Provinzialismen. Von obscönen Wörtern werde nur zulässig sein, was die Schriftsteller im Affect nicht einmal entbehren können, Alles dessen ein guter Komiker bedürfte.

Es folgen die Grundzüge der Einrichtung, wie es dann wirklich ist gehalten worden. Zusammenfassend schließt er: Das Werk soll in sich begreifen Alles was die hochdeutsche Sprache vermag, nach der Ausprägung die ihr in drei Jahrhunderten durch Dichter und tüchtige Schriftsteller widerfahren ist.

Am 20. September 1838 erweitert er den Plan in einigen Punkten. Erläuterungen aus der älteren Sprache, Etymologien und parallele Redensarten sollen aufgenommen werden, aber ohne sich pedantisch zu binden: das Publikum erwarte dergleichen und sei empfänglich dafür.

Wir begreifen vollkommen das Störende und Fremdartige, das für Jacob Grimm aus dem ganzen Unternehmen anfangs sich vorstrecken mochte. Was er nachträglich hinzunimmt und wie eine zierende Schleife der Hauptsache nur umhängt, später aber noch weiter ausdehnt auf indoeuropäische Sprachvergleichung überhaupt: das wird zuweilen die eigentliche Quelle des Vergnügens bei dieser Arbeit für ihn geworden sein.

Das Wörterbuch ist streng genommen keine wissenschaftliche Form. Wissenschaft ist nothwendig System, nach gedankenmäßiger Ordnung gegliedertes Ganze. Im Wörterbuch wird die zufällige Reihenfolge des Alphabetes zum Eintheilungsprincipe des Stoffes gemacht. Und ein praktischer Zweck, der Wissenschaft ebenso fremd, wie Jacob Grimm's Werken bisher stets, ist davon beinahe unablöslich. Wenn er in der Grammatik den Wortschatz zergliederte, so kam es auf die großen Massen an, deren Anhäufung die Regeln ergiebt. Ob ein einzelnes Beispiel fehlte, das nachgetragen werden konnte, wen kümmerte das? was verschlug es für die obersten Endzwecke seiner Erörterungen? Für das Wörterbuch ist Vollständigkeit ein Haupterforderniß. Um sie zu erreichen kann Genialität, kann Originalität, kann Geist und Gelehrsamkeit entbehrt werden. Die Vollständigkeit zu erreichen, ist Handlangerarbeit, und solche mußten Jacob und Wilhelm Grimm sich jetzt zumuthen, wollten sie nicht bei einem Haupterfordernisse ihres Werkes dem Tadel eine Blöße bieten.

Die Persönlichkeit des Autors, sich hindurcharbeitend durch die Sachen, Licht schaffend mit Axthieben rechts und links durch den Wald, war das belebende Element das alle bisherigen Bücher Jacob Grimm's durchdrang. Den Gang den er nehmen wollte schuf er sich selbst. Die Fragen die er beantworten wollte stellte er sich selbst. Die Gesetze, denen er sich fügen wollte, schrieb er sich selbst vor. Jetzt dagegen gebunden allerwärts an Regeln, Vorgänger, Bedürfnisse des Publikums und so weiter.

Zwar wenn er verglich was vor ihm geleistet war mit dem was er zuversichtlich leisten würde, so war ja deutlich daß er Vieles geben konnte was allen seinen Vorgängern gefehlt hatte. Aber ob ihm auch nichts fehlte, was von diesen Vorgängern mancher wenigstens besaß? Er schreibt einmal schön an M. Adolphe Regnier über die deutschen Gelehrten im Gegensatze zu den französischen und macht die Anwendung davon auf sich selbst. „Unsere Art zu studiren und im Publikum aufzutreten," sagt er, „weicht von der französischen ohne Zweifel oft zu unserem Nachtheile ab, hängt aber zusammen mit unserer politischen Zerstückung und Ohnmacht. Wir freuen uns still des Einzelnen und Kleinen, pflegen nicht auf die Wirkung zu achten noch sie zum Ziel zu nehmen, die unsere Werke in der Welt hervorbringen können, und meinen, es sei genug was man über einen Gegenstand wisse und herausgebracht habe, Alles herzlich herzugeben. Meinen Untersuchungen sollte man den Ernst und die Lust ansehen, aus der sie entsprungen sind, ich dachte nicht daran, den Lesern den Weg leichter zu machen als er mir geworden ist; ich habe überhaupt nur in mir den Trieb zu lernen, nicht den zu lehren, und darüber daß ich Andere hin und wieder etwas lehrte, lernte ich selbst unverhältnißmäßig mehr hinzu." Fern sei es von uns diese Art der deutschen Gelehrten zu tadeln, auf die wir vielmehr stolz zu sein alle Ursache haben. Aber war sie die angemessenste für das Wörterbuch? Konnten mit dieser Art der Forschung und Darstellung die Forderungen des Publikums befriedigt werden, das Hinweisung auf das Sprachrichtige, Regel und Vorschrift verlangte? War es nicht nothwendig in diesem Falle wenigstens auf die Wirkung zu achten und den Bedürfnissen des Publikums möglichst nachzukommen?

Durch eine lange Reihe von Vorgängern war der Begriff des Wörterbuchs in der gemeinen Meinung ziemlich festgestellt. Jacob Grimm hat die meisten in seiner Vorrede kurz charakterisirt. Die beiden merkwürdigsten Pläne aber waren nicht zur Ausführung gekommen.

J. G. Eckhart faßte die Absicht eines großen etymologischen Wörterbuches, das alle gebräuchlicheren Wörter der deutschen Sprache enthalten, deren lautliche Gestalt durch die verschiedenen Jahrhunderte verfolgen, alle deutschen Dialekte und übrigen germanischen Sprachen vergleichen, wo es nöthig wäre auch das Keltische, Griechische, Lateinische herbeiziehen sollte. Dunkle Wörter der alten Gesetze, kündigte er an, würden darin berücksichtigt, Personen- und Ortsnamen erklärt, auf Entlehnungen aus dem Lateinischen, Griechischen und Slavischen geachtet, über Geschichte, Religion und Recht unserer Vorfahren Vieles eingeschaltet und mannichfaltiges Licht verbreitet werden.

Einen ganz anderen, aber sehr verständigen Plan entwarf Friedrich

Nicolai, schon in den sechziger Jahren des vorigen Jahrhunderts, noch ehe Samuel Johnson's englisches Wörterbuch erschien, aber mit demselben sehr wesentlich zusammentreffend. Auch an diesen Plan wurde nicht einmal Hand angelegt, obgleich er vor Adelung sich sehr ausgezeichnet haben würde. Nicolai wollte kein Wörterbuch um die Sprache zu bestimmen und festzustellen nach Art des französischen Dictionnaire de l'Académie. Er wollte vielmehr aus allen deutschen Schriftstellern selbst herausziehen, welche Wörter sie gebraucht und in welcher Verbindung und zu welchem Zweck sie dieselben gebraucht hätten. Etwa zwanzig kundige Männer sollten diese Auszüge machen, in zehn Jahren würden sie damit fertig sein und ein einzelner Gelehrter dann das Ganze bearbeiten. Unterschiede des Werthes zwischen den einzelnen Schriftstellern sollten festgehalten und danach der Grad der Benutzung geregelt werden. Keine Bevorzugung einer einzelnen Periode wie bei Adelung. Klopstock, Wieland, Goethe gelten als die Meister der poetischen Sprache, welche darin Epoche machen. Es wird ferner zwischen alten und neuen Schriftstellern unterschieden. Welcher Gebrauch von den alten gemacht werden sollte, erhellt allerdings nicht. Aber die neuen beginnen für Nicolai ganz richtig mit Christian Wolff, durch dessen Philosophie und die darauf gebaute Theologie unsere Prosa zuerst umgebildet worden sei. Eigenthümliche Gesichtspunkte waren klug gefunden, zum Beispiele daß er Sturz stark benutzen wollte, nicht weil er ein so hervorragender, nur weil er einer der ersten Schriftsteller gewesen sei, der nicht als Gelehrter schrieb, sondern als Weltmann, und daher für die Conversationssprache außerordentlich belehrend sei. Bemerkt zu werden verdient endlich noch, daß Nicolai sein Wörterbuch nach den „Primitivwörtern" ordnen wollte.

Wie nahe verwandt diese Nicolai'schen Ideen waren mit den Zielen des Grimm'schen Wörterbuchs, liegt vor Augen. Und wie groß übrigens auch der Abstand noch sein mag, ein absolut neues Ziel, das ist klar, blieb hier den Grimm nicht mehr zu stecken. Dies aber gerade verleiht allen anderen Grimm'schen Hauptwerken den unvergänglichen Werth: wie Vieles im Einzelnen anders gestaltet werden mag in der weiteren Entwickelung der Wissenschaft, wie Vieles die fortgesetzte Forschung als verfehlt ansehen wird; der Anstoß den sie gegeben, die neuen Ziele die sie gewiesen sind ewig, weil sie aus dem Wachsthum der Wissenschaft nicht mehr hinweggenommen werden können, weil jeder neue Sproß den sie treibt von ihnen etwas in sich tragen muß.

Auch dem Wörterbuche glauben wir die Ewigkeit prophezeien zu dürfen, aber in einem ganz anderen Sinne und aus ganz anderen Gründen. Das Wörterbuch wurde mit so großartigen Mitteln unternommen, obgleich keine Regierung und keine wissenschaftliche Staatsanstalt daran den geringsten Theil gehabt hat und es, wenn wir das Schlagwort gebrauchen dürfen, rein aus der Initiative des deutschen Volkes hervorgegangen ist, — es wurde mit so allseitiger Unterstützung, so großartigem Zusammenwirken gepflegt, nach einem so vortrefflichen und vollständigen Plane entworfen, daß man in alle Zukunft voraussichtlich nie daran denken wird, die Fundamente die hier gelegt sind noch einmal neu zu legen, daß man alles Neue und Zuwachsende in diesen Bau einheimsen, nicht einen anderen dafür eigens aufführen wird. Die nähere Erforschung der Geschichte des Stils in den letzten drei Jahrhunderten mag manchen übersehenen Autor hervorziehen, manchen begünstigten zurückdrängen und dadurch manche neue Erkenntniß für das Wörterbuch liefern. Die künftige Sprachvergleichung mag manche Grimm'sche Etymologie durch eine andere ersetzen. Der bloße nachsammelnde Fleiß selbst mag Unzähliges noch beifügen, erneuerte Durcharbeitung des Geleisteten nicht Weniges zu berichtigen finden. Aber das Alles kann und wird in den von den Grimm gegründeten Räumen abgelagert werden. Nur wird man sie etwas wohnlicher machen müssen vielleicht. Auch das Grimm'sche Wörterbuch wie alle seine Vorgänger will ausdrücklich dem ganzen Volke dienen. Die Grimm'sche Methode aber, wie er selbst sie beschreibt, ist nicht für das Volk. Wer nicht historisch betrachten will, wer Auskunft und Aufklärung sucht, Entscheidung im Zweifel über das Sprachrichtige, wo sein Sprachbewußtsein schwankt: der wird das im „deutschen Wörterbuch" entweder gar nicht oder nicht so leicht und bequem finden wie er es wünschen muß. Die Enttäuschung, welche der ersten enthusiastischen Aufnahme des Wörterbuchs vielfach gefolgt sein soll, läßt sich ohne Zweifel größtentheils auf den Mangel der Lehrhaftigkeit zurückführen.

Und sonderbar: hart neben diesem Mangel steht sein gerades Gegentheil. Jacob Grimm der nicht die Wahl des Sprechenden oder Schreibenden leiten will, wo der Sprachgebrauch nicht hinlänglich festgestellt oder mundartlich gefärbt ist, — Jacob Grimm der Radlof und andere Sprachmeisterer einst, mit Recht, des Terrorismus beschuldigte, — Jacob Grimm der überall historisch verfahren und die Unverletzlichkeit der Geschichte anerkennen wollte: Jacob Grimm wird selbst zum Sprachmeisterer und verletzt selbst die Geschichte, indem er in einzelnen Fällen die letzten Jahrhunderte unserer Schriftsprache und was sie geschaffen negiren und gleichsam ausstreichen will. Jacob Grimm der in politischer Beziehung allen Restaurationsgelüsten sich so fern gehalten hatte, wird selbst ein Restaurator und will Formen, welche seit dem Mittelalter aus unserer Sprache verschwunden sind, wieder einführen und durchsetzen. Auch darin werden die Fortsetzer und künftigen Bearbeiter des Wörterbuchs das Grimm'sche Vorbild verlassen müssen.

Das erste Heft des deutschen Wörterbuches kam 1852 heraus. Mit unermüdlichem Bienenfleiße und jugendlicher Beharrlichkeit, allerdings viel zu langsam für die Ungeduld des Publikums, förderten die Verfasser ihr großes Unternehmen. Aber schon am 16. December 1859 wurde von dem Greisenpaare, das zur Ehre der Nation so rüstig schaffte, der Jüngere hinweggerissen. Und am 20. September 1863 folgte Jacob dem Bruder im Tode nach. Das Wörterbuch war bis zu dem Worte „Frucht" gediehen. Fremde Hände müssen den Bau zu seinem Giebel führen, aber die beiden seit Jacob's Tode erschienenen Lieferungen geben uns die beruhigende Zuversicht, daß die rechten dazu gefunden worden sind.

Wir nehmen hier Abschied von Jacob Grimm. Ein so reiches vielgestaltiges Leben läßt sich nicht in zwei Journalartikel drängen. Wir sind zufrieden, wenn man unser Versprechen einigermaßen gelöst findet und einerseits die nächsten Bedingungen anschaulich wurden aus denen Jacob Grimm's Eigenthümlichkeiten sich historisch erklären, andererseits die Schranken sich gezeigt haben durch welche seine Individualität begrenzt war. Eine Betrachtung allgemeinerer Art sei uns zum Schlusse noch gestattet.

In jeder nationalen Entwickelung folgt im Laufe der Geschichte auf die Periode der Objectivität, des mangelnden Selbstbewußtseins, die Periode der Subjectivität, des errungenen Selbstbewußtseins. Aber das ist keine Errungenschaft welche mit Einem Male zufällt, sondern auf unzähligen Stufen steigen die Nationen dazu empor. Welcher Abstand von dem ersten deutschen lyrischen Gedichte bis zu Goethe's Selbstbiographie. Und wie viele Vermittelungen liegen dazwischen. Aber nicht blos der individuelle Geist schaut sich selbst an, auch das Bewußtsein über den allgemeinen Geist der Nation erlebt eine Steigerung. Wie niedrig erscheint die nationale Selbsterkenntniß bei dem Weissenburger Mönche des neunten Jahrhunderts, der die Vorzüge der Franken aufzählt, um sie den Romanen entgegenzustellen, wenn man daneben die Ausbildung hält, welche die Erfindung des Göttinger Professors aus dem vorigen Jahrhundert erlangt hat, durch welche über die Volkskräfte von Jahr zu Jahr in Zahlen Buch geführt wird.

Es wäre eine interessante Aufgabe zu untersuchen, in welchem Verlaufe, unter welchen historischen Antrieben und Begünstigungen die Selbsterkenntniß der Nationen im neueren Europa sich entwickelt hat. Auch die Wissenschaft der Sprache spielt ihre Rolle dabei. Aber wie die Erscheinungen zusammenhängen, ist in den wenigsten Fällen klar. Woher zum

Beispiel die Intensität der angelsächsischen Sprachstudien bei den Engländern seit der zweiten Hälfte des sechzehnten Jahrhunderts und insbesondere von der Zeit der Revolution ab länger als ein halbes Jahrhundert? Erzbischof Parker beginnt um 1560 angelsächsische Manuscripte zu sammeln, acht Jahrzehende später gründet ein Privatmann, Sir Henry Spelman, eine angelsächsische Professur in Cambridge, und die Wheloc, Somner, Wharton, Twaites, Hickes, Lye überbieten einander in der Zeit von Milton bis Pope, um das einmal angefachte Interesse nicht erkalten zu lassen. Worin aber liegt der tiefere Grund der sie bestimmt? Und im Beginne unseres Jahrhunderts woher die in ihren Anfängen keinesweges zusammenhängenden Sprachstudien bei Deutschen, Dänen, Franzosen, Slaven? Welche Kraft setzt gleichzeitig die Grimm, Rask, Raynouard, Dobrowsky und Kopitar in Bewegung?

Hierüber könnte uns nur eine umfassendere Erwägung der Geschichte der europäischen Wissenschaft Aufklärung bringen, als sie von irgend Jemand bisher noch versucht wurde. Es müßten die Zusammenhänge dargelegt werden, die zwischen dem sprachbetrachtenden Geiste und allen übrigen Vorstellungskreisen der menschlichen Seele obwalten, es müßte gezeigt werden, welche geistigen Dispositionen ihn hemmen und welche ihn fördern. Die Nothwendigkeit derartiger Forschungen wird von unserer Geschichtswissenschaft überall noch kaum empfunden.

Jacob Grimm überragt die neben ihm genannten Grammatiker bei weitem. Er steht so hoch über ihnen, wie die deutsche Romantik am Anfange unseres Jahrhunderts die analogen Regungen anderer Nationen an Tiefe übertrifft. Da unzweifelhaft die Beschaffenheit der Sprache mit zu demjenigen gehört was man als den Zustand einer bestimmten Zeit begreift, so dürfen wir sagen: Jacob Grimm erfaßt das Ganze wo die Anderen nur den Theil. Denn die Sprache nicht blos, der gesammte Urzustand unseres Volkes ist der Gegenstand seiner Forschung. Und indem er die Grundlagen unserer Nationalität zu erschließen begann, nahm er auf eigenthümliche und bedeutungsvolle Weise Theil an der großen Arbeit nationaler Selbsterkenntniß, welche nicht anders gedacht werden kann als auf geschichtlichem Wege.

Bis zur Lösung gebracht ist die Aufgabe jedoch nicht, die Jacob Grimm sich stellte. Nicht einmal alle Gebiete des geistigen Lebens jener Urzeit konnte er der Reihe nach erschöpfend behandeln. Und was die Art der Behandlung anlangt, so dürfen wir, nachdem seine unsterblichen Leistungen vorliegen, um einen Schritt weiter gehen als er, und jene geistigen Richtungen, die er jede für sich in besondere Darstellungen brachte, nun zugleich und auf einmal in Angriff nehmen. Wir dürfen versuchen, in der Sprache, der Poesie, dem Rechte, der Religion, der Sitte den gemeinsamen durchwaltenden Drang der Seele bloß zu legen, die Bedingungen hinzuzufinden, die ihn geboren, überhaupt die älteste Geschichte unseres Volkes zu ergründen, wie es sich abzweigt aus dem europäischen Urvolke, auf welchem Wege es sich verbreitet, wie es sich gliedert in Stämme und Völkerschaften, wie es in den Gang der großen Begebenheiten eingreift und aus der altgemeinsamen Erbschaft und den neuen Verhältnissen seine geistige Welt sich erschafft. Und die Schicksale dieser Welt müssen wir verfolgen bis auf den Punkt wo andere überherrschende Mächte der Geschichte sie brechen, zerstören und ablösen, wo das objective Dasein unseres Volkes sein Ende erreicht und das moderne Bewußtsein von ihm Besitz ergreift.

Wenn es aber in jener älteren Periode erlaubt und, wollen wir hinter Jacob Grimm nicht zurückbleiben, nothwendig ist, die verschiedenen Richtungen der Geistesthätigkeit in eins zu zwingen: muß nicht die Zeit der ausgebildeteren Cultur in ihrer allmählichen Vollendung derselben Behandlung unterliegen? Muß nicht auch hier das gesammte Geistesleben in Betracht gezogen werden und die Aufgabe der Philologie sich gestalten als die Erforschung des Ganges, in welchem die menschlichen Gedanken sich aufsteigend entwickeln? Nichts anderes aber ist die Aufgabe der Geschichte. Und in der That, der menschliche Geist ist nur einer, wie könnte es zwei Wissenschaften vom menschlichen Geiste geben? So erkennen wir in Jacob Grimm ein Vorbild, in welchem sich erfüllt hat was wir anstreben müssen, die möglichste Aufhebung der Arbeitstheilung zwischen Philologie und Geschichte.

Als im Herbste 1846 in Frankfurt am Main deutsche Historiker, Juristen und Philologen zu der ersten Versammlung der Germanisten sich trafen, da machte Uhland den Vorschlag, zum Präsidenten den Mann zu erwählen, „in dessen Hand schon seit so vielen Jahren alle Fäden deutscher Geschichtswissenschaft zusammenlaufen, von dessen Hand mehrere dieser Fäden zuerst ausgelaufen sind, namentlich der Goldfaden der Poesie, den er selbst in derjenigen Wissenschaft, die man sonst als eine trockene zu betrachten pflegt, im deutschen Rechte, gesponnen hat." Lauter Zuruf und stürmischer Beifall stellte Jacob Grimm an die Spitze der Versammlung. Möge dieser Vorgang für uns ein Präcedens sein, und das Andenken dieses Mannes als großes Muster an der Spitze der vereinigten deutschen Geschichte, Philologie und Jurisprudenz leuchtend einherschreiten. Zwar wie weit des Einzelnen Kräfte reichen sollen, kann ihm unmöglich vorgeschrieben werden. Aber zu hindern daß sie falschen Zielen nachjagen und sich abnutzen an unwürdigen Gegenständen, während die würdigsten unbeachtet zur Seite liegen, dazu kann die in Jacob Grimm Person gewordene Idee, wenn sie die Führung übernimmt, allerdings mitwirken.

Es eröffnet sich uns aber aus derartigen Betrachtungen ein neuer Gesichtspunkt für die Beurtheilung Jacob Grimm's. Einen noch höheren Maaßstab gewinnen wir als wir bisher angelegt. Die Frage können wir noch aufwerfen: wie weit hat Jacob Grimm die höchsten Forderungen erfüllt, welche an die Geschichtswissenschaft gestellt werden müssen? Aber man entschließt sich schwer, einen Maaßstab anzulegen der noch keine constante Größe ist. Wenn nicht Alles trügt, so stehen auf keinem Gebiete der Geisteswissenschaft so bedeutende Veränderungen nahe bevor, wie in der philosophischen Betrachtung der Geschichte. Daß die empirischen Gesetze des geschichtlichen Lebens aufgesucht und aus dem Wesen des Menschen wie aus den Naturbedingungen in die er hineintritt begriffen werden müssen: diese Ueberzeugung dringt immer bestimmter und lauter hervor. Und die Discussionen, welche sich daran knüpfen, dürften in nicht ferner Zeit den Vordergrund aller historischen und philosophischen Studien einnehmen.

Sehen wir uns aber um, welche Hoffnungen wir hegen dürfen für die unmittelbare oder mittelbare Betheiligung der deutschen Philologie an so folgenreichen Erörterungen: so ergreift uns Scham und Zaghaftigkeit, und es wird uns zu Muthe, als wenn ein Traum uns auf die glänzende Höhe erfüllter Wünsche und des allervollkommensten Glückes getragen hätte und im plötzlichen Erwachen die Phantasiegemälde versänken und die schärfsten Contraste einer aussichtslosen Wirklichkeit uns unbarmherzig in's Auge drängen.

Wie ferne erblicken wir die überwiegende Mehrzahl der Fachgenossen von einem Streben, welches dem Ideale auf das wir hindeuten sich zu nähern suchte. Ein kleines Inferno ließe sich bevölkern mit denjenigen, die nach unserer Ueberzeugung ihre Kräfte nutzlos verschwenden und zur Ehre der Wissenschaft nichts beitragen, so viel sie selbst auch Ehre vor der Welt dabei gewinnen mögen. Wir widerstehen der Versuchung nicht, uns die verschiedenen Gruppen etwas genauer auszumalen, denen wir begegnen würden, falls die mittelalterlichen Anschauungen über das künftige Leben sich erneuern könnten. Da wären Menschen, verurtheilt auf den Köpfen zu gehen, weil sie in unverbesserlicher Halsstarrigkeit darauf bestanden, alle Dinge verkehrt anzusehen. Da wären die leichtsinnigen Vielschreiber, welche unerschöpfliche Stöße der Bücher auffressen müßten, die sie im Leben auf das geduldige Papier hingesudelt. Da wären die Popularitätshascher und sähen sich verdammt, einer Heerde von des göttlichen Eumäos Pflegebefohlenen den Parzival zu erklären. Da wären gewisse Mythologen, welche die Verstiegenheit ihrer Combinationen durch stets mißlingende Anstrengungen büßen müßten, den Glasberg zu besteigen. Da wären die Feinde aller ernstlichen und entschlossenen Kritik, die Einheitshirten des altdeutschen Volksepos, und würden zur Hälfte von einem großen Teufel, der Hagens von Tronje Gestalt trägt, in Pech zu einem dicken Brei abgesotten, woraus die andere Hälfte die Knochen erlesen und ordnen müßte, die sich dann wieder belebten, um mit jenen die Rollen zu tauschen, und so fort in regelmäßiger Abwechselung.

Auch zu einem Purgatorio der altdeutschen Philologie wäre hinlänglicher Stoff vorhanden. Und zuletzt könnten wir die kleine Gruppe von Männern beschreiben, welche im Paradiese zum Lohne für beharrlichen Ernst und willige Hingebung in Jacob Grimm's Gesellschaft den strahlenden Glanz der Wahrheit ohne Hülle schauen dürfen. Er selbst aber, wenn wir unsere infernalischen Erlebnisse ihm erzählten, würde vielleicht lächeln und zu unserem Berichte den Kopf schütteln: „Wozu Qual und Strafe," würde er sagen, „wozu Spott oder Streit? Was kümmerts euch, wenn euer Nachbar Disteln auf seinem Acker baut? wozu ihm Vorstellungen machen, auf die er doch nicht hört? wozu ihn durch Stachelreden reizen, die seinen trotzigen Eigenwillen nur vermehren? Laßt ihn ruhig seine Ernte halten, und immerhin ernsthaft seine Schätze auf die Tenne bringen und in die Scheuern sammeln. Wenn er sie zur Mühle trägt oder gar Brot daraus backen will, wird sich ja zeigen was er daran hat. Sucht ihr nur die Wahrheit in treuer und selbstvergessener Arbeit, ohne rechts und links zu blicken, dem Großen in Verehrung nacheifernd, aber ohne blinde Anbetung: die gefundene Wahrheit wird sich früher oder später schon selbst Recht schaffen. Die falschen Größen, welche dem eigenen Dünkel und der Leichtgläubigkeit des Publikums ihre Geltung verdanken, der Pabst und die Cardinäle, welche die Halbwisserei und die Thorheit über sich gesetzt haben, sind nicht aus stärkerem Stoffe geformt, als die Riesen des altskandinavischen Glaubens: steigt das volle Licht der Wahrheit über ihnen empor, so müssen sie erstarren zu taubem Gestein."

Nachträge und Berichtigungen.

S. 10 Z. 16 l. der Reiz

= 15 = 36 l. endlich auch Hans Sachs und die übrige Reformationsliteratur trat in

= 16 = 32 Adelung ist der Urheber der verkehrten Vorstellung, Konrad von Würzburg sei der Verfasser des Nibelungenliedes: Magazin Bd. 2 S. 150. Die Geschichte unserer älteren Dichter nennt Adelung Püterich S. 5 sein „altes Lieblingsstudium."

= 17 = 1 l. von steifer Correctheit

= 21 = 7 l. Progreß

= 29 = 23 l. Minnesänger, Heinrich

= 32 = 19 l. in ihre Macht zu bekommen

= 33 = 21 l. durch ein weiches Gemüth

= 35 = 26 l. Dietrichssaga

= 37 = 11 Nicht alle die genannten sind durch das Unglück von 1806 erst zu den altdeutschen Studien geführt worden: dieses kommt wohl überhaupt nur als verstärkendes Moment in Betracht.

= 39 = 40 l. des größten neueren

= 43 = 39 Nicht gleich begann Görres Vorlesungen über altdeutsche Literatur, die erste eröffnete er nicht früher als den 23. Juni 1808: Familienbriefe S. 506. Ein Brief vom 15. Januar 1807 (S. 482) meldet von Progressen im altdeutschen, die Görres und seine Frau gemacht: Gedichte bis zum zwölften Jahrhundert hin könnten sie bald lesen wie neudeutsch.

= 46 = 5 l. ein erhabenes

= 54 = 1 l. Resultate desselben

= 59 = 23 l. schwersten Gesetzen   Ob wirklich Jacob Grimm diese Aeußerung zuzuschreiben? Die Recension der Heidelberger Jahrbücher aus welcher sie entnommen, rührt nach einer Redactionsbemerkung von zweien Verfassern her (ich denke, von den Brüdern Grimm) „welche ihre Ideen in einander gearbeitet haben."

= 61 = 16 Schlegel's Shakspeare wenigstens wäre noch mit zu nennen gewesen.

= 63 = 28 l. radicalen Reform

l. nicht fremd

= — = 31 l. von Natur feind.

= 64 = 21 l. lebendig ansprechen

= 65 = 29 l. erfüllt sein muß

= 66 = 4 l. jene

= 88 = 14 l. Er lebt

= 97 = 1 Aber die Kategorien des Organischen und Unorganischen sind Jacob Grimm schon in der 1812 im Februar erschienenen Recension über Rask geläufig. Dann macht 1816 Bopp im Conjugationssystem davon Gebrauch.

= 117 = 38 l. gleichsam

= 130 = 30 Ueber die Gemüthsstimmung der Brüder nach der Göttinger Vertreibung s. Bettina Arnim, Ilius Pamphilius S. 282, vgl. S. 212. 245. Ueber die Bestrebungen der Freunde in ihrem Interesse S. 295. 301. 307. 309 f. 342—345. 353—359. Auch an eine die Grimm betreffende Stelle in Bettinens Briefwechsel mit Goethe Bd. 2 S. 137, vgl. S. 139 sei bei dieser Gelegenheit nachträglich erinnert.

Kolibri 360 GmbH
Ferdinand-Jühlke-Straße 7
99095 Erfurt, Deutschland
produktsicherheit@kolibri360.de